安装工程职业技能岗位培训教材

安装起重工

建设部人事教育司组织编写

中国建筑工业出版社

图书在版编目（CIP）数据

安装起重工/建设部人事教育司组织编写. —北京：
中国建筑工业出版社，2002
安装工程职业技能岗位培训教材
ISBN 978-7-112-05462-6

Ⅰ. 安…　Ⅱ. 建…　Ⅲ. 起重机械-设备安装-技术
培训-教材　Ⅳ. TH210. 66

中国版本图书馆 CIP 数据核字（2002）第 078788 号

安装工程职业技能岗位培训教材

安装起重工

建设部人事教育司组织编写

*

中国建筑工业出版社出版、发行（北京西郊百万庄）
各地新华书店、建筑书店经销
廊坊市海涛印刷有限公司印刷

*

开本：850×1168 毫米　1/32　印张：11⅜　字数：302 千字
2002 年 11 月第一版　　2015 年 10 月第十次印刷
定价：**28. 00** 元
ISBN 978-7-112-05462-6
（26453）

版权所有　翻印必究
如有印装质量问题，可寄本社退换
（邮政编码　100037）

本书包括的内容有：起重识图知识；起重力学基础；索具与吊具；起重机械；起重运输作业基本工艺方法；桅杆起重机吊装基本工艺，运行式起重机吊装工艺；起重吊装管理知识及设备吊装新工艺等内容。

　　本书可作为起重工职业技能培训教材，也可供起重工人自学使用。

＊　＊　＊

出 版 说 明

为深入贯彻全国职业教育工作会议精神，落实建设部、劳动和社会保障部《关于建设行业生产操作人员实行职业资格证书制度的有关问题的通知》（建人教[2002] 73 号）精神，全面提高建设职工队伍整体素质，我司在总结全国建设职业技能岗位培训与鉴定工作经验的基础上，根据建设部颁发的《职业技能标准》、《职业技能岗位鉴定规范》和建设部与劳动和社会保障部共同审定的管工等《国家职业标准》，组织编写了本套"安装工程职业技能岗位培训教材"。

本套教材包括管道工、安装起重工、工程安装钳工、通风工等 4 个职业（岗位）。各职业（岗位）培训教材将原教材初、中、高级单行本合为一本。全套教材共计 4 本。

本套教材注重结合建设行业实际，体现建筑业安装企业用工特点，理论以够用为度，重点突出操作技能的训练要求，注重实用与实效，力求文字深入浅出，通俗易懂，图文并茂，问题引导留有余地。本套教材符合现行规范、标准、工艺和新技术推广要求，是安装工程生产操作人员进行职业技能岗位培训的必备教材。

本套教材经安装工程职业技能岗位培训教材编审委员会审定，由中国建筑工业出版社出版。

本套教材作为全国建设职业技能岗位培训教学用

书，可供高、中等职业院校实践教学使用。在使用过程中如有问题和建议，请及时函告我们。

建设部人事教育司

二〇〇二年十一月八日

安装工程职业技能岗位培训教材
编审委员会

主 任 委 员：李秉仁

副主任委员：张其光　陈　付

委　　　员：王立秋　杨其淮　朱金贵　张业海

　　　　　　钱久军　徐晓燕　王俊河　张志贤

　　　　　　黄国雄　李子水

《安装起重工》

主编：黄国雄

前　　言

为了适应建设行业职工培训和建设劳动力市场职业技能培训和鉴定的需要，我们编写了《管道工》、《通风工》、《工程安装钳工》、《安装起重工》等4本培训教材。

本套教材根据建设部颁发的管道工、通风工、工程安装钳工、安装起重工4个工种的《职业技能标准》、《职业技能岗位鉴定规范》，由建设部人事教育司组织编写。

本套教材的主要特点是，每个工种只有一本书，不再分为初级工、中级工和高级工三本书，内容上基本覆盖了"岗位鉴定规范"对初、中、高级工的知识要求，对"试题库"（即"习题集"，见附录）中涉及到的各类习题的内容，可通过教材的附录查到其所在的相关章节。本套教材注重突出职业技能教材的实用性，对基本知识、专业知识和相关知识有适当的比重，尽量做到简明扼要，避免教科书式的理论阐述和公式推导、演算。由于全国地区差异、行业差异较大，使用本套教材时可以根据本地区、本行业、本单位的具体情况，适当增加一些必要的内容。

本套教材的编写得到了建设部人事教育司、中国建筑工业出版社和有关企业、专业学校的大力支持，在编写过程中参照了中国安装协会组织编写的部分培训教材和国家有关规范、标准。由于编者水平有限，书中可能存在若干不足甚至失误之处，希望读者在使用过程中提出宝贵意见，以便不断改进完善。

本书由德阳安装工程学校黄国雄编写，中国机械工业第一安装工程公司岳果才审稿，李子水、彭勇毅、王军等同志为本书做了一定工作，在此表示衷心的感谢。

编　　者

目 录

10

一、起重识图知识

(一) 投影的基本原理

1. 投影的概念

在日常生活中，物体在光线照射下，就会在地面或墙壁上产生影子，这个影子在某些方面反映出物体的形状特征，人们根据这种现象，总结其几何规律，提出了形成物体图形的方法——投影法，即一组射线通过物体射向预定平面上而得到图形的方法。

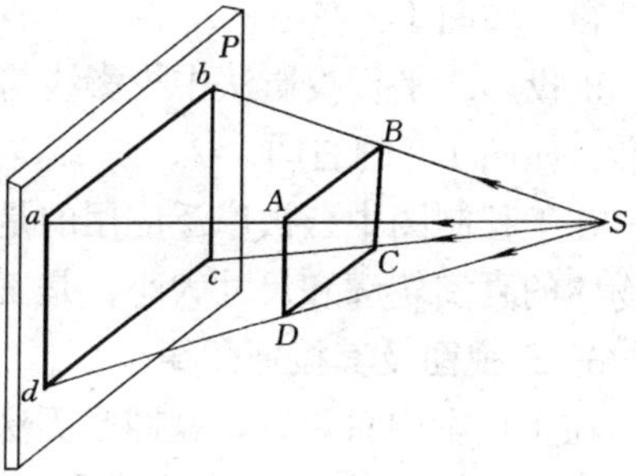

图 1-1　中心投影法

如图 1-1、图 1-2 中，射线发出点 S 称为投影中心，射线称为投影线，预定平面 P 称为投影面，在 P 面上所得到的图形称为投影。

2. 投影法的分类

投影法分为中心投影法和平行投影法。

(1) 中心投影法　投影线汇交于一点的投影法称为中心投影法，按中心投影法得到的投影称为中心投影。如图 1-1 所示，中心投影法绘制的图形立体感强，但它不能反映物体的真实大小。

(2) 平行投影法　投影线相互平行的投影法称为平行投影法，按平行投影法得到的投影称为平行投影，如图 1-2 所示。

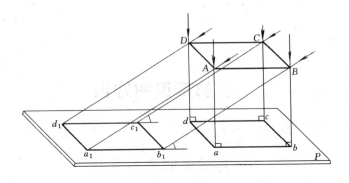

图 1-2　平行投影法　斜投影与正投影

斜投影　平行投影法中，投影线与投影面倾斜时的投影称为斜投影，如图 1-2 左图。

正投影　平行投影法中投影线与投影面垂直时的投影称为正投影，如图 1-2 的右图。

在工程制图中，被广泛应用的是正投影，它的投影能够反映其物体的真实轮廓和尺寸大小，是工程制图的理论依据。

3．三视图及其投影规律

在正投影中只用一个视图是无法完整确定物体的形状和大小的，为了确切表示物体的总体形状，需在另外的方向再进行投影，在实际绘图中，常用的是三视图。

（1）三视图的形成

为了表达物体的形状，通常采用互相垂直的三个投影面，建

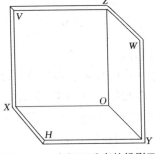

图 1-3　三个相互垂直的投影面

立一个三面投影体系。如图 1-3 所示，正立位置的投影面称为正投影面，用 V 表示，水平位置的投影面称为水平投影，用 H 表示，侧立位置的投影面称侧投影面，用 W 表示。

研究物体的投影，就是把物体放在所建立的三个投影面体系

2

中间，按图1-4所示的箭头方向，用正投影的方法，分别得到物体的三个投影，此三个投影称为物体的三视图，为了画图方便，须把互相垂直的三个投影面展成一个平面，如图1-5所示。

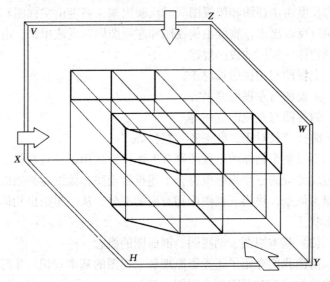

图1-4 三视图的形成

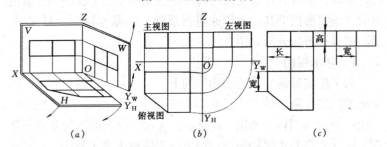

图1-5 投影面的展开及三视图的形成

三视图即主（正）视图、俯视图、左（侧）视图，在画图时，先将物体摆正，确定好主视图的位置，俯视图画在主视图的下方，左视图画在主视图的右方。

（2）三视图的投影规律

3

从图 1-5 可知，物体的三个视图不是互相弧立的，而是在尺度上彼此相关联，主视图反映了物体的长度和高度，俯视图反映了物体的长度和宽度，左视图反映了物体的高度和宽度，也即物体的长度由主视图和俯视图同时反映出来，高度由主视图和左视图同时反映出来，宽度由俯视图和左视图同时反映出来，由此可得到物体三视图的投影规律：

主视图与俯视图长对正；

主视图与左视图高平齐；

俯视图与左视图宽相等。

简称"长对正，高平齐，宽相等。"

不仅整个物体的三视图符合上述投影规律，而且物体上的每一组成部分的三个投影也符合上述投影规律，读图时必须以这些规律为依据，找出三视图中相对应的部分，从而想象出物体的结构形状。

(3) 基本视图、剖视图、剖面图的概念

前面我们介绍了正投影原理和三视图的基本知识，实际形状简单的物体有时只需两个视图（甚至一个视图及注上尺寸）即可表达清楚，但有些形状复杂的物体往往采用了三个视图仍然表达不清，还需要借助其他视图来进行反映，如基本视图、剖视图、剖面图等，下面分别介绍之。

1) 基本视图

为了按实际需要表达出物体的上下、左右、前后的形状，国家标准规定在原有的三个投影面的基础上，再增加三个投影面，组成一个正六面体，如图 1-6 所示，这六个投影面称为基本投影面，在这六个基本投影面上，画出的视图称为基本视图，除原来三视图外，自右向左投影得到的视图称为右视图，自下向上投影得到的视图称为仰视图，自后向前投影得到的视图称为后视图。

与三视图一样，六面视图仍然保持"长对正，高平齐，宽相等"的投影规律。

2) 剖视图和剖面图

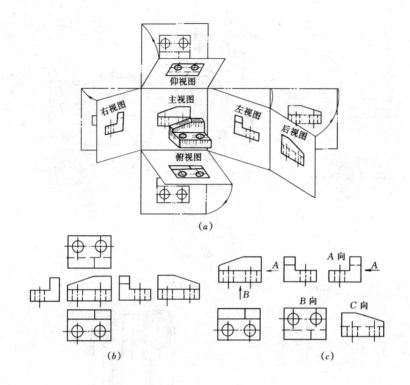

图 1-6　基本视图

(a) 6 个基本投影面的展开方式；(b) 视图配置；

(c) 视图不能按规定位置配置时的画法

（A）剖视图如图 1-7 所示，假想用一个平行于正面的剖切平面将零件在适当位置剖开，移去观察者和剖切平面之间的部分，将其余部分向投影面投影，所得到的图形称为剖视图。根据移去部分的多少，剖视图有全剖视图、半剖视图和局部剖视图之分。

图 1-8 是起重工常见的油压千斤顶，为了清楚地反映出千斤顶的内部结构，此图采用了剖视图的方式进行表达。

（B）剖面图　所谓剖面图就是用假想的剖切平面将机件的某部分切断，仅画出被剖面表面的图形，并注上剖面符号，剖面图有重合剖面图和移出剖面图，如图 1-9 所示。

5

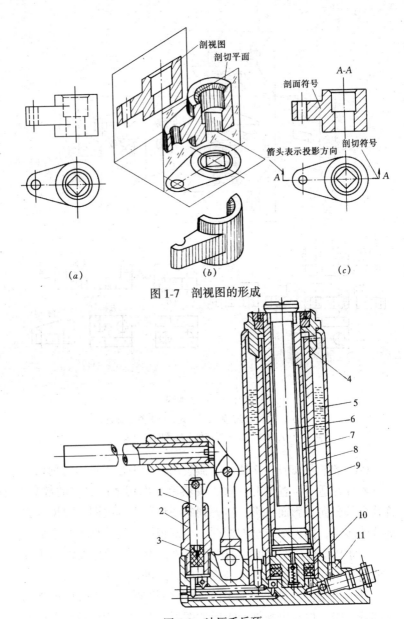

剖视图
剖切平面

A-A
剖面符号

箭头表示投影方向

剖切符号

A　　　A

(a)　　　　　　　(b)　　　　　　　(c)

图 1-7　剖视图的形成

4
5
6
7
8
9

10
11

图 1-8　油压千斤顶
1—油泵心；2—油泵缸；3—油泵胶腕；4—顶帽；5—工作油；6—调整
螺杆；7—活塞杆；8—活塞缸；9—外套；10—活塞胶腕；11—底盘

6

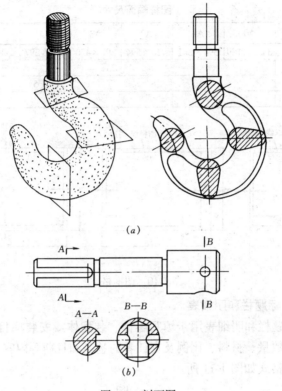

(a)

(b)

图 1-9　剖面图

(a) 重合剖面图；(b) 移出剖面图

(二) 工程图样的一般规定

　　工程技术上根据投影方法并遵照国家标准的规定绘制成一定图形，用以表示信息的技术文件称为工程图样，它的主要内容有：一组用正投影法绘制的视图；标注出用于制造、检验、安装调试等所需的各种尺寸；技术要求说明及明细表，标题栏等。

1. 图幅大小

　　国标规定技术图样幅面大小见表 1-1，图框格式如图 1-10 所示。

图样幅面尺寸
表 1-1

幅面代号	A0	A1	A2	A3	A4	A5
$B×L$	841×1189	594×841	420×594	297×420	210×297	148×210
a	25					
c	10			5		
e	20		10			

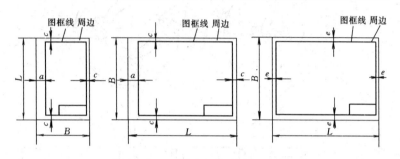

图 1-10 图框格式

2．标题栏和明细表

标题栏和明细表用于填写零件、装配体或安装项目的名称、图号、数量、材料、比例及责任者的签名和日期等内容。某图样标题栏格式如图 1-11 所示。

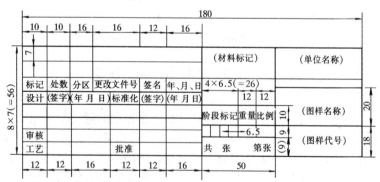

图 1-11 标题栏格式

3．比例

图样上机件要素的线性尺寸与相应实物要素之比，称图形比

8

例，国标规定的比例见表 1-2。

每张图样上都要注出所画图形采用的比例。放大图样应标明相应比例。

比例的规定 表 1-2

种　类	比　　　例			
原值比例	1:1			
放大比例	$5:1$ $5 \times 10^n:1$	$2:1$ $5 \times 10^{n①}:1$	$1 \times 10^n:1$	$4:1$ $4 \times 10^n:1$
缩小比例	$1:2$ $1:2 \times 10^n$	$1:5$ $1:5 \times 10^n$	$1:10$ $1:1 \times 10^n$	$1:1.5$ $1:1.5 \times 10^n$
放大比例	$2.5:1$ $2.5 \times 10^n:1$			
缩小比例	$1:2.5$ $1:2.5 \times 10^n$	$1:3$ $1:3 \times 10^n$	$1:4$ $1:4 \times 10^n$	$1:6$ $1:6 \times 10^n$

① n 为正整数。

4. 图线

国标规定的图线及应用见表 1-3。

线型与线宽 表 1-3

图线名称	线型及代号		图线宽度	主要应用
粗实线		A	$b^①$	可见轮廓线
细实线		B	约 $b/3$	尺寸线和尺寸界线、剖面线、引出线
波浪线		C	约 $b/3$	断裂处的边界线
对折线		D	约 $b/3$	断裂处的边界线

图线名称	线型及代号		图线宽度	主要应用
虚　线	2~6 →｜←~1	 F	约 $b/3$	不可见轮廓线
细点画线	15~30 →｜←~3	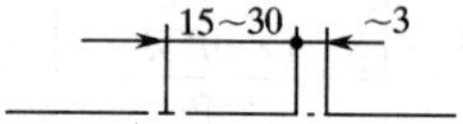 G	约 $b/3$	轴线、对称中心线
粗点画线		J	b	表面的表示线
双点画线	15~30 ~5	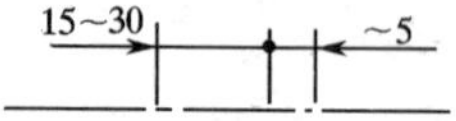 K	约 $b/3$	相邻辅助零件的轮廓线、假想投影轮廓线

① $b = 0.5 \sim 2\text{mm}$。

（三）机械图识读

工程施工中，常见的机械图样有零件图和装配图

1. 零件图

每一台机器或部件都是由许多零件按一定的装配关系和技术要求装配而成，零件图是生产中的基本技术文件，是制造和检验零件的依据。

零件图上一般有以下内容：

（1）完整、正确、合理、清晰的表达出零件的内外结构和形状的一组视图（包括剖视图、剖面图等）。

10

（2）完整、正确、合理、清晰的表达出零件各部分结构和形状的全部尺寸；单位为毫米（mm）。

（3）用文字、数字或标准代号表示零件在加工及检验中所应达到的技术要求，如表面粗糙度、形状与位置公差，镀覆要求、热处理要求等。

（4）标题栏　填写零件的名称、材料、数量、比例、图号以及设计、绘图、审核的签名和日期等；

2. 装配图

一台机器或一个部件是由若干个零件按一定的技术要求装配而成，将部件、组件、零件连接组合成为整台机器的操作过程称为总装配。表达整台机器或部件的工作原理、装配关系、连接方式及结构形状的图样称为装配图。装配图既表达了产品结构和设计思想，又作为生产中装配、检验、调试和维修的技术依据和准则。

装配图有下列基本内容：

（1）用必要的基本视图、剖视图和剖面图来表达产品的结构、工作原理、装配关系、连接方式及主要零件的基本形状。

（2）根据装配图的功用，标注出与产品性能、装配、调试、安装等有关的尺寸，如产品的规格和性能尺寸；表示零件之间配合性质的尺寸；表示零件或部件之间比较重要的相对位置的尺寸；供产品包装、运输、安装参考用的产品的长、宽、高最大外形尺寸；表示产品安装到其他结构上或基础上的位置尺寸，以及根据产品结构特点的需要必须标注的尺寸；与零件图一样，其尺寸单位为毫米（mm）。

（3）技术要求　用文字或符号说明装配过程中的注意事项和装配后应满足的要求，如试验和检验方法，镀涂、焊接、形位公差等技术要求，安装和使用方面的要求等。

（4）标题栏与明细表　装配图标题栏与零件图标题栏的内容相近，明细表放在标题栏上方并与标题栏对齐，其底边与标题栏顶边重合，内容包括序号、代号（图号）、名称、数量、材料、重量与备注，装配图中零部件的序号应与明细表中同名零、部件序号一致，序号由下往上填写，必要时，可以左移延续编写下去。

3. 机械图中常用符号及标注

（1）直径、半径表示法

ϕ——表示直径，如 $\phi20$ 表示直径为 20mm；

R——表示半径，如 $R10$ 表示半径为 10mm。

（2）普通螺纹代号表示法

粗牙普通螺纹用字母"M"及"公称直径"表示，如 M24 表示公称直径为 24mm 的粗牙普通螺纹；细牙普通螺纹用字母"M"及"公称直径×螺距"表示，如 M24×1.5，表示公称直径为 24mm，螺距为 1.5mm 细牙普通螺纹。

螺纹连接是起重机具装配、修理中常遇到的工作，加工螺纹的工具是丝锥和板牙，丝锥用以攻内螺纹，板牙用来加工外螺纹，即套螺纹；攻螺纹前底孔钻头直径要适当，一般为螺纹外径减去螺距，加工铸铁及脆性材料钻头直径为螺纹外径减去 1.05～1.1 倍螺距。

（3）表面粗糙度符号及标注

$\sqrt{\ }$ 基本符号，表示表面粗糙度是用任何方法获得（包括镀涂及其他表面处理）；

$\triangledown$ 表示表面粗糙度是用去除材料的方法获得，如车、铣、钻、磨、剪切、抛光、腐蚀、电火花加工等。

$\sqrt{\ }$ 表示表面粗糙度是用不去除材料的方法获得，如铸、锻、冲压成形、热轧、冷轧、粉末冶金等，或者是用保持原供应状况的表面（包括上道工序的状况）。

例如代号 $\overset{3.2}{\triangledown}$ 表示用去除材料的方法获得的表面粗糙度，Ra 的上限值为 3.2μm。

表面粗糙度代号应注在可见轮廓线、尺寸线、尺寸界线或延长线上，并表示表面完工后的要求。

(4) 公差与配合代号及意义

1) 尺寸公差基本概念 尺寸公差简称公差，它是指允许尺寸的变动量，是实现零件互换的必备条件。

有关尺寸公差的一些名词概念，参照图 1-12 说明如下：

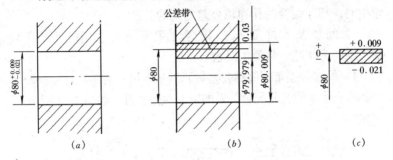

图 1-12 公差和公差带图

(a) 孔公差带实例；(b) 孔公差带示意图；(c) 孔公差带图

(A) 基本尺寸 设计给定的尺寸 ($\phi 80$)；

(B) 实际尺寸 通过测量所得的尺寸；

(C) 最大极限尺寸 允许尺寸变化的最大界限值 ($\phi 80.009$)；

(D) 最小极限尺寸 允许尺寸变化的最小界限值 ($\phi 79.979$)；

(E) 某一尺寸减去它的基本尺寸的代数差称为尺寸偏差；

(F) 上偏差 最大极限尺寸减基本尺寸所得的代数差 ($80.009 - 80 = +0.009$)；

(G) 下偏差 最小极限尺寸减基本尺寸所得的代数差 ($79.979 - 80 = -0.021$)；

(H) 尺寸公差（简称公差） 允许的尺寸变动量，即最大极限尺寸与最小极限尺寸的代数差的绝对值 ($80.009 - 79.979 = 0.03$) 或者说是上偏差与下偏差的代数差的绝对值 $[0.009 (-0.021)] = 0.03$；又比如尺寸 $20_{-0.041}^{-0.002}$ 的公差 $\delta = [(20 - 0.002) - (20 - 0.041)] = 19.998 - 19.959 = 0.039$；

13

（I）零线　在公差带图中，确定偏差的一条基准直线，通常零线表示基本尺寸，零线之上，偏差为正，零线之下，偏差为负。

2）配合　配合是由结构和使用要求决定的，它表示基本尺寸相同，相互结合的孔和轴公差之间的关系。

3）间隙 X 和过盈 Y　相配合的孔尺寸减去轴尺寸的代数差，正值为间隙，负值为过盈。

4）尺寸公差带（简称公差带）以基本尺寸为零线，用极限尺寸表示公差 δ 值及其配合关系的图形叫公差带，如图 1-13 所示。

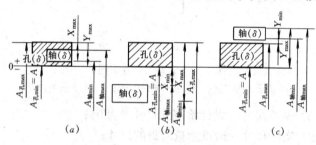

图 1-13　公差带与配合

（a）过渡配合；（b）间隙配合；（c）过盈配合

5）过渡配合　孔轴公差带相互重叠，配合可能具有间隙或过盈的配合，如图 1-13（a）所示。

6）间隙配合　孔的公差带大于轴的公差带，亦即孔的上偏差小于轴的下偏差，即始终存在间隙（包括零间隙）的配合，如图 1-13（b）所示。

7）过盈配合　轴的公差带全部大于孔的公差带，亦即孔的上偏差小于轴的下偏差，孔与轴之间始终存在过盈（包括最小过盈为零）的配合如图 1-13（c）所示。

8）配合公差　轴、孔配合的允许的间隙或过盈的最大变动量，其值为轴、孔尺寸公差之和。

4．机械图的识读

（1）读标题栏

14

对于零件图了解零件名称、比例、材料、图样编号等；对于装配图了解装配体的名称、比例，再根据明细表中零件的序号和名称，依次对应在装配图中找到零件，初步了解各零件的形状，阅读技术要求，结合说明书或其他相关技术资料，初步了解装配体的大小和形状特征、功用等。机械图中详图常用的比例为1:2，1:5。

（2）分析视图

对于零件图，根据主视图想象出零件的大致形状，再结合其他视图及剖视、剖切位置，看懂各图形所用的表达方法和表达内容，想象出各部分的大致结构和形状，进而想象出整体形状；对于装配图了解装配体所采用的表达方法，各视图的投影关系及各视图表达的内容，并清楚装配体的工作原理和主要零件的装配关系。

（3）分析零件及尺寸 对于零件图，一般先找出零件的总体尺寸，了解零件的长、宽、高。其次找出定形尺寸、定位尺寸及定位标准，对于装配图，零件分析一般从主要装配干线上的零件开始，逐步扩大到其他装配干线，也可根据传动系统的先后顺序进行。仔细研究各相关零件间的连接方式，配合性质，判明固定件与运动件，搞清各传动路线的运动情况和作用。

（4）全面了解及归纳总结

对于零件图，技术要求是零件的质量指标，应了解零件表面粗糙度要求，形状和位置公差要求，表面镀涂要求及其他要求；对于装配图，围绕部件的结构、工作情况和装配连接关系等，把各部分结构有机地联系起来一起研究，分析结构能否实现预定的功用，工作是否可靠，从而对装配体的完整结构，工作原理和性能有个全面的认识。

安装起重工有时要对起重机具设备进行拆卸、装配、安装、检修等维修保养工作，此时一方面要以掌握钳工的基本操作方法为基础，同时要能读懂设备的零件图和装配图，明确零件的形状、尺寸、技术要求及设备的结构原理和装配关系。

（四）工程图的识读

1. 施工图简介

根据不同专业施工图可分为建筑施工图，结构施工图，设备施工图（包括给水排水、采暖通风、设备、电气等施工图），安装起重工应用较多的施工图有建筑施工图，设备安装施工图与起重施工方案图等，分别介绍如下。

（1）建筑施工图

建筑安装施工是根据施工图进行的，建筑施工图是表达建筑物的总体布置、外部造型、内部布置、细部构造，内外装饰以及一些固定设备、施工要求等的图样，建筑物和工程构筑物是按比例绘制在图纸上，对于有些建筑细部，以及有些建筑材料和构件的形状等，往往不能如实画出，一般用统一规定的图例和代号来表示，建筑施工图包括施工总说明、总平面图、建筑平面图、建筑立面图和建筑详图等。

建筑总平面图是表示建筑物、构筑物和其他设施在一定范围的基地上布置情况的水平投影图，建筑总平面图是新建房屋施工定位，土方施工及其他专业（如水暖、电）管线总平面图和施工总平面图的依据。建筑总平面图中的尺寸单位除标高及总平面图以米（m）为单位外，其余一律以毫米（mm）为单位。

设备安装施工是建筑工程的重要组成部分，因此与建筑施工图有着密切的联系，例如大型设备进场道路的选定，大型塔罐组装和吊装场地的布设，桅杆缆风绳的设置等都要借助于总平面图（或平面图）来进行。

（2）设备安装施工图及设备安装平面图

设备安装施工图及设备安装平面图一般分为工艺流程图、设备布置图和设备本体图三种。

1）工艺流程图是指安装施工中，用以表明生产某种产品的全部生产过程的图样，图中明确表达了满足该生产工艺要求的主

16

要设备、附属设备、介质流向等。其中设备多用示意图表示,设备绘制比例可不严格。

2) 设备本体图可分为设备总装图、部件图和零件图,定型的标准设备的本体图由设备制造厂提供,非标准设备图样由设计单位或者制造厂提供,对于整体出厂的设备,一般只要有总装图即可安装,对于解体出厂需在现场组装的大型设备,除总装图外还必须有部件图和必要的零件图,否则难以进行安装。

3) 设备布置图 一般用平面图表示,故亦称设备安装平面图,是表达各种设备在建筑物内(外)的平面布置和安装具体位置的施工图,静止设备平面图包括的内容主要有:(A)标出设备的外形和尺寸;(B)标出设备的编号或名称;(C)标出设备本体纵横中心线及其他的定位尺寸;(D)对塔类、贮槽等带有进出口管的设备,要标出这些进出口管的方位,一般用角度表示;(E)如带有平台、扶梯的设备一般也要标出。

设备安装可分为给排水设备安装、采暖通风设备安装、电气设备安装、各类机械设备安装和静止设备安装等,均应有相应的施工图。

(3) 起重施工方案图

对于大中型或特殊的起重吊装施工项目,一般应编制起重施工方案,起重施工方案图是起重施工方案的重要内容之一,是起重施工准备阶段的一个重要环节。

1) 起重施工方案图的主要内容

(A) 起重吊装区域的平面布置图 包括设备在起重吊装前和起重吊装后的位置,起重机具的设置位置,各种临时设施的位置,运输道路的示意图等。

(B) 起重吊装立面图 主要反映出起重吊装过程中一个或几个有代表意义的瞬间的立面状态。

(C) 重要节点详图 例如钢丝绳在滑车组的穿绕方式,平衡梁的构造,吊耳的制作详图等。

2) 起重方案图的绘制

(A) 参考建筑施工图，以实测为主，即对于起重施工所需要的重要尺寸应进行实测绘制，按比例绘制成图，对于无建筑施工图的项目，应进行实际测量，并按建筑图的规定，绘制成平面图和立面图，然后将起重施工方案的内容在图中一一画出。

(B) 节点详图原则上按机械制图的要求绘制，对于无加工要求的节点详图，如钢丝绳在滑车组内的穿绕方式等，也可用示意图表达。

(C) 在平面图和立面图中，各种机具设备均可用示意图表示，但须用引出线注明其名称、规格和型号等，或者进行编号另列出表格加以说明。

2. 施工图的图标、比例和主要符号

(1) 图标

每张图都有图标，与前述类似，它位于图样的右下角，图标主要表示工程项目名称、图样名称、设计号、图号、设计单位、设计者签名等，当需要查阅某张图时，可以从图样目录中查到该图的工程图号，然后根据图号查对图标，即可查找到所要的图样。

(2) 比例

如表 1-2 所述，基本图样常用的缩小的比例有 1∶50；1∶100；1∶200；详图常用的缩小比例有 1∶1；1∶2；1∶5；1∶10；1∶20；1∶50等。

(3) 定位轴线及编号

定位轴线常用在建筑图上，它是建筑物尺寸线的标注方法，与机械设备安装施工图尺寸的标注不同，定位轴线是设备安装中依靠建筑物定位、放线的重要依据，轴线用点画线表示，端部带一个细实线的圆圈，圈内注有编号。轴线编号方法为水平方向的轴线用阿拉伯数字由左至右依次编号，垂直方向的轴线用英文字母由下而上依次编号，如图 1-14 所示，在两个轴线之间有附加的分轴线时，则编号可用分数表示，分母表示前一轴线的编号，分子表示附加轴线的编号，例如 1/C 表示 C 轴线以后所附加的第一条轴线,大写字母中 I、O 及 Z 三个字母不得用作为轴线编号。

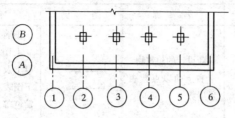

图 1-14　建筑物轴线的画法

（4）尺寸和标高

尺寸单位除标高及建筑总平面图以米（m）为单位外,其余一律以毫米（mm）为单位。标高是标注建筑物各部分的高度及设备工艺管道上的各部分的高度的一种尺寸形式,标高的符号是 ▽ 标高注明在符号的横线上,标高的单位是米（m）,可精确到厘米（cm）或毫米（mm）。

标高有绝对标高和相对标高两种,绝对标高是把青岛附近黄海的平均海平面定为标高的零点,其他各地标高都以它作为基准,相对标高是平面图中设定的标高基准点,标注符号为 $\underset{\bigtriangledown}{\pm 0.000}$ 图中其他各处以它为基准测量高度。

（5）详图索引号

如图 1-15 所示,索引号是反映基本图样与详图,详图与详图以及有关工种图样之间关系的符号,通过索引号可以方便地查到相关联的图样。

（6）图例

总平面图例见表 1-4 其他图例可查相关标准。

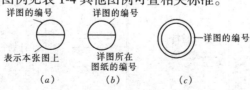

图 1-15　索引号

总平面图例 **表 1-4**

图　　例	名　　称	图　　例	名　　称
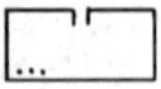	新设计的建筑物 右上角以点数表示层数	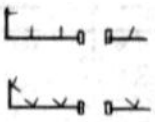	围墙及大门 上图表示砖石，混凝土及金属材料围墙 下图表示镀锌铁丝网，篱笆等围墙如仅表示围墙时大门取消
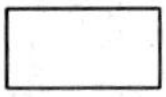	原有的建筑物 拟利用的应注明	X105.00 Y425.00 A131.51 B278.25	坐标 上图表示测量坐标 下图表示施工坐标
	计划扩建的建筑物或预留地 （画中虚线表示）	154.20	室内标高
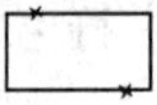	拆除的建筑物 （画细线表示）	▼143.00	室外整平标高
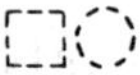	地下建筑物或构筑物 （画粗虚线表示）	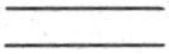	原有的道路
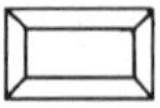	散状材料 露天堆场	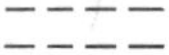	计划的道路

图 例	名 称	图 例	名 称
	其他材料露天堆场或露天作业场		公路桥 铁路桥
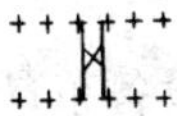	露天桥式起重机		护坡
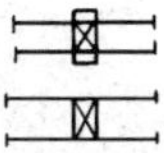	龙门起重机 上图表示有外伸臂 下图表示无外伸臂		风向频率玫瑰图
	烟囱 （实线表示烟囱下部直径虚线表示基础，必要时可注写烟囱高度和上下口直径）		指北针

注　1. 指北针宜用细实线绘制，圆圈直径宜为 24mm，指针尾部宽度宜为 3mm，需用较大直径绘制指北针时，指针层部宽度宜为直径的 $\frac{1}{8}$。

2. 风向频率玫瑰图是根据当地多年平均统计的各个方向吹风次数的百分数按一定比例绘制的。风吹方向是指从外面吹向中心。实线——表示全年风吹频率，虚线——表示夏季风向频率，按 6、7、8 三个月统计。

3. 工程图编排顺序及作用

工程施工图样的编排顺序是：总平面图、建筑图、非标结构图、水暖通风图、电气图、仪表图、设备图等。

施工图样有如下作用：

（1）图样目录　说明该工程各种图样的组成及编号。

（2）说明　主要说明该工程的概况和总的技术要求等，其中包括设计依据、设计标准和施工要求。

（3）建筑施工图　用于工程施工时了解建筑物的内部布置、基础结构、预埋件等。

（4）给水排水、采暖通风图　表示给水排水管道的布置、走向及支架的制作安装要求，表示采暖通风工程布置、通风设备零部件的型号、安装、吊架制作安装、系统调试要求等。

（5）设备及非标制作安装施工图　主要表示工艺设备布置和安装要求、非标容器或结构件的制作安装要求等（包括总装配图、剖视图、零部件图及向视图等）。

（6）电气施工图　主要表示电气线路的走向和具体安装要求等。

4．工程施工图样的识读

识读工程施工图时应按照"总体了解、顺序识读、前后对照、重点阅读"的读图方式进行。

（1）总体了解　一般先看图样目录，设计施工说明和工艺流程图及设备材料表，以便大致了解工程概况，如图名号、选用标准、施工质量要求和验收标准要求等。

（2）顺序读图　对工程概况有了初步了解后，就可细看，细看时先看基本图样，然后看部件图或系统图，最后再看详图或安装详图。

（3）综合归纳　一套施工图是由多工种图样组成的，图样大体可按各专业划分，因此要有联系地、综合地看图，注意施工中相关方面彼此衔接，避免安装时造成困难，同时还应看与安装密切相关的建筑施工图，如核实预留孔洞，预留构件，吊点等是否与安装施工图相符。

施工图的表达及构件标注方法与机械图中不尽相同，有些构件有专门的符号进行表示，如结构施工图中 DL6—2Z 表示 6m 跨吊车梁，荷载等级 2 级，用于伸缩缝跨中，用时不清楚可查相关资料。

施工图中如发现错误或自相矛盾时，应向有关部门及设计单位进行咨询，不可自行处理。

5. 识读与安装起重工有关的设备安装图

安装起重工主要看与起重吊装有关的施工图，这类图样是设备安装中的一部分，要仔细读图，认真分析，把施工中可能遇到的问题一一理清。

（1）看标题栏和技术说明 了解起重吊装的设备和构件的重量和尺寸，对技术要求中所提出的问题，做到心中有数，如起重吊装作业到某一位置时，松哪根绳，有哪些配合动作，设备如何翻身、如何偏转等。

（2）看设备基础图及基础平面图时，了解设备基础位置、标高、尺寸、地脚螺栓位置、数量及尺寸距离。另外要注意设备进场路线、放置的位置、基础的位置、标高、设备绑扎点等。

（3）起重机的位置、行走方向、回转半径（或桅杆的位置、移动方向及方法），卷扬机的位置、起重量数据以及如何挂滑车、锚坑等位置的选择等。

（4）运输道路、缆风绳布置及周围建筑物情况等。

二、起重力学基础

在设备安装起重操作中，处处涉及到力学知识，各项起重运输作业，往往需要通过力学的基本理论去分析起重机具或被吊设备的受力情况，从而达到科学、合理、经济、安全地解决设备的运输及吊装问题。

（一）静力学基本概念

1. 力的基本概念

力是物体间相互的机械作用，力的作用效果是使物体运动状态发生变化或使物体发生变形。力不能脱离物体而存在。当某一物体受到力的作用时，一定有另一物体对它施加作用，对于这种作用，在分析物体受力情况时，须注意区分受力物体和施力物体。

力对物体的作用效果决定于三个要素：（1）力的大小；（2）力的方向；（3）力的作用点，这三个要素中有任何一个改变时，力对物体的作用效果也随之改变，如图 2-1 所示用扳手拧螺母时，作用在扳手上的力 P_1、P_2、P_3 或大小不同，或方向不同，或作用位置不同，产生的效果均不相同。

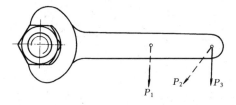

图 2-1　力对物体的作用效果

国际单位制(IS)及我国法定计量单位制中力的单位及符号是"牛顿"(N),$1N = 1kgf \cdot m/s^2$;或"千牛顿"(kN);$1kN = 10^3N$。在工程单位制中,力的单位是"千克(公斤)力"(kgf);或"吨"(t),$1t = 10^3kgf$。这两种单位制间的换算关系为:$1kgf = 9.8N$。

力是具有大小和方向的量,力的三要素可用带箭头的有向线段示于物体作用点上,如图 2-1 中 P_1、P_2、P_3 所示。线段的长度(按一定比例尺画)表示力的大小,箭头的指向表示力的方向,线段的起点或终点表示力的作用点。通过力的作用点,沿力的方向所画的线段称为力的作用线。数学中把具有大小和方向的量称为矢量,力是矢量,通常用黑体或带箭头的字母表示,如 $\vec{P}$ 或 **P**,若仅表示力的大小则不用黑体或不带箭头的字母表示即可,如 P。

在静力学中,我们不研究力使物体发生的变形,因为在一般工程问题中物体的变形极其微小,对我们研究物体的平衡问题影响不大,为了使问题得以简化,常将变形忽略不计。因此,在静力学中我们把物体看成为在任何力的作用下,其大小和形状都保持不变,即刚体。它是实际物体理想化的模型,然而当物体的变形在所研究的问题中成为主要因素时(如在材料力学中)就不能再将其看成刚体,即使变形很小,也应考虑,而不能忽略不计。

2. 力系

作用在物体上两个及两个以上的力,或者说作用在同一物体上的一组力称为一个力系,如果一个力系对物体的作用效果与另一个力系对物体的作用效果相同,那么这两个力系彼此为等效力系。在静力学中,等效力系可以相互代换,用一个等效的简单力系去代换一个复杂的力系称为力系的简化,如果一个力 R 对物体的作用效果与一个力系对该物体的作用效果相同,则此力 R 称为该力系的合力,力系中的每一个力都称为合力 R 的分力,由已知力系求合力称为力系的合成;相反由合力求分力称为力的分解。将几个力合成的目的是为了便于考察原来各力对物体共同作用的总效果,而为了考察力在某一特定方向上的作用效果,就必须将力沿这一方向进行分解，以求得这一方向上的分力。

3.静力学公理

静力学公理是人们经长期实践概括总结的结论，它的正确性只能用实验来验证，不能用更基本的原理来证明，它概括了力的一些基本性质，是建立静力学理论的基础。

公理一(二力平衡公理) 刚体只受两个力作用而处于平衡状态时，必须也只需这两个力大小相等，方向相反，作用线在同一直线上，如图2-2所示。

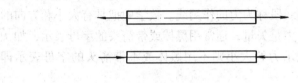

图2-2 二力平衡公理

只受两个外力而处于平衡的构件称二力构件，如图2-3（a）中的物体，当构件的形状为杆件时，则称为二力杆。如图2-3（b）中的 CD 杆，两端用铰链连接，若不计自重，且又不受其他外力作用，就是一个二力杆件，此时 P_c、P_d 的作用线必在二力的作用点的连线上，且等值、反向。

公理二（加减平衡力系公理）在一个力系上加上或者减去任意一个平衡力系，不会改变原力系对刚体的作用效果。

应用公理一和公理二可得到如下推论（力的可传性原理）作用在刚体上的任何一个力，可以沿其作用线移动作用点，而不改变此力对刚体的作用效果。

证明：如图2-4所示，设力作用在小车的 A 点上，据公理二，可在力的作用线上任取一点 B，并在 B 点加上两个相互平衡的力 P_1 和 P_2，令 $P = P_1 = P_2$。由于力 P 和 P_2 也是一个平衡力系，据公理二可除去，这样只剩下一个力 P_1。由此得出力 P 与力系（P、P_1、P_2）及 P_1 的作用效果相同，力 P_1 替代了原来的力 P，作用点移到了 B 点。由推论有：力对刚体的作用效果仅取决于力的大小、力的方向及力的作用线位置。

26

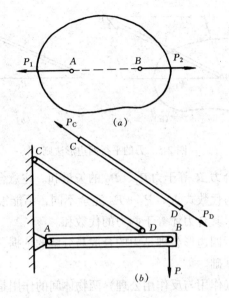

图 2-3 二力杆件

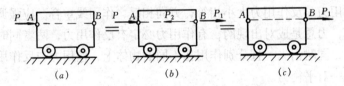

图 2-4 力的可传性

公理三（力的平行四边形法则）作用于刚体上同一点的两个力，其合力作用在两个力的汇交点上，合力的大小和方向由这两个力为邻边构成的平行四边形的对角线确定，如图 2-5 所示，图中 R 称为 P_1、P_2 两力的合力。

实际上在求合力 R 时，不一定要作出全部平行四边形 $OABC$，因为平行四边形的对边平行且相等，所以只要作出对角线一侧的一个三角形（OAB 或 OCB）就可以了，这种力的合成方法称为力的三角形法则。

求 P_1 和 P_2 两分力的合力 R，可用一矢量式表示如下：

$$R = P_1 + P_2 \tag{2-1}$$

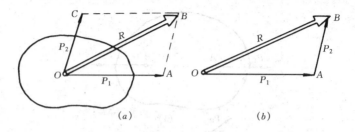

图 2-5　力的平行四边形法则

读作：合力 R 等于力 P_1、P_2 的矢量和。注意合力不一定比分力大，它与代数式 $R = P_1 + P_2$ 完全不同，不能混淆，只有当两力共线时，其合力才等于两力的代数和。

力的平行四边形公理是力的合成与分解的依据，也是较复杂力系简化的基础。

公理四（作用与反作用公理）两物体间的作用是相互的，甲物体给乙物体一个作用力，乙物体必定给甲物体一个反作用力。作用力与反作用力大小相等，方向相反，作用线重合。应强调指出，力总是成对出现的，有作用力必定有反作用力，两者同时存在，同时消失，且分别作用在不同的物体上，作用力与反作用力是一对平衡力。

4. 约束与约束反力

能向任何方向自由运动的物体称自由体，当物体受到其他物体的限制，而不能向某些方向运动时，这种物体称为非自由体，限制非自由体运动的物体称为非自由体的约束。

在力的作用下，非自由体发生运动或有运动趋势，由于约束的限制而在某些方向的运动受到阻碍，因而非自由体对约束便产生作用力，据公理四，约束也必定给非自由体以反作用力，这种约束给非自由体的，用来限制它运动的力，称约束反作用力，简称约束反力、约束力或反力，约束反力的方向总是与约束所能限制的运动方向相反，这是确定约束反力方向的基本原则。

下面介绍几种起重吊装作业中常见的约束类型及如何确定约

束反力的方向。

（1）柔体约束

由柔软的绳索、链条、皮带等所形成的约束。柔体约束只能承受拉力，不能承受压力，其约束反力作用于连接点，方向沿绳索而背离物体，如用钢丝绳吊起减速器箱盖，见图2-6。

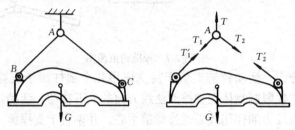

图2-6　柔体约束

（2）光滑面约束

两个相互接触的物体，如接触面上的摩擦力很小，可略去不计时，则构成光滑面约束。光滑面约束的反作用力通过接触点，方向是沿接触表面的公法线而指向受力物体，使物体受法向压力作用。这种约束反力又称法向反力。

（3）铰链约束

由铰链构成的约束称铰链约束。这种约束是采用如圆柱销 C 插入 A 和 B 的圆孔内而构成，如图2-7（a）（b）所示，其接触面是光滑的，这种约束体使构件 A 和 B 相互限制了彼此的相对移动，而只能绕圆柱销 C 的轴线自由转动。铰链约束简图如图2-7（c）所示。

铰链在起重吊装施工中应用较广泛，如大型铁塔（扳）吊工艺中，塔脚架与基础采用铰链相连，起重臂杆与底座亦一般采用铰链相连。

铰链有固定铰链和活动铰链之分，固定铰链支座能限制物体沿圆柱销半径方向的移动，但不限制其转动，其约束反力作用线必定通过圆柱销的中心，其大小及方向均未知，需根据受力情况

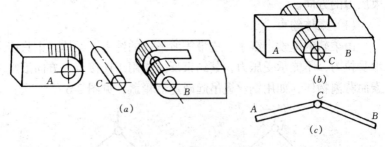

图 2-7　铰链约束简图

才能确定。活动铰链类似于将支座用几个圆柱滚子支撑于轨道上，它仅限制物体在支撑面法线方向的上下移动，活动铰链支座的约束反力的作用线必通过铰链中心，并垂直于支撑面，其指向随所受载荷情况的不同而不同。

（4）固定端约束

固定端约束在平面问题上限制了物体存在的三种运动，即两个相互垂直方向的平移运动和转动，它比铰链多一个转动限制，固定端对构件可能存在的约束作用为一个约束反力 N 与一个约束力偶 M。力 N 可以用一组互相垂直的分力 N_X、N_Y 来表示。显然 N_X 与 N_Y 代表了固定端约束对构件上下左右移动的限制作用，M 则表示固定端约束对杆件转动的限制作用。见图 2-8。

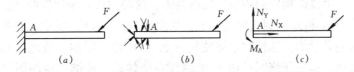

图 2-8　固定端约束

5．物体的受力分析和受力图

研究物体的平衡问题，首先必须分析物体受到哪些力的作用。为了清楚地表示出物体的受力情况，需将要被研究的物体从与它相联的其他物体中分离出来，单独画出该物体的简图并表示出它受到的全部作用力，即为该物体的受力图，一般按以下步骤画受力图：

（1）选取研究对象（取分离体）

根据所要解决的问题选取研究对象，用尽可能简明的轮廓将其单独画出。

（2）画主动力

画出研究对象上所受的全部主动力。

（3）去掉约束，画出约束反力；

在研究对象上原来存在约束的地方，按约束类型及其反力特点逐一画出约束反力。

【例 2-1】 一起重装置如图 2-9（a）所示，水平梁 AB 的重力为 P，A 端以铰链固定，B 端用绳索等定位，起重装置连同重物的重量为 Q，试画出横梁 AB 的受力图。

【解】 （1）取横梁 AB 为研究对象，画出它的简图。

（2）画出主动力。横梁受到主动力 Q，本身重力 P 的作用，

（3）去掉约束。横梁 AB 受到绳索和固定铰链约束，其约束反力分别是拉力 T 和一对分力 R_{AX}、R_{AY}。梁 AB 受到 P、Q、T、R_{AX} 和 R_{AY} 作用而平衡。其受力如图 2-9（b）所示。

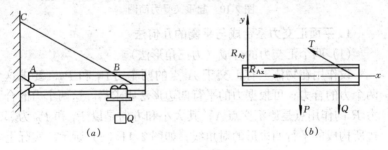

图 2-9 例 2-1 水平梁受力分析图

（二）平面汇交力系

作用在刚体上各个力的作用线如果均在同一平面内，则这种力系称为平面力系，在平面力系中如果各力的作用线都汇交于一点，这样的力系叫做平面汇交力系。平面汇交力系在起重搬运吊

装实践中经常遇到，如图 2-10 所示的起重架提吊重物，即属于平面汇交力系。取其中任一构件进行研究，其各力作用线均交于一点。下面将分别用几何法和解析法研究平面汇交力系的合成与平衡问题。

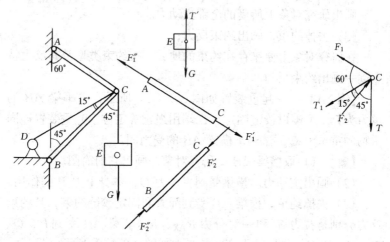

图 2-10　起重架受力简图

1. 平面汇交力系合成与平衡的几何法

（1）两个汇交力的合成（力三角形法）

设作用在物体上有汇交于 A 点的两个力 P_1 和 P_2，要求这两个力的合力，可根据力的平行四边形法则求得。这两个力的合力 R 的作用点是原汇交点 A，其大小和方向是以 P_1 和 P_2 为邻边所构成的平行四边形的对角线，如图 2-11 （a）所示。实际上只要画出力的平行四边形的一半，即可得到合力，如图 2-11 （b）所示。可省略 AC 与 CD，从留下的 $\triangle ABD$ 中即可解得合力 R 的大小与方向。如严格地按一定比例作图，合力 R 的大小及方向可由图上量得。此法简便，工程上亦常采用，但作图易产生误差，如需精确解，则可用余弦定理进行计算：

由 $\triangle ABD$ 得

$$R = \sqrt{P_1^2 + P_2^2 + 2P_1P_2\cos\alpha} \tag{2-2}$$

再由正弦定理定其方向

$$\frac{P_2}{\sin\varphi_1} = \frac{R}{\sin(180^\circ - \alpha)} \tag{2-3}$$

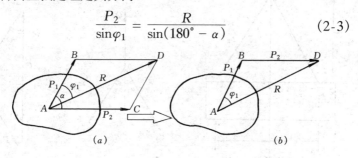

图 2-11 两个汇交力的合成

【例 2-2】 有两个共点力，力的大小分别为 9N，12N 两力的夹角为 90°，求合力。

【解】 据式（2-2），$R = \sqrt{P_1^2 + P_2^2 + 2P_1P_2\cos\alpha}$

则 $R = \sqrt{9^2 + 12^2 + 2 \times 9 \times 12\cos90^\circ} = 15N$

答：合力 R 为 15N。

【例 2-3】 有 2 根斜吊索吊装一重量为 $Q = 10000N$，两绑点到重心的距离分别为 $a_1 = 1m$，$a_2 = 1.5m$，吊点到绑点的高度 $h_1 = 2.5m$，请计算出吊索 p_1，p_2 受力，如图 2-12（a）。

【解】 1）取 A 点为研究对象，画受力图，如图 2-12（b）所示

2）画力的三角形，如图 2-12（c）所示。

$$\text{tg}\alpha_1 = \frac{a_1}{h_1} = \frac{1}{2.5} = 0.4 \qquad \alpha_1 = 21^\circ48'$$

$$\text{tg}\alpha_2 = \frac{a_2}{h_2} = \frac{1.5}{2.5} = 0.6 \qquad \alpha_2 = 30^\circ58'$$

$$\alpha_3 = 180^\circ - (\alpha_1 + \alpha_2) = 127^\circ14'$$

根据正弦定理

$$p_1 = \frac{\sin\alpha_2}{\sin\alpha_3}Q = \frac{0.5120}{0.7961} \times 10000 = 6431N$$

$$p_2 = \frac{\sin\alpha_1}{\sin\alpha_3}Q = \frac{0.3714}{0.7961} \times 10000 = 4665N$$

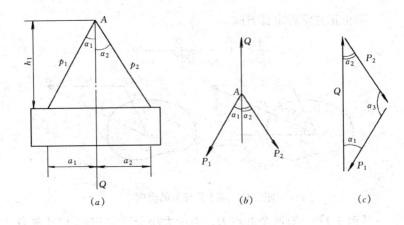

图 2-12 例 2-3 图

答：p_1、p_2 分别为 6431N、4665N

(2) 多个汇交力的合成

设在物体上的 O 点作用了一个平面汇交力系，P_1、P_2、P_3、P_4 如图 2-13 (a) 所示，要求这个汇交力系的合力时，可以连续应用力的三角形法则。如图 2-13 (b) 所示，先求出 P_1 和 P_2 的合力 R_1，再求 R_1 和 P_3 的合力 R_2，最后求出 R_2 和 P_4 的合力 R。力 R 就是原汇交力系的合力。实际作用时，虚线所示的 R_1 和 R_2 不必画出，只要按一定的比例依次作矢量 AB、BC、CD 和 DE 分别代表力 P_1、P_2、P_3 和 P_4，首端 A 和尾端 E 的连线 AE 即代表合力的大小和方向。合力的作用点仍是原汇交力系的交点 O。多边形 $ABCDE$ 叫做力多边形，这种求合力的方法叫做力多边形法则，简单地说：力多边形的封闭边（首尾的连线）就代表原汇交力系的合力。实际使用中在精度要求不高的情况下，可采取精确画图，最后量出封闭边的尺寸及方向。

平面汇交力系可合成为一个合力 R，即合力 R 与原力系等效。如果某平面汇交力系的力多边形首尾相重合，即力多边形自行封闭，则力系的合力 R 等于零，物体处于平衡状态，该力系为平衡力系，反之欲使平面汇交力系平衡的几何条件是：力多边

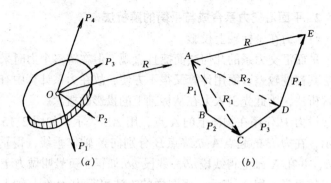

图 2-13　力的多边形法则

形自行闭合，此时力系的合力 R 等于零。

　　如果已知物体在平面汇交力系作用下处于平衡状态，则可以应用力的平衡的几何条件，通过作用在物体上的已知力求出未知力的约束反力。

　　（3）力的分解

　　在起重运输作业中，为便于合理选用机索具和进行力的分析，经常需要进行力的分解，与力的合成相似，力的分解方法有平行四边形法则和三角形法则。

　　平行四边形法则是把要分解的力作为平行四边形的对角线，再按分力方向做出平行四边形的两边，这两边即为所要求的分力。这两个分力的作用方向应预先设定，如图 2-14（a）所示。

图 2-14　力的分解
（a）平行四边形法；（b）三角形法

　　三角形法则是将一已知力的分解按已确定分力的方向做成一个闭合的三角形，如图 2-14（b）所示，即将被分解的力当做闭合三角形的一边，其余两边就是所求的分力。

2．平面汇交力系合成与平衡的解析法

（1）力在坐标轴上投影

平面汇交力系的几何法简捷且直观，但在解多个力时采用作图法其精度较差，而用计算又很不方便，故在力系计算中有时需用解析法，为此先引入力在从标轴上的投影的概念。

设力 P 作用在物体上的 A 点，用 AB 表示，如图2-15（a）所示，在力 P 的起点 A 及终点 B 分别向 X 轴作垂线，得垂足 a 和 b，并在 X 轴上得线段 ab。线段 ab 加正、负号叫做力 P 在 x 轴上的投影，用 X 表示。用同样的方法可得力 P 在 y 轴上的投影为线段 a_1b_1 用 Y 表示，即

$$X = \pm\, ab \quad Y = \pm\, a_1 b_1$$

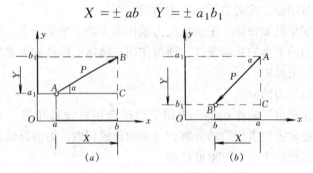

图2-15　力在坐标轴上的投影

投影的正负号规定如下：从投影的起点 a 到终点 b 与坐标轴的正向相同时取正号，反之取负号。故在图2-15a 中，力 P 的投影 X、Y 均取正值；而在图2-15b 中，力 P 的投影 X、Y 均取负值。

从图2-15a 中可以看出：$ab = AC$；$a_1b_1 = CB$。设力 P 与 x 轴所构成的锐角为 α，则有

$$X = P\cos\alpha$$
$$Y = P\sin\alpha \eqno{(2\text{-}4a)}$$

对于图2-15b 中则有

$$X = -\,P\cos\alpha$$

$$Y = - P\sin\alpha \qquad (2\text{-}4b)$$

当力与坐标轴垂直时，力在坐标轴上的投影为零；当力与坐标轴平行时投影的绝对值与该力的大小相等。

如果力 P 在坐标轴 x 和 y 上的投影 X 和 Y 为已知；则由图 2-15a、b 的几何关系，可以确定力 P 的大小和方向；

$$F = \sqrt{X^2 + Y^2}$$

$$\text{tg}\alpha = \frac{Y}{X} \qquad (2\text{-}5)$$

式中，α 为力 P 与 x 轴所夹的锐角，力 P 的具体方向由两投影 X、Y 的正负号来确定。例 2-3 两共点 P_1、P_2 分别等于 10t、30t，夹角 90°，求合力。

解：由式 2-5 得：

$$F = \sqrt{P_1^2 + P_2^2} = \sqrt{10^2 + 30^2} = 31.6\text{t}$$

综上所述，求合力的方法有几何法和解析法两种，亦可称为图解法和公式计算法。

(2) 合力投影定理及应用

由式 2-5 可知，如能求出合力在直角坐标轴 x、y 上的投影，则合力的大小和方向即可以确定。为此我们进一步分析合力和它的分力在同一坐标轴上的投影的关系。

设有一平面汇交力系 P_1、P_2、P_3 作用在物体的 O 点，如图 2-16a 所示。从 A 点开始作力多边形 $ABCD$，则矢量 AD 即表示该力系的合力 R 的大小和方向。在力系平面内任取坐标轴 X，如图 2-16b 可得：

$$X_1 = ab, X_2 = bc, X_3 = - cd, R_x = ad$$

而 $\qquad\qquad ad = ab + bc - cd$

因此可得 $\qquad R_x = X_1 + X_2 + X_3$

这一关系可推广到任意一个汇交力的情况即

$$R_x = X_1 + X_2 + \cdots + X_n = \Sigma X \qquad (2\text{-}6)$$

从而得到合力投影定理：即合力在任一坐标轴上的投影，等

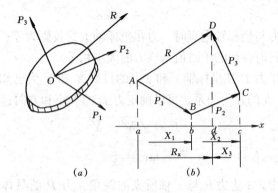

图 2-16 合力投影定理

于组成这个合力的各个分力在同一坐标轴上投影的代数和。

由此在遇到求平面汇交力系合力时，我们可选定直角坐标系，求得力系中各力在 x 轴和 y 轴上的投影，再根据合力投影定理求出合力 R 在 x 轴和 y 轴上的投影 R_x 和 R_y 于时按式（2-5）可得合力 R 的大小和方位。

$$R = \sqrt{R_x^2 + R_y^2} = \sqrt{(\Sigma X)^2 + (\Sigma Y)^2}$$

$$\mathrm{tg}\theta = \left| \frac{R_y}{R_x} \right| = \left| \frac{\Sigma Y}{\Sigma X} \right| \tag{2-7}$$

式中 θ 为合力 R 与 x 轴所夹的锐角。合力的作用线通过原汇交力系的交点，合力 R 的指向可由 ΣX 和 ΣY 的正负号来确定。

从平面汇交力系平衡的几何条件作进一步分析可知：平面汇交力系平衡的必要和充分条件是该力系的合力等于零。用解析式表示为：

$$R = \sqrt{R_x^2 + R_y^2} = \sqrt{(\Sigma X)^2 + (\Sigma Y)^2} = 0 \tag{2-8}$$

式中 R_x^2 和 R_y^2 恒为正数，因此式 2-8 成立则必须满足：

$$R_x = \Sigma X = 0$$
$$R_y = \Sigma Y = 0 \tag{2-9}$$

反之若式（2-9）成立，则力系的合力必为零。所以平面汇交力系平衡的必要和充分解析条件是，力系中所有各力在两坐标轴上的投影的代数和分别为零，式（2-9）称为平面汇交力系的平衡方程。

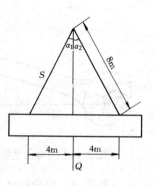

图 2-17　例 2-4 图

【例 2-4】　如图 2-17 所示，用一对 8m 长的千斤绳吊装一根预制梁，两个绑扎点 B、C 相距 8m，梁重 $Q = 98000N$，求两根千斤绳的受力大小。

【解】　由对称可知 $\alpha_1 = \alpha_2$　$\sin\alpha_1 = \dfrac{4}{8} = 0.5$　$\alpha_1 = 30°$

$$\Sigma P_y = 0 \quad 2S\cos30° - Q = 0$$

$$S = \frac{Q}{2\cos30°} = \frac{98000}{2 \times 0.866} = 56582N$$

答：两根千斤绳的受力相等其值为 56582N。

（三）力 矩 和 力 偶

1. 力矩

在生产实践中，当我们拧紧螺母时，如图 2-18 所示，其拧紧程度不仅与力 P 的大小有关，而且与转动中心（O 点）到力的作用线的垂直距离 d 有关。当 P 力的大小一定时，d 越大，力 P 使螺母拧的越紧，d 越小，拧紧程度就越差。因此，在力学上以乘积 Pd 作为量度力 P 使物体绕 O 点转动效果的物理量，称为力 P 对 O 点之矩，并用 M_0（P）表示。即

$$M_0（P）= \pm Pd \tag{2-10}$$

O 点称为力矩中心，简称矩心；O 点到力 P 作用线的垂直距离 d，称为力臂。亦即力在作用时和作用物之间的垂直距离叫力臂，力臂和力的乘积叫力矩，式中的正负号用以说明力矩转

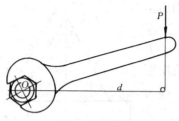

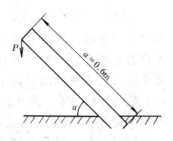

图 2-18 力对点之矩   图 2-19 例 2-5 图

向，一般规定：力使物体绕矩心做逆时针方向转动时，力矩取正号，反之取负号，力矩的单位常取 Nm 或 kNm。

【例 2-5】 试计算图 2-19 中力 P 对 B 点的力矩。设 $P = 50\text{N}$，$a = 0.6\text{m}$，$\alpha = 30°$

【解】 P 力对 B 点之矩为 P 力乘以 P 到 B 点的垂直距离，即

$$M_0(P) = P \cdot a\cos\alpha = 50 \times 0.6\cos30° = 25.98\text{Nm}$$

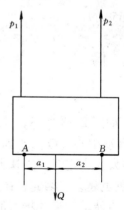

图 2-20 例 2-6 图

【例 2-6】 如图 2-20 所示，用两根垂直吊索抬吊一重量为 Q 的设备，两根吊索距设备重心的距离分别为 a_1、a_2，假设两根吊索力大小分别为 P_1、P_2。试求 P_1、P_2 力的大小。

【解】 根据物体平衡物体上任一点合力矩为零，则

求 P_1 时对 B 点取矩

则 $Q \cdot a_2 - P_1 (a_1 + a_2) = 0$

$$p_1 = \frac{a_2}{a_1 + a_2} \cdot Q$$

求 P_2 时对 A 点取矩

则 $\qquad P_2 (a_1 + a_2) - Qa_1 = 0$

$$p_2 = \frac{a_1}{a_1 + a_2} \cdot Q$$

2. 合力矩定理

某力系的合力对物体的作用效果等于该力系中各分力对物体作用效果的总和。同理亦可证明平面汇交力系的合力对平面内任一点之力矩等于该力系中各分力对同一点的力矩的代数和。这个关系称为合力矩定理，其表达式为

$$M_0(R) = M_0(P_1) + M_0(P_2) + \cdots + M_0(P_n)$$

或 $\qquad\qquad M_0(R) = \Sigma M_0(P)$ (2-11)

式中 R 为力系 $P_1 P_2 \cdots P_n$ 的合力。

若物体平衡则有物体上任一点的合力矩为 0，即 $M_0(R) = 0$。

【例 2-7】 如图 2-21a 所示，某起重装置起吊重物 $Q = 20000\text{N}$，若不计梁的自重，试分别计算吊重力 Q 和 BC 杆受拉力 T 对 A 点之矩。

【解】 画受力图如 2-21（b）所示

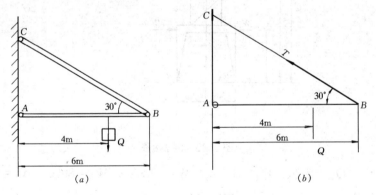

图 2-21 例 2-7 图

根据物体平衡时，物体上任一点的合力矩为 0，对 A 点取矩有：

$$\Sigma m_A = 0 \quad T \times 6\sin 30° - Q \times 4 = 0$$

$$T = \frac{Q \cdot 4}{6\sin 30°} = \frac{20000 \times 4}{3} = 26666.67\text{N}$$

T 对 A 点之矩为： $M_A(T) = T \times 6\sin 30° = 80000\text{N·m}$

Q 对 A 点之矩为 $M_A(Q) = -Q\cdot 4 = -80000\text{N}\cdot\text{m}$

（负号表示力矩为顺时针转向）

【例 2-8】 有一塔式起重机，机身总重（机架、压重及起升、变幅、回转等机构）$G = 26\text{t}$，最大额定起重量 $Q = 5\text{t}$，试问平衡重 Q_G 取多大才能保证这台起重机不会翻倒？起重机的主要尺寸及各个力的作用如图 2-22 所示。

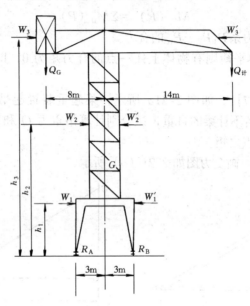

图 2-22 例 2-8 图

$Q_{计} = 5.5\text{t}$，$W_1 = 320\text{kg}$，$W_2 = 280\text{kg}$，$W_3 = 80\text{kg}$，$W_1' = 960\text{kg}$，

$W_2' = 840\text{kg}$，$W_3' = 240\text{kg}$，$h_1 = 10\text{m}$，$h_2 = 20\text{m}$，$h_3 = 32\text{m}$，

【解】 1）在吊重时的平衡

$Q_G\cdot 11 = W_3\cdot h_3 + W_2\cdot h_2 + W_1\cdot h_1 + Q_{计} - G\cdot 3$

$= 80\times 32 + 280\times 20 + 320\times 10 + 5500\times 12 - 26000\times 3$

$Q_G = -\dfrac{6140}{11} = -558\text{kg} = -0.558\text{t}$

2）非工作状态时

$$Q_G \cdot 5 = G \cdot 3 - W_3' \cdot h_3 - W_2' \cdot h_2 - W_1' \cdot h_1$$
$$= 26000 \times 3 - 240 \times 32 - 840 \times 20 - 960 \times 10 = 43920$$

$$Q_G = \frac{43920}{5} = 8784 \text{kg} = 8.784 \text{t}$$

故平衡重应取：$-0.558t \leqslant Q_G \leqslant 8.784t$

3．力偶和力偶矩

司机转动方向盘（图 2-23）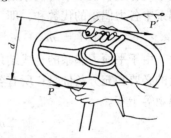
和钳工用丝锥攻螺纹时（图 2-
24），方向盘和丝锥铰杠上通常
受到大小相等、方向相反，但
作用线不在一直线上的两个平
行力的作用，这一对力由于作
用线不共线，故不能互成平衡，

图 2-23　力偶举例之一

它使物体产生转动。这种作用于同一物体上大小相等，方向相
反，而力作用线不在同一直线上的两个平行力，称为力偶，以
M（PP'）表示。力偶中两力所在的平面称为力偶作用面，两力
作用线间的垂直距离 d 称为力偶臂。

物体受力偶作用时，产生的转动效果，不仅与力偶中力 P

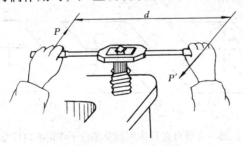

图 2-24　力偶举例之二

的大小成正比，而且与力偶臂 d 的大小成正比。力 P 与 d 愈大，
转动效果愈显著。因此，以乘积 $P \cdot d$ 加以适当的正负号作为力偶
对物体的转动效果的度量，并称之为力偶矩，以符号 m 表示。即

$$m = \pm P \cdot d \qquad (2\text{-}12)$$

式中的正负号表示力偶的转向。一般规定：力偶使物体有逆时针方向转动趋势时，力偶矩为正，反之为负。力偶矩的单位与力矩单位相同。

作用在物体上同一平面内的多个力偶，称为平面力偶系。力偶系的合成，就是求力偶系的合力偶。合力偶矩 M 等于平面力偶系中各力偶矩的代数和，即

$$M = m_1 + m_2 + \cdots + m_n = \Sigma m_i \qquad (2\text{-}13)$$

由于平面力偶系的合成结果为一个合力偶，故平面力偶系平衡的必要和充分条件是：所有各力偶矩的代数和等于零，即合力偶矩等于零。

$$\Sigma m_i = 0$$

力偶的特性：（1）力偶无合力，即力偶不能用一个力等效替换，力偶对物体只有单纯使物体产生转动作用的效果，而无平移的作用效果。

（2）力偶对物体的作用效果仅仅取决于力偶的三要素，即力偶矩的大小，力偶的转向与力偶作用面的方位，而与其在作用面的位置无关，亦即力偶可在作用面及平行于作用面内任意搬移。如图 2-25 所示。

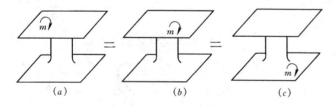

图 2-25　力偶可在其作用面及平行于作用面内任意搬移

（3）在力偶三要素不改变的条件下，可以任意选定组成力偶的两个等值、反向、平行力的大小或力偶臂的大小。亦即根据力偶的等效条件，只要保持力偶矩的大小和力偶的转向不变，可同时改变力偶中力的大小和力偶臂的长短，而不改变力偶对物体的

44

作用效果。

4．力的平移定理

前已述及，力可沿其作用线移动，而不改变它对物体的作用效果。如果力平行于作用线移动（力移出原作用线），会不会改变力对物体的作用效果呢？力的平移是力系简化的基础，下面来研究这个问题。

设有一作用在物体上 A 点的已知力 P，如图 2-26（a）所示，我们要把它平移到 O 点，根据公理二，我们可以在 O 点加上两个大小相等，方向相反的力 P' 和 P''，而且它们的作用线与力 P 平行，它们的大小都等于 P，即 $P' = P'' = P$，如图 2-26（b）所示。我们可以把力 P 和 P'' 看成力偶，它们的力偶矩等于力 P 对 O 点之矩，即

$$M\ (P、P'') = P \cdot d = M_0\ (P)$$

由于力 P' 和 P 的大小和方向都相同，因此我们可以把 P' 看成是力 P 平移的结果，如图 2-26c，力 P' 和力偶（PP''）的联合作用等于原力 P 的作用。所以，力可以平行移动到刚体内的任意点 O，但是，平移后必须附加一个力偶，它的力偶矩等于原力对 O 点的力矩。

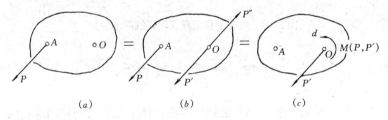

(a) (b) (c)

图 2-26　力的平移定理

以上所述一个力平移后得到一个力和一个力偶，也可以认为是一个力分解成为一个力和一个力偶；反之，一个力和一个力偶也可以合成为一个单独的力。

力的平移定理在生产实践中有许多的应用，如图 2-27 所示，用丝锥攻螺纹时，我们双手在手柄两端施加大小相等，方向相反

45

的一对力组成力偶。如果只是单手施力。作用在手柄 A 点的力 P 平移到中心 O 点得一个力 P' 和一个力偶（PP''）（力偶矩为 $M=Pa$），力偶使丝锥旋转攻螺纹。而这个对丝锥的径向力 P' 可能使丝锥折断。双手施力组成力偶，就没有折断丝锥的横向作用力。

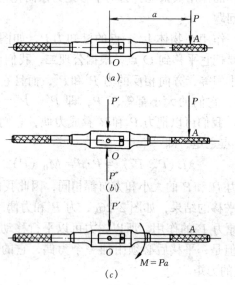

图 2-27　力的平移定理在攻螺纹时的应用

（四）平面一般力系

在工程实际中，经常遇到作用在物体上的各力的作用线在同一平面内，但它们即不汇交于一点，又不相互平行，这样的力系称为平面一般力系，如图 2-28 所示的悬臂起重装置（在考虑横梁自重时）即属此类。下面将研究平面一般力系的平衡条件及平衡问题的解法。

1．平面一般力系的简化

由力的平移定理可知，任意一个平面一般力系可向任一点进

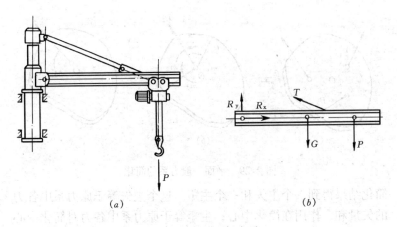

(a) (b)

图 2-28 平面一般力系

行简化。简化结果得到一个力和一个力偶。其简化过程如图 2-29（a）所示：设在物体上作用有一个平面一般力系 P_1、P_2、P_3，在力系所在平面内任取一点 O，将力系向 O 点简化，O 点称为简化中心。根据力的平移定理，先将各力平移到 O 点，于是得到作用在 O 点的力 P_1'、P_2'、P_3' 及附加力偶 m_1、m_2、m_3，其力偶矩分别为原力系中各力对简化中心 O 点之矩，即 $m_1 = m_0(P_1)$、$m_2 = m_0(P_2)$、$m_3 = m_0(P_3)$，如图 2-29b 所示。这样，原力系就简化为一个平面汇交力系和一个平面力偶系。如图 2-29c 所示，将平面汇交力系合成为一个合力 R'，这个力的作用线通过 O 点，称为原力系的主矢。主矢 R' 的大小和方向由式 2-7 知：

$$R = \sqrt{R_x'^2 + R_y'^2} = \sqrt{(\Sigma p_x)^2 + (\Sigma p_y)^2}$$

$$\text{tg}\alpha = \left| \frac{R_y'}{R_x'} \right| = \left| \frac{\Sigma P_y}{\Sigma P_x} \right| \qquad (2\text{-}14)$$

将平面力偶系可合成为一个合力偶，其合力偶矩为 M_0，称为原力系的主矩，其值为

$$M_0 = \Sigma m_0(P_i) \qquad (2\text{-}15)$$

综上，平面一般力系可以向作用面内的任意一点进行简化，

47

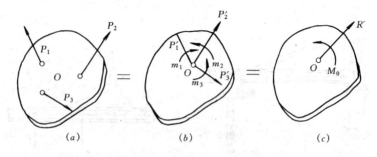

图 2-29 平面一般力系的简化

简化结果得到一个主矢和一个主矩。这个主矢等于原力系中各力的矢量和，作用在简化中心；主矩等于原力系中各力对简化中心之矩的代数和。

2．平面一般力系的平衡

平面力系向简化中心 O 点简化后，如果主矢 R' 和主矩 M_0 不能同时等于零，那么力系是不平衡的，因此欲使平面一般力系平衡，则必须 $R'=0$、$M_0=0$。故得平面一般力系平衡的必要和充分条件是：力系的主矢和力系对于任一点的主矩都等于零。即

$$R' = 0$$
$$M_0 = 0$$

由式 2-14 和式 2-15 可得

$$\Sigma P_x = 0$$
$$\Sigma P_y = 0 \tag{2-16}$$
$$\Sigma m_0 = 0$$

式 2-16 称为平面一般力系的平衡方程，即平面一般力系平衡时，力系中所有各力在两个坐标轴上投影的代数和分别为零，所有各力对其作用面内任一点力矩的代数和亦为零。

在应用平衡方程解平衡问题时，为使计算简化，通常将矩心选在多个未知力的交点上，而坐标轴尽可能选得与该力系中多数未知力的作用线平行或垂直。

【例 2-9】 如图 2-30 所示，某塔架吊装时用卷扬机绞动钢

48

索 BC，使整个塔架绕 A 点转动。已知塔架自重 $G=3800\text{kN}$，钢索与桅杆间夹角 $\alpha=60°$，有关尺寸见图，试求在图示位置扳起塔架时，钢索 BC 的拉力及铰链支座的反力。桅杆 AB 和钢索的重量略去不计。

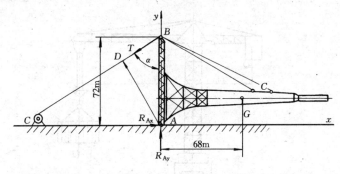

图 2-30　例 2-9 图塔架吊装图示

【解】　取塔架和桅杆整体为研究对象，其受力图如图 2-30 所示，取坐标系 A_{xy}。由

$\Sigma P_x=0\quad R_{Ax}-T\cdot\sin\alpha=0$

$\Sigma P_y=0\quad R_{Ay}-T\cdot\cos\alpha-G=0$

$\Sigma m_0\ (P)\ =0\quad T\cdot AD-G\times68=0$

$T=\dfrac{G\times68}{AD}=\dfrac{3800\times68}{AB\cdot\sin\alpha}=\dfrac{3800\times68}{72\times\sin60°}=4144\text{kN}$

$R_{Ax}=T\cdot\sin60°=4144\times\sin60°=3589\text{kN}$

$R_{Ay}=T\cos60°+G=4144\times\cos60°+3800=5872\text{kN}$

3. 平面平行力系

若平面力系中各力作用线全部互相平衡，此种力系称为平面平行力系，如图 2-31 塔架所承受的吊重，机架、平衡块的重力及钢轨的约束力（不计风压等水平力）。这些力均垂直于地面相互平行。这种力系是平面任意力系的特殊情况，它的平衡方程可从平面任意力系中推导得出。如果取 y 轴与力的作用线平行，x 轴与力的作用线垂直，则 $\Sigma P_x=0$，即该方向不论力系平衡与否，

此式必成立，可不必列出。于是平面平行力系的平衡方程只有两个，即

$$\Sigma P_y = 0,$$

$$\Sigma m_0 (P) = 0 \qquad (2\text{-}17a)$$

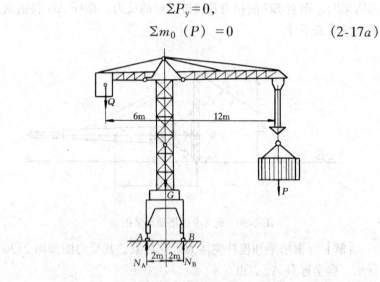

图 2-31　平面平行力系

平面平行力系的平衡方程还可用二矩式表示，即

$$\Sigma m_A (P) = 0$$

$$\Sigma m_B (P) = 0 \qquad (2\text{-}17b)$$

其中两矩心 A、B 的连线，不能与各个力的作用线平行。

（五）重心、摩擦力与惯性力

1. 重心

在起重作业中，设备的起重搬运吊装都须考虑到物体的重心，在吊装作业中，重心位置的不正确会造成钢丝绳受力不均，甚至设备在吊装过程中有发生倾覆的危险。

我们知道任一种物质组成的质量与它的体积之比，叫做这种物质的密度。其表达式为：

物体的质量＝物体的体积×物体的密度。

物体的质量和重量是两个不同的概念，质量仅有大小，没有方向，它是标量，而重量是一种力，它是由于地球对物体的吸引而产生的。与所有的力一样，重力也是矢量，质量和重量的关系式为：

$$G = mg \qquad (2\text{-}18)$$

式中　m——质量（kg）；

　　　g——重力加速度（m/s^2）；

　　　G——重力（N）。

物体上各质点重力的合力，就是物体的重量，各质点重力的合力的作用点就是物体的重心。也即物体的重心是物体各部分重量的中心。一个物体不论处在什么地方，不论放置方位如何，它的重心在物体内部的位置是不变化的。

物体的重心坐标公式可由合力矩定理推得如下：

$$x_c = \frac{\Sigma \Delta G_i x_i}{G} \qquad y_c = \frac{\Sigma \Delta G_i y_i}{G} \qquad z_c = \frac{\Sigma \Delta G_i z_i}{G} \qquad (2\text{-}19)$$

式中　　G——整个物体的重力；

　　　ΔG——物体某一部分重力。

x_c、y_c、z_c——分别为物体重心在 x、y、z 轴上的坐标位置；

　x_i、y_i、z_i——分别为物体微小部分重心在 x、y、z 轴上的坐标位置。

如果物体是均质的（如起重吊装作业中，大多数构件均为同一物质），单位体积的重量称为比重，以 γ 表示，以 V 表示整个物体的体积，以 ΔV_i 表示每一微小部分的体积，则有：

$$x_c = \frac{\Sigma \Delta V_i x_i}{V} \qquad y_c = \frac{\Sigma \Delta V_i y_i}{V} \qquad z_c = \frac{\Sigma \Delta V_i z_i}{V} \qquad (2\text{-}20)$$

式中　　V——整个物体的体积；

　　　ΔV——物体某一部分体积；

　　　其余符号同上。

由上式可知，均质物体的重心位置与物体的重量无关，故匀质物体的重心又称形心。形心就是物体的几何形状的中心，例如圆球的形心就是球心。物体的重量等于物体的体积与该物体密度的乘积。物体体积一般可用公式计算，如求一个 $d = 25\text{mm}$ 的钢球的体积为：

$$V = \frac{4}{3}\pi\left(\frac{d}{2}\right)^3 = \frac{1}{6}\pi d^3 = \frac{1}{6} \times 3.14 \times 25^3 = 8177\text{mm}^3$$

再进一步分析，如物体为匀质等厚薄平板，则以 A 表示薄板的面积，以 ΔA_i 表示每一微小部分的面积，可得薄板的重心位置为：

$$x_c = \frac{\Sigma \Delta A_i x_i}{A} \qquad y_c = \frac{\Sigma \Delta A_i y_i}{A} \tag{2-21}$$

式中　A——整个物体的面积；

　　ΔA——物体某一部分面积；

　　其余符号同上。

由此可知材质均匀、形状规则的物体的重心位置较易确定，如长方形物体，其重心在对角线的交点上。圆棒的重心在其中间截面的圆心上，三角形的重心位置在三角形三条中线的交点上，简单图形的物体重心位置可查表 2-1 或参阅相关手册。如果物体是由几个基本规则的形体所组成，可分别求出形体的重心，然后由重心坐标公式求出。

简单形状物体的重心位置

表 2-1

图　　　形	重　心　位　置
	$y_c = \dfrac{h}{3}$

图　　形	重　心　位　置

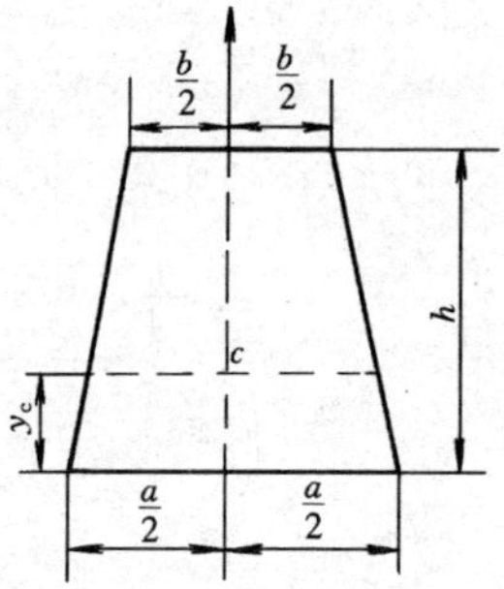

$$y_c = \frac{h}{3} \cdot \frac{(a+2b)}{(a+b)}$$

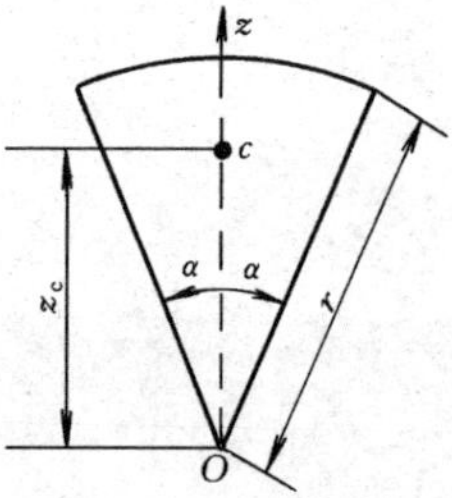

$$z_c = \frac{zr\sin\alpha}{3a}$$

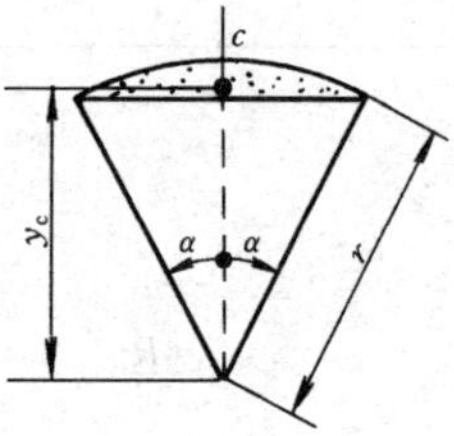

$$y_c = \frac{2r^3\sin3\alpha}{3A}$$

$$A = \frac{r^2(2\alpha - \sin2\alpha)}{\alpha}$$

部分圆环

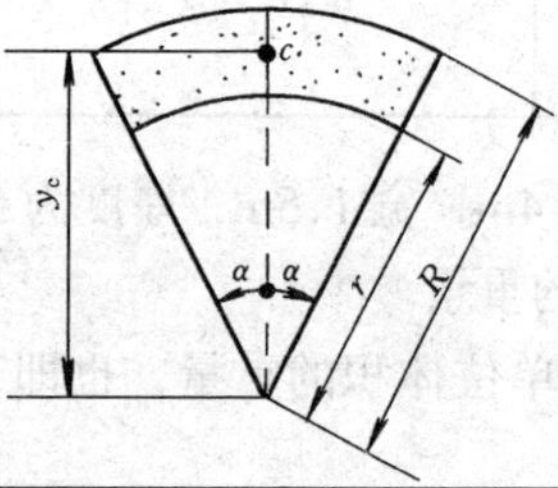

$$y_c = \frac{2}{3} \cdot \frac{(R^2 - r^3)}{(R^2 - r^2)} \cdot \frac{\sin\alpha}{\alpha}$$

53

图　　形	重　心　位　置
圆锥体 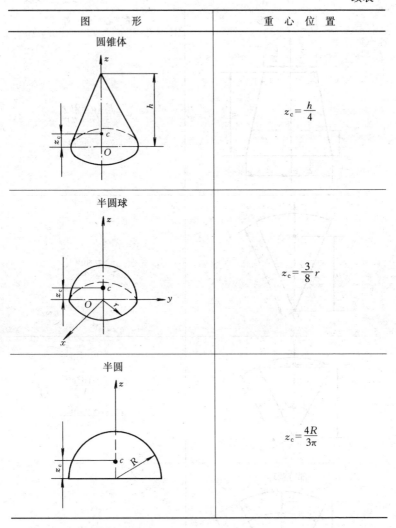	$z_c = \dfrac{h}{4}$
半圆球	$z_c = \dfrac{3}{8}r$
半圆	$z_c = \dfrac{4R}{3\pi}$

【例2-10】　有一块钢板，长4m，宽1.5m，厚度为50mm，钢板的密度为7.58t/m³，求钢板的重量。

【解】　因物体的比重为物体单位体积的重量，也即重量等于比重乘以体积，$G = \gamma \cdot V$

故　　　$G = \gamma \cdot V = 7.85 \times (4 \times 1.5 \times 0.05) = 2.355\text{t}$

【例2-11】　某薄钢板形状如图2-32a所示，试求其重心位置。

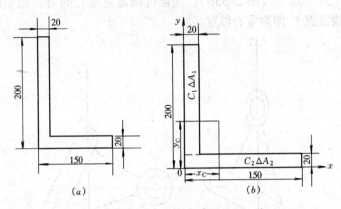

图2-32　例2-11图

【解】　$\Delta A_1 = (200 - 20) \times 20 = 3600\text{mm}^2$

$\Delta A_2 = 150 \times 20 = 3000\text{mm}^2$

$x_1 = 10\text{mm}$　$y_1 = 20 + \dfrac{200 - 20}{2} = 110\text{mm}$

$x_2 = 75\text{mm}$　$y_2 = 10\text{mm}$

根据公式

$$x_c = \frac{\Sigma \Delta A_i x_i}{A} \qquad y_c = \frac{\Sigma \Delta A_i y_i}{A}$$

将数值代入以上公式：

则　$x_c = \dfrac{\Delta A_1 x_1 + \Delta A_2 x_2}{\Delta A_1 + \Delta A_2} = \dfrac{3600 \times 10 + 3000 \times 75}{3600 + 3000} = 39.5\text{mm}$

$y_c = \dfrac{\Delta A_1 y_1 + \Delta A_2 y_2}{\Delta A_1 + \Delta A_2} = \dfrac{3600 \times 110 + 3000 \times 10}{3600 + 3000} = 64.5\text{mm}$

如果物体的形状复杂或分布不均匀，其重心位置利用重心坐标位置计算较复杂，一般常用实验方法来确定，确定物体重心位置的实验方法有悬挂法和称重法。

（1）悬挂法　求图2-33所示形状复杂的薄板的重心时，可先将板悬挂于任一点 A（图 2-33a）。根据二力平衡条件，重心必在过悬挂点的铅垂线上，于是可在板上画出此线。然后将板悬挂于另一点 B（图 2-33b），同样可画通过重心的另一铅垂线，两线交点 C 即为重心位置。

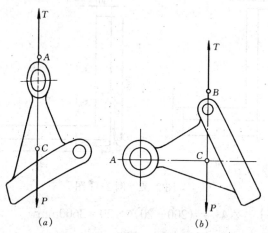

图 2-33　悬挂法确定物体重心

（2）称重法　此法是用磅秤称出物体的重量 G，然后将物体的一端支于固定的支点 A，另一端支于磅秤上（图 2-34）。量出两支点的水平距离 l 并读出磅秤上的读数 P，力 G 和 P 对 A 点的力矩的代数和应等于零。因此，物体重心 C 至支点 A 的水平距离为：

$$x_c = \frac{P}{G}l$$

综上所述，确定设备或构件的重心的方法有：

1）简单规则体的重心可查表或相关手册求得；

2）组合规则体由简单规则体组成，先求出每个简单规则体的重心位置，然后按各部分重量比例求出整体重心，如例 2-11。

3）不规则体用实验方法测定，如悬挂法和称重法等。

2. 摩擦力

当两个接触物体沿接触面相对运动或有运动趋势时，在接触

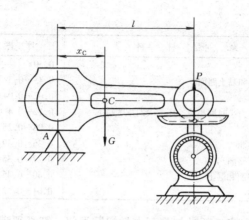

图 2-34 称重法确定物体重心

面上就有相互阻碍或阻止滑动的现象发生，这种现象称滑动摩擦。在接触面间产生的相互阻碍或阻止滑动的力叫做滑动摩擦力，简称摩擦力。

实验证明，最大静滑动摩擦力的大小与两物体接触面上的垂直压力（即法向反力）成正比，即

$$F_{max} = fN \qquad (1-22)$$

此即静摩擦定律，是滑动摩擦力的计算公式，式中 f 称静滑动摩擦系数，简称静摩擦系数，它是随着相对运动速度和单位面积上压力的变化而变化的，但在一定的单位面积压力范围内，相对运动速度不大时，其滑动摩擦系数可看成为一个常数，其值见表 2-2。它的大小主要与两接触物体的材料及表面情况有关，正压力 N 根据实际情况，可能是接触物体的重力或重力的分力（倾斜时），也可能是其他外力等。

几种不同材料的滑动摩擦系数 f 值　　　　表 2-2

摩　擦　材　料	摩　擦　系　数
硬木与硬木	0.35~0.55（干燥）
	0.11~0.18（润滑）
硬木与钢	0.4~0.6（干燥）
	0.1~0.15（润滑）

57

摩　擦　材　料	摩　擦　系　数
硬木与土壤	0.50
硬木与湿土和黏土路面	0.45~0.5
硬木与冰和雪	0.02~0.04
钢与钢（压力小时取小值，压力大时取大值）	0.12~0.4（干燥）
	0.08~0.25（润滑）
钢与碎石路面	0.36~0.39
钢与花岗石路面	0.27~0.35
钢与黏土路面和湿土	0.40~0.45
钢与冰和雪	0.01~0.02

　　解决摩擦问题时与前面力学问题类似，都必须满足力系的平衡条件。只是须考虑摩擦力，摩擦力总是沿着接触面的切线并与物体相对运动及运动趋势方向相反。

　　【例2-12】　在坡度为20°的钢轨上滑运一设备，设备与钢轨间的摩擦系数为0.25，设备重0.2t，问需多大的牵引力才能使设备沿钢轨移动？

　　【解】　设设备重量为 Q，牵引力 P，其设备受力图如图2-35所示，P 等于斜面上垂直正压力乘以滑动系数（为滑动摩擦力）加上设备在斜面上的分力 P' 即：

$$P = fN + P'$$

设备的垂直正压力 $N = Q\cos\alpha = 0.2 \times \cos20° = 0.188\text{t}$
设备在斜面上的分力 $P' = Q\sin\alpha = 0.2 \times \sin20° = 0.0684\text{t}$
所以 $P = fN + P' = 0.25 \times 0.188 + 0.0684 = 0.1154\text{t}$

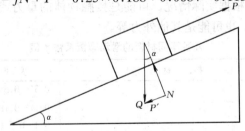

图2-35　例2-12图

在设备运输中，因滑动摩擦力较大，所以在实际使用中，往往把设备放在托排上，借助滚杠使设备移动，此时产生滚动摩擦力，滚动摩擦力一般较

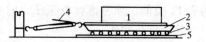

图 2-36　滚杠搬运示意图
1—重物；2—托排；3—滚杠；
4—牵引滑车；5—走道

滑动摩擦力小，图 2-36 为一种滚动摩擦形式，其滚动摩擦力 F 的计算式为

$$F = \frac{f_1\left(Q + gm\right) + f_2 Q}{D} \qquad (2\text{-}23)$$

式中　Q——设备等的垂直正压力（N）；

　g——每根滚杠的重力（N）；

　m——滚杠数量；

　D——滚杠直径（cm）；

　f_1——滚杠与滚杠平面间的滚动摩擦系数；

　f_2——滚杠与托排间的滚动摩擦系数。

由于每根滚杠重量比设备重量轻得多，可将滚杠总重量忽略不计，公式 2-23 可简化为：

$$F = \frac{f_1 + f_2}{D} Q \qquad (2\text{-}24)$$

所选用的滚杠材料不同，滚动摩擦系数也不同，其值见表 2-3。

几种不同材料的滚动摩擦系数　　　　　表 2-3

摩　擦　材　料	滚动摩擦系数	摩　擦　材　料	滚动摩擦系数
木材与木材	0.05～0.08	钢滚杠和钢拖板	0.07
木材与钢	0.03～0.05	钢滚杠与木材	0.1
钢与钢	0.005	钢滚杠在土地上	0.15
淬火的钢珠与钢	0.001～0.004	钢滚杠在水泥地上	0.08
汽车轮胎沿着沥青路面	0.015～0.021	钢滚杠在钢轨上	0.05

对于采用托排在斜坡上拖运的牵引力 P，如图2-37所示，与

例 2-12 类似，须考虑设备正压力的变化及设备在斜面上的分力。

其计算公式为：

$$P = \left(\frac{f_1 + f_2}{D} + \mathrm{tg}\alpha \right) Q\cos\alpha \qquad (2\text{-}25)$$

式中　　α——为斜面与水平面的夹角；

其余符号同上。

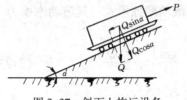

图 2-37　斜面上拖运设备
的受力分析图

【例 2-13】　　如图2-38，把重量为 500kN 的重物放在木拖排上沿坡度为 10° 的斜坡向上拖运，拖排下为滚杠，滚杠下垫放枕木运道。试问要使重物沿斜坡向上移动，需要多大牵引力？

1）滚杠重量忽略不计；

2）滚杠与拖排间、滚杠与枕木间的摩擦系数 $f_1 = f_2 = 0.1$；

3）滚杠为 $\phi 108$ 无缝钢管。

【解】　　已知 $f_1 = f_2 = 0.1$

滚杠总重忽略不计，坡度为 10°

由公式 $P = \left(\dfrac{f_1 + f_2}{D} + \mathrm{tg}\alpha \right) Q\cos\alpha$

将已知数代入上式

则所需牵引为　　$P = \left(\dfrac{0.1 + 0.1}{10.8} + \mathrm{tg}10° \right) \times 500 \times \cos 10°$

$\qquad\qquad\qquad = 96\mathrm{kN}$

答：需要 96kN 的牵引力。

在工程实际中，现场路面状况常较为复杂，使用公式（2-23）、式（2-24）、式（2-25）计算出的摩擦力，与实际牵引力误差较大，因此实际牵引力的计算尚需考虑路面不平、土壤情况和接触面压力，以及考虑起动时的阻力因素等，一般应加修正系数 K，K 的取值为 1.2～1.5，如设备吨位较大的起动，K 值可取到 2.5。

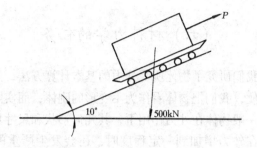

图 2-38 例 2-13 图

3. 惯性

从物理学牛顿第一定律中我们知道，任何物体在没有受到别的物体的作用时，都具有保持原来运动状态的性质，这种性质在力学中称为物体的惯性。

如果要使物体改变原来的运动状态，如使静止的物体运动，或使运动着的物体改变方向或速度，就必须对该物体施加外力。

在设备吊装工作中，要完成拖运、竖立、旋转、落位等设备安装程序，设备要经过多次运动变化，重物受外力作用后，由静止状态开始运动或在运动中受到制动力后，又由运动状态改变为静止状态，每次运动性质的改变均有惯性力的存在，因此惯性力在起重作业中是必须考虑的问题。

在实际起重工作中，考虑到起升机构起动或制动时产生的变化，会使设备和吊具产生一定的惯性力，因此在计算载荷时须加入一定动载系数来对惯性力进行补偿，这样可不再对惯性力作单独计算，以使问题得以简化。动载系数 K 的取值，在设备吊装计算中一般常按轻级工作类别选取 $K=1.1$，这是因为起重吊装多采用较慢的速度的缘故，对特殊的重型设备吊运工作类别 K 值可取到 1.2。

（六）材料力学的任务

前面我们研究了物体所受外力的基本计算方法，为了分析和计算的方便，我们把物体看作为不变形的刚体，而实际上刚体并不存在，一般物体在外力作用下，其几何形状和尺寸均要发生变化，甚至在外力增加到一定程度时，还会发生严重的变形及破坏。材料力学即进一步研究构件的变形问题。以保证和满足起重吊装工作的安全及经济合理。

1. 材料力学的任务

为保证机械或结构在载荷作用下能正常工作，要求每个构件都具有足够的承受载荷的能力，简称承载能力，它包括材料强度、刚度和稳定性，是材料力学研究的首要任务。

材料强度：是构件在载荷作用下抵抗破坏的能力；

刚度：是构件在载荷作用下抵抗变形的能力；

稳定性：是构件在载荷作用下，保持其原有平衡形态的能力。

2. 构件的基本变形形式

在外力作用下，构件会发生变形，在材料力学中我们不再将

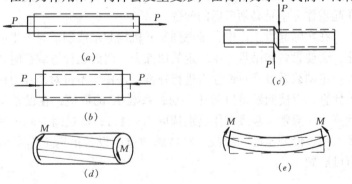

图 2-39　构件的基本变形形式

（a）拉伸；（b）压缩；（c）剪切；（d）扭转；（e）弯曲

其假设为刚体，而恢复其本来面目，即可变形固体，不过材料力学所研究的问题，只限于构件的变形与构件本身的尺寸相比很小的小变形状态。

当外力以不同的方式作用在构件上，构件将会生产不同形式的变形，构件变形的基本形式主要有以下四种，如图 2-39 所示。

（1）拉伸与压缩；（2）剪切；（3）扭转；（4）弯曲

（七）拉伸与压缩

1. 拉（压）时的内力与应力

起重吊装中有许多承受拉伸或压缩的构件，如图 2-40（a）所示的吊车，在载荷 P 作用下，AB 杆受拉，BC 杆受压。见图 2-40（b），杆件两端受大小相等、方向相反、作用线与杆件轴线重合的一对外力作用时，杆件的轴向长度发生伸长或缩短。杆件的这种变形称为拉伸或压缩变形。

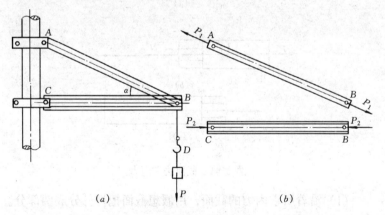

图 2-40　杆件的拉伸与压缩

在力学中，凡作用在杆件上的载荷和约束反力均称为外力，杆件受外力作用而变形时，杆件内部各部分之间，因相对位置变化而产生的相互作用的力称为内力。亦即是构件内部产生抵抗外

63

力使构件变形的力。内力随外力的增大而增大，当达到某一限度时，就会引起杆件的破坏，因而内力与杆件的强度密切相关，所谓内力也即构件内部产生抵抗外力使构件变形的力。

　　研究杆件的内力常采用截面法，如承受力 P 作用的杆件 AB（图 2-41a），当处于平衡状态时，它的任一部分 Ⅰ 或 Ⅱ 也必然处于平衡。如果取 Ⅰ 和 Ⅱ 来分析，那么为了平衡它们各自所受的外力 P，在截面 m-m 上必将产生相互作用力（图 2-41b、c），这就是由于外力作用而产生的内力。这种取杆件一部分为研究对象，利用静力学平衡方程求内力的方法，称为截面法，其步骤为：

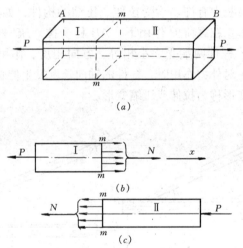

图 2-41　截面法求内力

　　（1）沿着所求内力的截面，用假想截面把杆件分成两部分。
　　（2）选其中任一部分为研究对象，画出其受力图。
　　（3）列出研究对象的静力平衡方程，求出内力。
　　用截面法求出拉、压杆横截面上的内力，仅是求出了杆件受力的大小，并不能判断出杆件上某一点受力的强弱程度。如有一根不同直径的杆件，两端受外力作用而拉伸，当力 P 增加到足够大时，由经验可知，断裂必发生在直径较小处。也即杆件受力的强弱程度，不仅与内力大小有关，还与杆件的横截面积大小有关，因此工程上常用单位面积上内力的大小来衡量构件受力的强弱程度，亦即构件的强度不仅与所受内力，还与其截面积大小有关。

构件在外力作用下，单位面积上的内力称为应力，假设构件的材料是均匀连续的，即构件内部处处充满颗粒状物质，内力是连续均匀分布在各个截面上的。则应力描述了内力在截面上的分布情况和密集程度，它表示了构件强度的高低。应注意不能简单地认为物体受拉力或压力时产生的应力就是拉伸或压缩应力，只有当构件两端受到大小相等、方向相反、作用线与构件轴线重合的两个力的作用，构件产生轴向伸长和缩短时，其构件内部的应力才为纯的拉伸或压缩应力。

设杆件横截面面积为 A，内力为 N，则单位面积上的内力（即应力）为 N/A。由于内力 N 垂直于横截面，故应力也垂直于横截面，且在横截面上均匀分布。这样的应力称为正应力，以符号 σ 表示。于是有

$$\sigma = \frac{N}{A} \qquad (2\text{-}26)$$

此即拉（压）杆横截面上正应力 σ 的计算公式。

应力的单位为牛顿/米^2（N/m^2），称为帕（Pa），或兆牛/米^2（MN/m^2），称为兆帕（MPa）。1MPa $= 10^6$Pa

【例 2-14】 有一根钢丝绳，其截面积为 0.725cm^2，受到 3000N 的拉力，试求这根钢丝绳的应力是多少？

【解】 因 $P = 3000$N

$$A = 0.725 \text{cm}^2 = 0.725 \times 10^{-4} \text{m}^2$$

故 $\sigma = \dfrac{N}{A} = \dfrac{3000}{0.725 \times 10^{-4}} = 4.138 \times 10^7 \text{Pa}$

2. 材料在轴向拉伸和压缩时的力学性质

在轴向拉、压杆件的强度及变形计算中，经常涉及到一些材

料的力学性质，如屈服极限、强度极限等。材料的力学性质，是指材料在受力过程中所表现出的强度及变形方面的性质，材料的力学性质通过试验来确定，低碳钢在一般工程中应用比较广泛，它们在拉伸（压缩）时的力学性质较典型，下面简单介绍之。

拉伸试验时须先按国家标准制作拉伸试样，如图 2-42（a）所示，将试样的两端夹在拉力试验机的夹头中，然后对其缓慢加载，直至将试样拉断，根据试验可得出拉（压）力 P 和试样伸长量 Δl 的关系，如图 2-42（b）所示，称为拉伸曲线。为消除试件尺寸影响，以反映材料本身的性质，将拉力 P 除以试样横截面的原始面积 A 得试样横截面上的正应力 $\sigma = P/A$；将伸长量 Δl 除以原始的标距长度 l，得到试样的应变，$\varepsilon = \Delta l / l$。

以 σ 为纵坐标，ε 为横坐标，可画出试样的应力-应变（σ-ε）曲线。见图 2-42（c）所示。

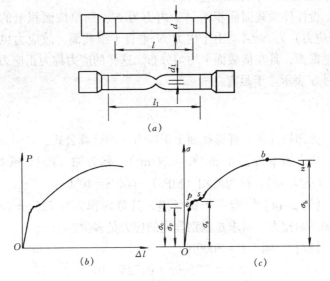

图 2-42　拉伸试验

（a）拉伸试样；（b）拉伸曲线；（c）应力应变曲线

低碳钢拉伸时的应力应变曲线大体可分为四个阶段：

66

（1）弹性阶段　在试样不超过 e 点所对应的应力时，材料的变形是弹性变形，即卸除载荷时，变形也全部消失，在弹性变形的初始阶段，op 为一条直线，在数学中我们把直线与其水平线的夹角的正切值称为直线的斜率，它表明应力与应变呈线性关系，斜率的大小反映了材料线弹性变形的大小。超过 p 点后，应力与应变不呈线性关系，但只要不超过 e 点，仍为弹性阶段，弹性阶段最高点 e 所对应的应力 σ_e 称为材料的弹性极限，$\sigma_e = P_e/A$。

（2）屈服阶段　在应力超过弹性极限 σ_e 后，当外力再稍有增加，则出现了应力不再增加而应变急剧增加的阶段，称为流动阶段。在应力-应变曲线上显示为接近水平状的锯齿阶段，此段亦称为屈服阶段。屈服阶段中的最低点 s 对应的应力称为材料的屈服极限，用 σ_s 表示，塑性材料因在屈服点时，应变较大，从而会影响构件的正常使用，故以屈服极限作为材料的破坏依据，$\sigma_s = P_s/A$。

（3）强化阶段　经过屈服阶段后材料恢复了抵抗变形的能力，要使试样继续变形就得增加载荷，应力应变图上继续出现上升曲线，此时应力增加应变也随之增大，但不成正比关系，应变增加速度较快，此阶段称做强化阶段，曲线最高点 b 对应的应力是试样断裂前所能承受的最大应力值，称作强度极限，用 σ_b 表示，$\sigma_b = P_b/A$。强度极限是物体在受到外力作用时，其单位面积上的内力达到了最大限度，当外力超过这个限度时，物体即开始破坏，也即强度极限是物体开始破坏时的应力。

（4）颈缩阶段　当试样超过强度极限后，试样某一薄弱部分的横截面就要明显地收缩，如图 2-42a 所示，此时颈部急剧伸长，横截面面积急剧减少，使试样继续变形所需的拉力，反而逐渐下降，形成了曲线中的 bz 阶段，称颈缩阶段，至 z 点试件被拉断。

金属材料的一般机械性能指标除了上面介绍的弹性极限、屈服极限、强度极限外，还有伸长率、收缩率，硬度、冲击韧性等。

伸长率是试样拉断后，试样的伸长量与试样原始长度的百分比，计算公式为：

$$\delta = \frac{l_1 - l_0}{l_0} \times 100\%$$

式中　δ——伸长率；

　　　l_1——试样断后的长度（mm）；

　　　l_0——试样断前的原始长度（mm）。

断面收缩率是试样拉断后，缩颈处截面积的最大缩减量与原始横截面积的百分比，计算公式为：

$$\psi = \frac{S_0 - S_1}{S_0} \times 100\%$$

式中　ψ——断面收缩率；

　　　S_0——试样的原始横截面积；

　　　S_1——试样拉断处的最小横截面积。

硬度是指材料抵抗局部变形，特别是塑性变形、压痕或擦痕的能力；

冲击韧性指金属材料抵抗冲击载荷作用而不破坏的能力。

3. 许用应力与安全系数

材料丧失正常工作能力时的应力称为极限应力或危险应力。由材料的力学性质可知，脆性材料无屈服现象，当塑性材料达到屈服极限 σ_s 或脆性材料达到强度极限 σ_b 时，材料将产生塑性变形或断裂。从而丧失其正常工作能力。因此材料的屈服极限和强度极限分别是塑性材料和脆性材料的极限应力。

为保证构件能安全正常地工作，对每一种材料必须规定它所能容许承受的最大应力，即许用应力，由符号 [σ] 表示。构件工作时其横截面上承受的最大应力等于材料的许用应力。许用应力是由国家有关部门经试验研究确定的，显然材料的许用应力应低于极限应力，因为一方面从安全考虑，构件需要有必要的强度储备，另一方面构件的实际工作情况与设计时所设想的条件也难以完全一致，为了弥补材料的不均匀性及残余应力，外力计算的不正确性和机件制作时的不精确度，以及也不易准确地估计这种差异，一般要求材料在实际工作时，其单位面积上的应力只是强度的几分之一，因此把极限应力除以大于1的系数，这个系数亦称安全系数，用 n 表示，作为材料的许用应力 $[\sigma]$。亦即：

对于塑性材料 $$[\sigma] = \frac{\sigma_s}{n}$$

对于脆性材料 $$[\sigma] = \frac{\sigma_b}{n}$$

合理确定安全系数是解决安全与经济矛盾的关键，不同的材料其安全系数不同，如一般机动起重机用的钢丝绳的安全系数为5.5，对于一般机械，其塑性材料安全系数可取 $1.5 \sim 2.0$，脆性材料安全系数可取 $2.0 \sim 3.5$。在起重及运输作业中，所使用的材料一般都是塑性材料，如各种低中碳钢等，以保证安全。表2-4列出了 Q235 及 16Mn 钢的许用应力值。

钢材的许用应力（MPa） 表2-4

应力种类	符　号	钢　　号				
		Q235		16Mn		
		第1组	第2、3组	第1组	第2组	第3组
抗拉、抗压和抗弯	$[\sigma]$	170	155	240	230	215
抗　　剪	$[\tau]$	100	95	145	140	130
端面承压				360		
（磨平顶紧）	$[\sigma_{cd}]$	255	230		345	320

注：Q235镇静钢第2组钢材的许用应力应按表中数值增加5%。

4. 拉（压）强度计算

为保证拉（压）构件使用安全，必须使其最大正应力不超过材料在拉伸（压缩）时的许用应力，即

$$\sigma = \frac{N}{A} \leqslant [\sigma] \tag{2-27}$$

上式称为拉伸（压缩）时的强度条件，起重吊装中可利用强度条件解决强度校核、选择截面尺寸及确定许可载荷等问题。

【例 2-15】 用一根白棕绳，起吊 4000N 的重物，需选用棕绳的直径是多少？已知许用应力 $[\sigma] = 10\text{N}/\text{mm}^2$。

【解】 此题是已知承受载荷和材料的许用应力，求截面尺寸

根据

$$\sigma = \frac{N}{A} \leqslant [\sigma]$$

得

$$A \geqslant \frac{N}{[\sigma]} = \frac{4000}{10} = 400\text{mm}^2$$

$$d = \sqrt{\frac{4A}{\pi}} = \sqrt{\frac{4 \times 400}{3.14}} = 22.57\text{mm}$$

具体选择时，应选直径大于 22.57mm 规格的白棕绳。

（八）剪切与挤压、扭转

1. 剪切与挤压

剪切变形是工程中常见的又一种变形形式，如图 2-43 所示铆钉与销轴的受力变形，从图中可看出剪切的受力特点，在构件的两边作用着一对大小相等、方向相反、作用线相互平行且相距很近的力，而使构件在两力间的截面处沿外力方向发生相对错动或有错动趋势。如起重吊装时，连接起重吊钩与链环的销钉所受的力是剪力。滑车在工作时，其中央框轴亦主要产生剪切变形。

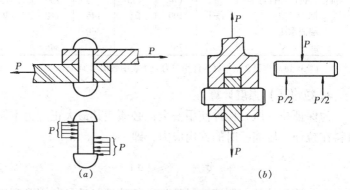

图 2-43 剪切变形

(a) 铆钉剪切变形；(b) 销轴剪切变形

通常把剪切时截面上的内力称为剪力，用 Q 表示，求剪力仍采用前述的截面法，如图 2-44 所示，构件受一对 P 力作用发

图 2-44 截面上的剪力

生剪切变形，可假想将构件沿 I-I 截面切开，任选其中一段为研究对象，列平衡方程，忽略力的作用线间距的影响，则加在截面上的剪力 Q 与外力 P 平衡，即

$$P - Q = 0 \quad P = Q$$

单位面积上的剪力称为剪应力，其单位与拉压应力相同，可用下式表示

$$\tau = \frac{Q}{A} \tag{2-28}$$

式中　　τ——剪应力；

　　　　Q——剪力；

　　　　A——剪切面面积。

类似于拉压变形，剪切变形的强度条件如下：

$$\tau = \frac{Q}{A} \leqslant [\tau] \tag{2-29}$$

式中　　$[\tau]$——许用剪应力；

　　　　其余符号同上。

构件在承受剪切作用的同时，连接件与被连接件的接触面将互相压紧，这种构件受到局部压力的作用的现象称为挤压，挤压力不大时，物体相互接触，因抵抗变形发生的力称为弹力，当挤压应力过大时，可能会使接触处的物体局部产生塑性变形，如图 2-45 销钉与销孔相互挤压，销孔受压一侧因塑性变形使局部隆起，圆孔变成了长孔，若销钉材料较软，它会被压扁，亦即产生了塑性变形，因此挤压也可能导致连接失效，有时亦需进行计

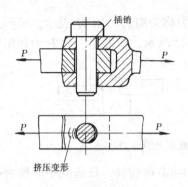

插销

挤压变形

图2-45 挤压破坏

算，以确保安全。

2. 扭转

扭转也是构件常见的一种变形方式，例如驾驶员以 P 与 P' 转动方向盘时（见图2-46）转向轴上便受到一对大小相等，方向相反，作用面平行的力偶作用，在这两个力偶作用面之间的这段轴上，即发生扭转变形，又如卷扬机卷筒轴工作时，即主要产生扭转变形，实验证明，圆轴扭转时横截面上只有与半径垂直的剪应力，而没有正应力。轮轴工作时受到扭转力作用，要保证扭转情况下正常工作，应校验强度条件和刚度条件。扭转的强度计算和刚度计算等与下面将介绍的弯曲变形等部分原理类似。这里不再赘述。

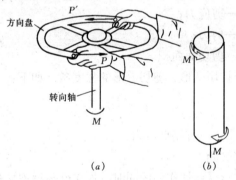

方向盘

转向轴

P'

P

M

M

M

(a) (b)

图 2-46　受扭转作用的转向轴

（九）弯　　曲

1. 梁的基本形式

受弯曲作用的构件在起重吊装施工中经常遇到，如起重机横梁、车轮轴、管架等如图 2-47 所示，它们的受力特点是，外力的作用线与构件的轴线垂直，受力后构件的轴线由直线变为曲线，工程上常将此类以弯曲为主要变形的构件统称为梁。

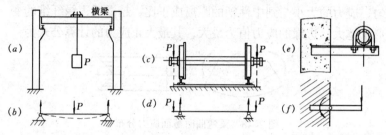

图 2-47　梁的形式

在工程实际中，梁的支座情况和载荷的作用形式是复杂多样的，为了便于研究，对它们常作一些简化。根据约束特点对支座进行简化，根据简化后梁的支座形式，我们将梁分成三种基本形式

（1）简支梁　梁的一端为固定铰链支座，另一端为活动铰链支座，如图 2-47（a）、（b）所示

（2）悬臂梁　梁的一端为固定端，加一端为自由端，如图 2-47（e）、（f）所示

（3）外伸梁　它的支座形式与简支梁相同，但梁的一端（或两端）向支座外伸出，并在外伸端有载荷作用，如图 2-47（c）、（d）所示。

2. 弯曲的内力及强度计算

作用在梁上的载荷，一般可简化为集中力 F、集中力偶 M 和均布载荷 q（单位为 N/m 或 kN/m）。若载荷已知，则可进一步求出约束反力和采用截面法求出梁截面上的内力。梁的内力有两种，分别为弯矩和剪力。

由图 2-48 可知构件弯曲时，上层纤维缩短，下层纤维拉长，中间附近有一层纤维既不缩短又不拉长，这一层纤维称做中性层，这种情况说明构件在弯曲时，上层纤维受压力作用，应力为压应力,下层纤维受拉力作用,应力为拉应力。中性层既不受压也不受拉,应力为零。由分析可知,构件弯曲时横截面上的应力为拉、压应力,即均为正应力,且应力在截面上的分布也不均匀,应力的大小与到中性轴的距离成正比,越靠近边缘纤维的变形量越大,边缘的应力值为最大,其最大正应力的计算公式为:

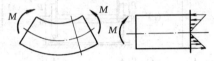

图 2-48　梁弯曲时截面应力分布

$$\sigma_{max} = \frac{M y_{max}}{I_z} \qquad (2\text{-}30)$$

式中　M——作用在横截面上的弯矩 N·m 或 N·mm;

　　　y_{max}——截面上、下边缘距中性轴的距离（mm）;

　　　I_z——截面对中性轴 z 的惯性矩,它是与截面形状、尺寸有关的几何性质的量（m⁴）(常用截面 I 值计算公式见表 2-5)。

因为 y_{max} 和 I_z 均为与横截面尺寸有关,为简便计算,

令　　　　　　　　　　$W = \frac{I_z}{y_{max}}$

式中　W——抗弯截面系数（m³ 或 mm³）(常用截面 W 值计算公式见表 2-5);

$$\sigma_{max} = \frac{M}{W} \qquad (2\text{-}31)$$

式中　σ_{max}——横截面上的最大正应力（Pa 或 MPa）。

【例 2-16】　求矩形截面 6cm×20cm（宽×高）,对水平 x 轴的惯性矩 I_x。

【解】　查表 2-5 得　$I_x = \frac{bh^3}{12} = \frac{6 \times 20^3}{12} = 4000 \text{cm}^4$

【例 2-17】　求直径等于 80mm 的圆形截面的抗弯截面模量。

74

【解】 查表 2-5 得 $W = \dfrac{\pi d^3}{32} = \dfrac{\pi \times 8^3}{32} = 16\pi$。

常用截面的 A、I、W 计算公式 表 2-5

截 面 图 形	面 积	轴 惯 性 矩	抗弯截面模量
	$A = bh$	$I_x = \dfrac{bh^3}{12}$ $I_y = \dfrac{b^3 h}{12}$	$W_x = \dfrac{bh^2}{6}$ $W_y = \dfrac{b^2 h}{6}$
	$A = bh - b_1 h_1$	$I_x = \dfrac{bh^3 - b_1 h_1^3}{12}$ $I_y = \dfrac{b^3 h - b_1^3 h_1}{12}$	$W_x = \dfrac{bh^2 - b_1 h_1^2}{6h}$ $W_y = \dfrac{b^2 h - b_1^2 h_1}{6h}$
	$A = \dfrac{\pi d^2}{4}$	$I_x = I_y = \dfrac{\pi d^4}{64} \approx 0.05 d^4$	$W_x = W_y = \dfrac{\pi d^3}{32} \approx 0.1 d^3$
	$A = \dfrac{\pi}{4}$ $(D^2 - d^2)$	$I_x = I_y = \dfrac{\pi}{64}\ (D^4 - d^4)$ $= \dfrac{\pi}{64} D^4\ (1 - \alpha^4)$ $\approx 0.05 D^4\ (1 - \alpha^4)$ 式中 $\alpha = \dfrac{d}{D}$	$W_x = W_y = \dfrac{\pi D^3}{32}\ (1 - \alpha^4)$ $\approx 0.1 D^3\ (1 - \alpha^4)$ 式中 $\alpha = \dfrac{d}{D}$

【例 2-18】 如图 4-29 所示为 $40\text{mm} \times 60\text{mm}$ 的矩形截面，求该图对 x 轴的抗弯截面模量。

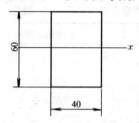

图 2-49　例 2-18 图

【解】 查表 2-4 得

$$W = \frac{bh^2}{6} = \frac{4 \times 6^2}{6} = 24\text{cm}^3$$

【例 2-19】 求直径等于 80mm 的圆形截面抗弯截面模量。

【解】 据表 2-4 有

$$W = \frac{3.14 \times 80^3}{32} = 50240\text{mm}^3$$

受弯曲的梁其横截面上除了有正应力外，还有剪应力存在，理论计算表明，当梁的截面为矩形或圆形且梁的跨距大于 5 倍梁的截面高度时，满足了正应力强度条件，则剪应力强度条件也必然满足，不必进行剪应力强度核算。

梁弯曲时的强度条件为

$$\sigma_{\max} = \frac{M}{W} \leqslant [\sigma] \tag{2-32}$$

式中　$[\sigma]$ ——许用应力。

其余同 2-31 式。

【例 2-20】 有单梁起重机，梁长 18m，在梁中间吊 1 个 2t 的重物，如图 2-50 试求梁中间截面上的内力？

【解】 画出梁的受力图，如图 2-51 所示。

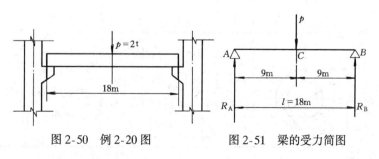

图 2-50　例 2-20 图　　　　图 2-51　梁的受力简图

由于载荷 p 作用在梁的中点，故支座反力为：

$$R_A = R_B = \frac{p}{2} = \frac{20}{2} = 10\text{kN}$$

在 C 点处截面上的弯矩：

$$M_C = \frac{p}{2} \times \frac{L}{2} = \frac{20}{2} \times \frac{18}{2} = 90\text{kN} \cdot \text{m}$$

答：在梁的中间截面上的弯矩为 90kN·m。

（十）压杆稳定

1. 压杆稳定的概念

受轴向压力的直杆叫压杆，压杆在轴向压力作用下保持其原有平衡状态，叫做压杆的稳定性。前面已述及从强度观点出发，压杆只要满足轴向压缩的强度条件就能正常工作，这种结论对于短粗杆来说是正确的，但是对于长而细的压杆，如起重吊装中经常用到的直立独脚桅杆等，则不然。实验发现，在压力比抗压强度低许多时，杆件亦可能突然变弯，亦即细长压杆的承载能力并不取决于轴向压缩的抗压强度，而是与该杆在一定压力作用下，突然变弯不能保证其原有的直线形状有关，因此对于细长杆件，除了满足强度条件外，还要满足其稳定性，才能保持其正常工作。为了说明稳定问题，我们在细长杆的两端逐渐施加压力如图2-52 所示，当压力很小时，直杆还保持着直线状态。此时我们若以一个很小的横向力 ΔP 作用于杆的中部，ΔP 就会使杆件发生微小的弯曲变形如图 2-52（a）所示，此时弯曲仅为暂时现象，当 ΔP 撤去后，杆件会恢复其原有直线状态，即压杆在这时还有保持其原始直线形状的能力，即杆件是稳定的；若继续增大作用于杆件的上的横向力 ΔP，使其达到某个特定值 P_{cr} 时，微小的横向力干扰撤去后，杆件维持干扰后的微弯状态不变，不再回到原来的直线位置，而在微弯状态下维持新的平衡，如图2-52（b）所示，这时的直线形状的平衡状态叫做临界平衡状态，

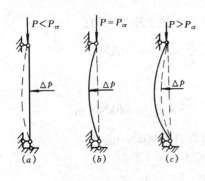

图 2-52 压杆稳定状态

这个轴向压力的特定值 P_{cr} 叫做临界力，在压力 P 超过临界力 P_{cr} 后，干扰力作用下的微弯曲会继续增大，甚至使压杆弯断，这时的直线形状的平衡状态是不稳定的平衡状态，如图 2-52c 所示，即压杆丧失了稳定性，在实际工程中，压杆一般不是绝对笔直的，它的轴线可能有些弯曲，且作用在杆上的压力也不是正好沿着杆的轴线，压力可能有些偏心，相当于有横向力 ΔP 的作用，当细长杆所受压力达到某个限度 P_{cr} 时，它就会突然变弯而丧失其工作能力。这种现象是突然发生的，事前并无迹象，所以它会给工程造成严重事故。

2．欧拉公式应用及压杆稳定性校核

临界力 P_{cr} 是压杆保持直线稳定形状时所能承受的最大压力，也即压杆丧失稳定的最小压力，这个力如何确定呢？实验和理论推导证明，长细杆的临界力为：

$$P_{cr} = \frac{\pi^2 EI}{(\mu l)^2} \quad (2\text{-}33)$$

式中　E——材料的弹性模量；

I——横截面的最小轴惯性矩；

μ——长度系数，其值与压杆支座情况有关（见表 2-6）；

l——杆件长度。

上式称为欧拉公式，它的作用是，当已知压杆的材料、尺寸和支座形式时，即可由上式求得临界力。临界力值很重要，求出它我们就能够充分了解压杆在什么时候由稳定状态转变到不稳定状态。

杆端支座				
	两端固定	一端固定 一端铰支	两端铰支	一端固定 一端自由
长度系数 μ	0.5	0.7	1	2
临界力 P_{cr}	$\dfrac{\pi^2 EI}{(0.5l)^2}$	$\dfrac{\pi^2 EI}{(0.7l)^2}$	$\dfrac{\pi^2 EI}{l^2}$	$\dfrac{\pi^2 EI}{(2l)^2}$

若将临界力 P_{cr} 除以压杆的横截面积 A 可得临界应力 σ_{cr}，它是保持压杆稳定的最大应力。即杆件的内应力未超过临界力前，压杆能保持稳定的直线形状，杆内应力达到或超过临界应力时，压杆将可能丧失稳定而变弯，不能正常工作。临界应力为：

$$\sigma_{cr} = \frac{P_{cr}}{A} = \frac{\pi^2 EI}{(\mu l)^2 A} \tag{2-34}$$

令 $\dfrac{I}{A} = i^2$ 则有 $i = \sqrt{\dfrac{I}{A}}$

上式中 i 叫做截面的惯性半径

则

$$\sigma_{cr} = \frac{\pi^2 E i^2}{(\mu l)^2} = \frac{\pi^2 E}{\left(\dfrac{\mu l}{i}\right)^2}$$

令

$$\lambda = \frac{\mu l}{i}$$

则上式可改写为：

$$\sigma_{cr} = \frac{\pi^2 E}{\lambda^2} \tag{2-35}$$

这是临界应力的欧拉公式，式中 λ 称为压杆的柔度或长细比，没有量纲，它反映了杆的长度、支座形式、横截面形状和尺寸等因素的综合影响，对于圆形截面压杆柔度为：

$$\lambda = \frac{\mu l}{\sqrt{\dfrac{I}{A}}} = \frac{\mu l}{\dfrac{d}{4}} \qquad (2\text{-}36)$$

从上式可得：压杆越长（l 越大）越细（d 越小），其柔度越大，故柔度又叫长细比，压杆越短越粗，支座约束限制越严，其柔度越小。

欧拉公式在具体应用时要注意它的使用条件。

对于常用的低碳钢（如 Q235）等制作的桅杆，理论计算原则是：

（1）当 $\lambda \geqslant 100$ 时，压杆为细长桅杆，才可应用欧拉公式计算临界力和临界应力。

（2）当 $\lambda \leqslant 50 \sim 60$ 时，压杆为短粗桅杆，此时压杆材料破坏是屈服破坏，而非丧失稳定性，应按压缩的强度条件计算。

（3）当 $50 \sim 60 \leqslant \lambda \leqslant 100$ 时，压杆为中柔度杆，另外采用相应的经验公式进行计算，用时可查相关资料。

对于铝合金制成的压杆，须 $\lambda \geqslant 62.8$，才能用欧拉公式进行计算。

由上述原则可知，短粗杆的受压计算采用了强度计算，中柔度桅杆、细长杆的受压计算采用稳定性计算。桅杆的稳定即与自身的长度、横截面的形状、尺寸等有关。

工程上对压杆的稳定校核多采用折减系数法，即已知压杆的长细比后，通过查表（见表 2-7 压杆折减系数 ϕ），将折减系数的值 ϕ 直接代入稳定性条件进行稳定性校核。

$$\sigma = \frac{P}{A} \leqslant \phi[\sigma] \qquad (2\text{-}37)$$

利用此公式进行压杆稳定性校核很方便。

【例 2-21】 如图 2-53 所示，有一个用工字钢做成的一端固定，另一端自由的柱，受轴向压力 $p = 25t$ 的作用，柱的长度 $l = 2m$，材料许用压力为 $[\sigma] = 1600 kg/cm^2$。试选择此柱的工字钢型号。

【解】 按稳定性条件选择截面先假设折减系数 $\phi=0.5$

压杆的折减系数 ϕ 表 2-7

λ	折减系数 ϕ			λ	折减系数 ϕ		
	Q235	16Mn	木材		Q235	16Mn	木材
20	0.981	0.973	0.932	120	0.466	0.325	0.209
30	0.958	0.940	0.882	130	0.401	0.279	0.178
40	0.927	0.895	0.822	140	0.349	0.242	0.153
50	0.888	0.840	0.750	150	0.306	0.213	0.134
60	0.842	0.776	0.658	160	0.272	0.188	0.117
70	0.789	0.705	0.575	170	0.243	0.168	0.102
80	0.731	0.627	0.460	180	0.218	0.151	0.093
90	0.669	0.546	0.371	190	0.197	0.136	0.083
100	0.604	0.462	0.300	200	0.180	0.124	0.075
110	0.536	0.384	0.248				

$$A \geqslant \frac{p}{\phi\,[\sigma]} = \frac{25000}{0.5 \times 1600} = 31.2 \text{cm}^2$$

查型钢规格表，选取 F 略大于 31.2cm^2 的工字钢 $20a$

$A = 35.5\text{cm}^2$　$i_{\min} = 2.12\text{cm}$

一端固定，另一端自由的柱 $\mu = 2$，

柱的柔度　$\lambda = \dfrac{\mu l}{i} = \dfrac{2 \times 200}{2.12} = 189$

根据 $\lambda = 189$ 得 $\phi = 0.21$，由于设定的 $\phi = 0.5$ 与此相差较大，需另设 ϕ 值重新进行试选，如再设 $\phi = 0.3$

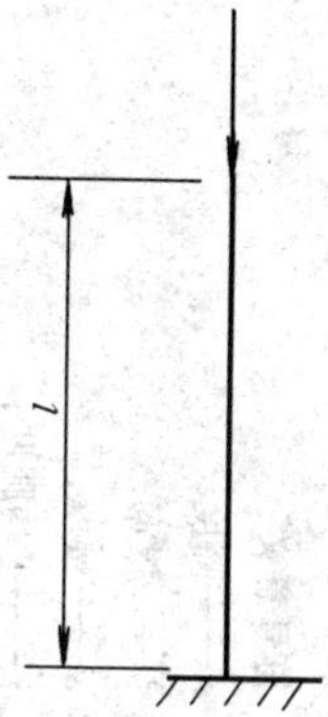

图 2-53　例 2-21 图

$$A \geqslant \frac{p}{\phi\,[\sigma]} = \frac{25000}{0.3 \times 1600} = 52.1 \text{cm}^2$$

查型钢规格表 2-8 选取 F 略大于 52.1cm^2 工字钢 $I28b$。

$$F = 61.05\text{cm}^2 \qquad i_{\min} = 2.493\text{cm}$$

柱的柔度　　　　$\lambda = \dfrac{\mu l}{i} = \dfrac{2 \times 200}{2.493} = 160$

表 2-8

热轧普通工字钢规格表

符号意义:

h——高度;
b——腿宽;
d——腰厚;
t——平均腿厚;
r——内圆弧半径;
r₁——腿端圆弧半径;
I——惯矩;
W——截面系数;
i——惯性半径;
S——半截面的面矩

型号	尺寸 (mm)						截面面积 ×10² (mm²)	理论重量 ×9.8 (N/m)	参考数值						
									$x-x$				$y-y$		
	h	b	d	t	r	r_1			$I_x \times 10^4$ (mm⁴)	$W_x \times 10^3$ (mm³)	$i_x \times 10$ (mm)	$\dfrac{I_x}{S_x} \times 10$ (mm)	$I_y \times 10^4$ (mm⁴)	$W_y \times 10^3$ (mm³)	$i_y \times 10$ (mm)
10	100	68	4.5	7.6	6.5	3.3	14.3	11.2	245	49	4.14	8.59	33	9.72	1.52
12.6	126	74	5	8.4	7	3.5	18.1	14.2	488.43	77.529	5.195	10.85	46.906	12.677	1.609
14	140	80	5.5	9.1	7.5	3.8	21.5	16.9	712	102	5.76	12	64.4	16.1	1.73
16	160	88	6	9.9	8	4	26.1	20.5	1130	141	6.68	13.8	93.1	21.2	1.89
18	180	94	6.5	10.7	8.5	4.3	30.6	24.1	1660	185	7.36	15.4	122	26	2
20a	200	100	7	11.4	9	4.5	35.5	27.9	2370	237	8.15	17.2	158	31.5	2.12
20b	200	102	9	11.4	9	4.5	39.5	31.1	2500	250	7.96	16.9	169	33.1	2.06
22a	220	110	7.5	12.3	9.5	4.8	42	33	3400	309	8.99	18.9	225	40.9	2.31
22b	220	112	9.5	12.3	9.5	4.8	46.4	36.4	3570	325	8.78	18.7	239	42.7	2.27
25a	250	116	8	13	10	5	48.5	38.1	5023.54	401.88	10.18	21.58	280.046	48.283	2.403
25b	250	118	10	13	10	5	53.5	42	5283.96	422.72	9.938	21.27	309.297	52.423	2.404

续表

型号	h	b	d	t	r	r_1	截面面积 $\times10^2$ (mm²)	理论重量 $\times9.8$ (N/m)	$I_x\times10^4$ (mm⁴)	$W_x\times10^5$ (mm³)	$i_x\times10$ (mm)	$\frac{I_x}{S_x}\times10$ (mm)	$I_y\times10^4$ (mm⁴)	$W_y\times10^3$ (mm³)	$i_y\times10$ (mm)
28a	280	122	8.5	13.7	10.5	5.3	55.45	43.4	7114.14	508.15	11.32	24.62	345.051	56.565	2.495
28b	280	124	10.5	13.7	10.5	5.3	61.05	47.9	7480	534.29	11.08	24.24	379.496	61.209	2.493
32a	320	130	9.5	15	11.5	5.8	67.05	52.7	11075.5	692.2	12.84	27.46	459.93	70.758	2.619
32b	320	132	11.5	15	11.5	5.8	73.45	57.7	11621.4	726.33	12.58	27.09	501.53	75.989	2.614
32c	320	134	13.5	15	11.5	5.8	79.95	62.8	12167.5	760.47	12.34	26.77	543.81	81.166	2.608
36a	360	136	10	15.8	12	6	76.3	59.9	15760	875	14.4	30.7	552	81.2	2.69
36b	360	138	12	15.8	12	6	83.5	65.6	16530	919	14.1	30.3	582	84.3	2.64
36c	360	140	14	15.8	12	6	90.7	71.2	17310	962	13.8	29.9	612	87.4	2.6
40a	400	142	10.5	16.5	12.5	6.3	86.1	67.6	21720	1090	15.9	34.1	660	93.2	2.77
40b	400	144	12.5	16.5	12.5	6.3	94.1	73.8	22780	1140	15.6	33.6	692	96.2	2.71
40c	400	146	14.5	16.5	12.5	6.3	102	80.1	23850	1190	15.2	33.2	727	99.6	2.65
45a	450	150	11.5	18	13.5	6.8	102	80.4	33240	1430	17.7	38.6	855	114	2.89
45b	450	152	13.5	18	13.5	6.8	111	87.4	33760	1500	17.4	38	894	118	2.84
45c	450	154	15.5	18	13.5	6.8	120	94.5	35280	1570	17.1	37.6	938	122	2.79
50a	500	158	12	20	14	7	119	93.6	46470	1860	19.7	42.8	1120	142	3.07
50b	500	160	14	20	14	7	129	101	48560	1940	19.4	42.4	1170	146	3.01
50c	500	162	16	20	14	7	139	109	50640	2080	19	41.8	1220	151	2.96
56a	560	166	12.5	21	14.5	7.3	135.25	106.2	65585.6	2342.31	22.02	47.73	1370.16	165.08	3.182
56b	560	168	14.5	21	14.5	7.3	146.45	115	68512.5	2446.69	21.63	47.17	1486.75	174.25	3.162
56c	560	170	16.5	21	14.5	7.3	157.35	123.9	71439.4	2551.41	21.27	46.66	1558.39	183.34	3.158
63a	630	176	13	22	15	7.5	154.9	121.6	93916.2	2981.47	24.62	54.17	1810.55	193.24	3.314
63b	630	178	15	22	15	7.5	167.5	131.5	98083.6	3163.98	24.2	53.51	1812.07	203.6	3.289
63c	630	180	17	22	15	7.5	180.1	141	102251.1	3298.42	23.82	52.92	1924.91	213.88	3.268

注：1. 工字钢长度：10~18号，长5~19m；20~63号，长6~19m。

根据 $\lambda = 160$ 查得 $\phi = 0.272$ 从而求得

$$\phi \, [\sigma] = 0.272 \times 1600 = 435.2 \mathrm{kg/cm}^2$$

此时柱的工作应力为

$$\sigma = \frac{p}{A} = \frac{25000}{61.05} = 409.5 < \phi \, [\sigma]$$

从计算结果可见，选用 I28b 就能够满足稳定性要求。

三、索 具 与 吊 具

(一) 麻　　绳

1. 麻绳用途及种类

麻绳在起重作业中，一般用于 500kg 以内的重物的绑扎与吊装，或用作缆风绳、平衡绳、溜放绳等，它具有轻便、柔软、易捆绑、价格低等优点，但其强度较低，耐磨性、耐蚀性较差。

麻绳按原料的不同一般可分为白棕绳、混合麻绳和线麻绳等几种，其中以白棕绳质量较好，应用较普遍。

麻绳绳股的捻制有人工搓捻和机器搓捻两种，机器搓捻均匀、紧密，其破断拉力值较人工搓捻大。麻绳按捻制股数的多少，分为三股、四股和九股等几种，另外有浸油白棕绳和不浸油白棕绳之分，浸油白棕绳不易腐烂，但质料变硬、不易弯曲，强度比不浸油者低 10%～20%。未浸油白棕绳受潮后易腐烂，使用年限较短。

2. 麻绳的破断拉力计算

(1) 麻绳负荷能力的估算　麻绳可以承受的拉力 S（负荷能力）可用下式估算

$$S \leqslant \frac{\pi d^2}{4} [\sigma] \text{ 或 } S \leqslant 25\pi d^2 [\sigma] \tag{3-1}$$

式中　S——麻绳能承受的拉力 (N)；

d——麻绳的直径 (mm 或 cm)；

$[\sigma]$——麻绳的许用应力 (MPa) 见表 3-1。

(2) 麻绳允许拉力验算　为保证起重作业安全，须对所使用

麻绳许用应力 [σ] 值表（MPa）　　　　表 3-1

种　　类	起重用	捆扎用	种　　类	起重用	捆扎用
混合麻绳 白棕绳	5.5 10	5	浸油白棕绳	9	4.5

的麻绳进行强度验算，其验算公式如下：

$$[P] = \frac{S_{p}}{K} \tag{3-2}$$

式中　　$[P]$——麻绳使用时的允许拉力（N）；

　　　　S_{p}——麻绳的破断拉力（N）；

　　　　K——安全系数（见表 3-2）。

麻绳安全系数 K 表　　　　表 3-2

使　用　场　所	混 合 麻 绳	白　棕　绳
地面水平运输设备、作溜绳	5	3
空中挂吊设备	8	6
载　　人	不准用	10～15

3. 麻绳使用注意事项

（1）麻绳严禁用于机械传动和摩擦大、转速快或有腐蚀性的吊装作业；

（2）不得使用有霉烂或断股的麻绳，不得使麻绳向一个方向连续扭转，以免扭劲或松散；

（3）严禁与锐利的物体直接接触，如无法避免时，必须衬垫木板或胶皮、麻袋等加以保护；

（4）绳索需切断使用时，绳头应以铁丝或细绳扎紧；

（5）白棕绳多股使用时，各股受力应均匀，且安全系数应比单股使用时取值偏大；

（6）麻绳在卷筒上或穿滑轮使用时，卷筒或滑轮的直径应不小于 10 倍绳径，另外轮槽底径应大于绳径的 1/2；

（7）麻绳应存放在通风干燥的地方，不得暴晒或受潮。

【**例 3-1**】　用一根白棕绳起吊 4000N 的重物，需选用棕绳的直径为多少？已知棕绳 $[σ] = 10\text{N/mm}^2$

【**解**】　据 3-1 式

$$d = \sqrt{\frac{4S}{\pi \ [\sigma]}} = \sqrt{\frac{4 \times 4000}{3.14 \times 10}} = 22.57 \text{mm}$$

答：选用直径≥22.57mm 的白棕绳即可满足要求。

(二) 钢 丝 绳

1. 钢丝绳用途、种类及规格

钢丝绳挠性好，使用灵活、耐磨损，能承受冲击载荷，在高速运转时稳定、噪声小，钢丝绳破断前有断丝预兆，整个钢丝绳一般不会立即断裂，容易事先检查和预防，因而在起重吊装中被广泛应用，可用作起重、牵引、捆绑及张紧等各种用途。

钢丝绳按搓捻方式可分为顺捻、交捻、混合捻等几种，其中交捻钢丝绳（股内钢丝的捻向与各股的捻向相反）对扭转变形有抵消作用，不易自行松散，在起重机械中用的较广。

钢丝绳绳芯有麻芯、石棉芯、金属芯三种，麻芯钢丝绳挠性好，但不能用于高温；石棉芯主要用于高温环境；金属芯强度高，能承受横向载荷和用于高温环境，但绕性较差。通常使用的普通钢丝绳一般由六股等径钢丝和一根含油绳芯捻制而成。这是起重吊装中用的最多的钢丝绳。其中每股有 19 根钢丝、37 根钢丝和 61 根钢丝之分，分别用 6×19+1、6×37+1、6×61+1 表示，这里第一个数字"6"表示 6 股，第二个数字表示每股的钢丝数，第三个数字 1 表示一根绳芯。在钢丝绳直径相同时，每股钢丝绳越多，则钢丝直径越细，绳的绕性好，易弯曲，但耐磨性有所降低，具体使用时应根据具体情况正确选择，如 6×19+1 钢丝绳多用于拉索、缆风绳等绳索不受弯曲的地方，6×37+1 钢丝绳多用于滑车中作穿绕绳等承受弯曲的地方，6×61+1 钢丝绳亦可用于滑车组及制作吊索和绑扎物体等。

国产钢丝绳已标准化，常用规格一般为直径 6.2～83mm，所用的钢丝直径为 0.3～3mm。钢丝的强度极限分为 1400MPa，1550MPa，1700MPa，1850MPa 和 2000MPa 五个等级。

钢丝绳的直径是指其最大外径，应用游标卡尺测量的方法如图 3-1 所示。另外在测量新钢丝绳时，其直径可能比规定大 1～3mm。

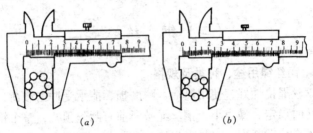

图 3-1 钢丝绳直径测量

(a) 正确的测量方法；(b) 错误的测量方法

2. 钢丝绳的许用拉力计算

(1) 钢丝绳破断拉力估算 钢丝绳的破断拉力与钢丝质量的好坏和绕捻结构有关，其近似计算公式为

$$S_b = Fn\phi\sigma_b = \frac{\pi d^2}{4}n\phi\sigma_b \tag{3-3}$$

式中 S_b——钢丝绳的破断拉力（N）；

F——钢丝绳每根钢丝的截面积（mm^2）；

d——钢丝绳中每根钢丝的直径（mm）；

n——钢丝绳中钢丝的总根数；

σ_b——钢丝绳中每根钢丝的抗拉强度（MPa）；

ϕ——钢丝绳中钢丝绕捻不均匀而引起的受载不均匀系数，其值见表 3-3。

钢丝绳中钢丝绳捻绕不均匀而引起受载

不均匀系数 ϕ 表 表 3-3

钢丝绳规格	6×19＋1	6×37＋1	6×61＋1
ϕ 值	0.85	0.82	0.80

如现场缺少资料时，也可用如下公式估算钢丝绳的破断拉力 S_b

当强度极限为 1400MPa 时，$S_b = 430d^2$

当强度极限为 1550MPa 时，$S_b = 470d^2$

当强度极限为 1700MPa 时，$S_b = 520d^2$

当强度极限为 1850MPa 时，$S_b = 570d^2$

当强度极限为 2000MPa 时，$S_b = 610d^2$ (3-4)

式中 S_b——破断拉力（N）；

      d——钢丝绳直径（mm）。

（2）钢丝绳的许用拉力计算   钢丝绳使用中严禁超载，须注意在不超过钢丝绳破断拉力的情况下使用也不一定安全，必须严格限制其在许用应力下使用。钢丝绳在使用中可能受到拉伸、弯曲、挤压和扭转等的作用，当滑轮和卷筒直径按允许要求设计时，钢丝绳可仅考虑拉伸作用，此时钢丝绳的许用拉力计算公式为：

$$P = \frac{S_b}{K}$$ (3-5)

式中 P——钢丝绳的许用拉力（N）；

      S_b——钢丝绳的破断拉力（N）；

      K——钢丝绳的安全系数（见表3-4）。

由上式可知：知道钢丝绳的许用拉力和安全系数，就可以知道钢丝绳的破断拉力。

钢丝绳安全系数 K 值   表 3-4

使 用 情 况	安全系数 K	使 用 情 况	安全系数 K
缆风绳用	3.5	用于吊索，无弯曲	6~7
用于手动起重设备	4.5	用于绑扎吊索	8~10
用于机动起重设备	5.5	用于载人升降机	14

从上表可知各种不同用途钢丝绳的安全系数值，如电动卷扬机跑绳的安全系数应大于5。

【例3-2】   有一直径为 28mm，$6 \times 37 + 1$ 钢丝绳，钢丝绳的抗拉强度 $\sigma = 1700$MPa，用经验公式求钢丝绳破断拉力 S_b 是多少？

【解】 根据当强度极限为 1700MPa 时的经验公式 $S_b = 520d^2$

有 $S_b = 520 \times 28^2 = 407680N = 407.68kN$

答：用经验公式求得破断拉力为 407.68kN

【例 3-3】 有两根钢丝绳，一根钢丝绳的直径为 21.5mm，规格为（$6 \times 19 + 1$），破断拉力为 298kN；另一根钢丝绳的直径为 28mm 规格为（$6 \times 37 + 1$），破断拉力为 446.5kN；若用它们来吊装设备（其使用性质为一般机动），试分别求出它们的允许吊装重量？

【解】 根据题意首先确定其安全系数 K 值。

查表 3-4，$K = 5.5$

则 21.5mm 钢丝绳 $\quad P_1 = \dfrac{S_b}{K} = \dfrac{298}{5.5} = 54.2kN$

28mm 钢丝绳 $\quad P_1 = \dfrac{S_b}{K} = \dfrac{446.5}{5.5} = 81.18kN$

答：21.5mm 钢丝绳的允许拉力为 54.2kN，28mm 钢丝绳的允许拉力为 81.18kN。

【例 3-4】 试求 $6 \times 37 + 1$ 钢丝绳，当直径为 $d = 28mm$，钢丝绳中钢丝直径 $d_i = 1.3mm$，抗拉强度 $\sigma_b = 170kg/mm^2$ 时的破断拉力为多少？用此钢丝绳作为缆风绳、起重绳、吊索时其许用拉力为多少？

【解】 由于钢丝绳受载不均匀，考虑不均匀系数 $\phi = 0.82$。

破断拉力 $S_b = \dfrac{\pi d^2}{4} n\phi\sigma_b = \dfrac{3.14 \times 1.3^2}{4} \times 6 \times 37 \times 0.82 \times 170 = 41055.57kg$

许用拉力：作为缆风绳时 $P = \dfrac{S_b}{K} = \dfrac{41055.57}{3} = 13685.19kg$

作为吊索时 $P = \dfrac{S_b}{K} = \dfrac{41055.57}{6} = 6842.59kg$

作为起重绳时 $P = \dfrac{S_b}{K} = \dfrac{41055.57}{5} = 8211.11kg$

答：此绳用作缆风绳吊索、起重绳时，其许用拉力分别为

13685.19kg、6842.59kg、8211.11kg

钢丝绳在绕过卷筒和滑轮时，受力较复杂，主要有拉伸、弯曲、挤压、摩擦等作用，钢丝绳除主要受拉应力外，还要受弯曲应力作用，弯曲应力大小与卷筒直径、滑轮直径成反比，亦即应考虑卷筒、滑轮直径与钢丝绳直径的比值对应力的影响，同时，钢丝绳弯曲次数越多，也影响到钢丝绳的疲劳强度，即影响到钢丝绳的使用寿命，实践证明钢丝绳多次弯曲造成的弯曲疲劳是钢丝绳破坏的主要原因，因此对卷筒或滑轮的直径 D 和钢丝绳直径 d 有一定要求，一般为

$$D \geqslant (16 \sim 25)\, d \qquad (3\text{-}6)$$

滑轮直径与钢丝绳的直径之比最少不得少于 9 倍。

3. 钢丝绳使用注意事项

（1）用钢丝绳捆绑、锁紧或打结时，须保证吊装的安全可靠，并能简捷解卸，不能使钢丝绳产生锐角曲折，被压砸成扁平，随时注意钢丝绳是否顺直，出现扭结现象应及时纠正；

（2）用于捆绑的千斤绳（即吊索）应尽量垂直使用，如不可避免有倾斜时，吊索与铅垂线的夹角宜小于 30°，一般不应大于 45°；

（3）禁止用大直径的钢丝绳凑合捆扎较小的构件进行吊装；

（4）起吊中禁止急剧改变升降速度，以免产生冲击载荷破坏钢丝绳的使用性能；

（5）起重机的升降变幅机构不得使用编结接长的钢丝绳，如用其他方法接长时，其接头强度不应小于原钢丝绳破坏拉力的90%；

（6）钢丝绳严禁与导电电线接触，禁止与电焊把线，接地线等触碰，且不宜与坚硬物体相摩擦；

（7）新钢丝绳应具有制造厂家的出厂质量证明书（证明书应注明其结构、用途、力学性能、钢丝绳和绳芯的材质等）；

（8）钢丝绳使用后，如发现有断丝现象，或表面有不同程度磨损时，此钢丝绳不能再用于重要部位，并应按规定进行折减；

（9）钢丝绳的报废标准：

1）钢丝绳损坏一股；

2）出现拧扭死结，钢丝绳部分严重变形，严重畸变等；

3）钢丝折断数和钢丝绳表面腐蚀和磨损超过直径的 30% 以上；

4）钢丝绳在一个节距内的断丝根数达到表 3-5 所列数值；

5）麻芯被挤出、损坏、且绳径显著减小；

6）钢丝绳弹性显著降低；

7）可识别的热破坏，如严重变质（可从颜色识别）等。

（10）钢丝绳强度检验通常以钢丝绳允许拉力的 2 倍进行静负荷检验，在 20min 内钢丝绳保持完好状态，即认为钢丝绳检验合格。

钢丝绳更新（报废）标准　　　　　　　　　　　　表 3-5

钢丝绳原有的 安全系数	钢丝绳的结构型式							
	6×19+1 麻芯		6×37+1 麻芯		6×61+1 麻芯		18×19+1 麻芯	
	在一个捻距（节距）内有下列断丝数时，钢丝绳应报废							
	交捻	顺捻	交捻	顺捻	交捻	顺捻	交捻	顺捻
6 以下	12	6	22	11	36	18	36	18
6～7	14	7	26	13	38	19	38	19
7 以上	16	8	30	15	40	20	40	20

4．钢丝绳末端的连接方法

钢丝绳在使用时需要与其他承载零件连接，常用连接方法有以下几种：

（1）编绕法　如图 3-2a 所示，将钢丝绳的一端绕过心形套环后与工作分支用细钢丝扎紧，捆扎长度 $L =$（20～25）d（d 为钢丝绳直径），同时不应小于 300mm。

（2）契形套筒固定法　如图 3-2b 所示，将钢丝绳的一端绕过一个带槽的楔子，然后将其一起装入一个与楔子形状相配合的钢制套筒内，这样钢丝绳在拉力作用下便越拉越紧，从而使绳端固定。此法装拆简便，但不适用于受冲击载荷的情况。

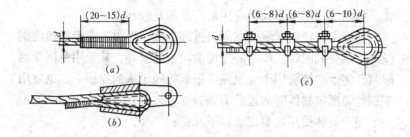

图 3-2　钢丝绳末端固定法

(a) 编绕法；(b) 楔形套筒固定法；(c) 绳卡固定法

（3）绳卡固定法　如图 3-2c 所示，将钢丝绳的一端绕过心形套环后用绳卡固紧。常用的钢丝绳卡有骑马式、握拳式和压板

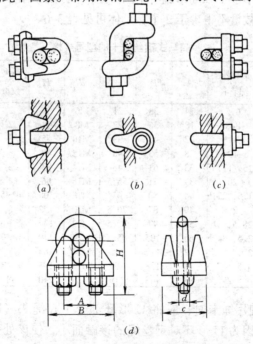

图 3-3　钢丝绳卡的种类

(a) 骑马式；(b) 握拳式；(c) 压板式；

(d) 骑马式绳卡规格尺寸

93

式，如图 3-3 所示，其中应用最广泛的是骑马式。

用绳卡连接钢丝绳既牢固又拆卸方便，但由于绳卡螺栓使钢丝绳运动受到阻碍，如不能穿过滑轮、卷筒等，其使用范围受到限制，绳卡联结常用于缆风绳、吊索等固定端的连接上，也常用于钢丝绳捆绑物体时的最后卡紧。

绳卡具体使用时要注意以下几点：

1）绳卡的规格大小应与钢丝绳直径相符，严禁代用（大代小或小代大）或在绳卡中加垫料来夹紧钢丝绳，具体按表 3-6 选择相应规格的绳卡，使用时绳卡之间排列间距为钢丝绳直径的 8 倍左右，且最末一个绳卡离绳头的距离，一般为 150～200mm，最少不得小于 150mm，绳卡使用的数量应根据钢丝绳直径而定，最少使用数量不得少于 2 个，具体可见表 3-6。

骑马式钢丝绳卡的型号规格 表 3-6

型号	常用钢丝绳直径	A	B	c	d	H	绳夹数量	绳夹间距
Y_{1-6}	6.5	14	28	21	M6	35	2	70
Y_{2-8}	8.8	18	36	27	M8	44	2	80
Y_{3-10}	11	22	43	33	M10	55	3	100
Y_{3-12}	13	28	53	40	M12	69	3	100
Y_{5-15}	15，17.5	33	61	48	M14	83	3	100～120
Y_{6-20}	20	39	71	55.5	M16	96	4	120
Y_{7-22}	21.5，23.5	44	80	63	M18	108	4～5	140～150
Y_{8-23}	26	49	87	70.5	M20	122	5	170
Y_{9-28}	28.5，31	55	97	78.5	M22	137	5～6	180～200
Y_{10-32}	32.5，34.5	60	105	85.5	M24	149	6～7	210～230
Y_{11-40}	37，39.5	67	112	94	M24	164	8	250～270
Y_{12-45}	43.5，47.5	78	128	107	M27	188	9～10	290～310
Y_{13-50}	52	88	143	119	M30	210	11	330

2）使用绳卡时，应将 U 形环部分卡在绳头（即活头）一边，这是因为 U 形环对钢丝绳的接触面小，使该处钢丝绳强度降低较多，同时由于 U 形环处被压扁程度较大，若钢丝绳有滑移现象，只可能在主绳一边，对安全有利。

3）绳卡螺栓应拧紧，以压扁钢丝绳直径的 1/3 左右为宜，绳卡使用后要检查螺栓丝扣有无损坏。暂不用时在丝扣部位涂上防锈油，归类保存在干燥处。

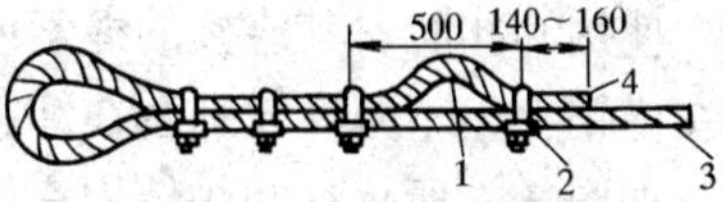

图 3-4　保险绳卡示意图
1—安全弯；2—保险绳夹；
3—主绳；4—绳头

4）由于钢丝绳受力产生拉伸变形后，其直径会略为减少。因此，对绳卡须进行二次拧紧，对中、大型设备吊装，还可在绳尾部加一个观察用保险绳卡，如图 3-4 所示。

5）对大型重要设备的吊装或绳卡螺栓直径 $d \geqslant 20mm$ 时，当钢丝绳受力后，应对尾卡螺栓再次拧紧。

（三）吊　　具

起重作业中需用各种形式的吊具，如卸扣、吊钩与吊环、平衡梁等。

1. 卸扣

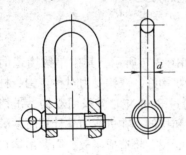

图 3-5　螺旋式卸扣

卸扣又称卸甲或卡环，如图 3-5 所示，它是起重作业中用得最广泛且使用方便的栓联工具，它由弯环和横销两部分组成，弯环有直环形和马蹄形两种，横销有螺纹式和销孔式等。其中螺纹式装卸方便，是最常用的卸扣。

卸扣承载能力一般为 10～50kN，最大可达几千牛顿，卸扣的强度主要取决于弯环部分直径的大小，若现场对卸扣搞不清楚，可据经验公式估算。

$$Q = 6d^2 \tag{3-7}$$

式中　Q——卸扣许用载荷（N）；

　　　d——卸扣弯环的弯曲部分直径（mm）。

使用卸扣时，其连接的绳索或吊环应一根套在弯环上，一根套在横销上，不允许分别套在卸扣的两处直段上，使卸扣受横向力，如图 3-6 所示，卸扣使用完毕应随时将横销插入弯环内，螺纹部分应涂润滑油，拧好丝扣，放置于干燥处保存。除特别吊装外，不得使用横销无螺纹卸扣，使用时要有可靠的保障措施，防止横销滑出。另外应注意，有些卸扣的弯环和横销的材质不相同，当卸扣的横销损坏或遗失后，不可随便选用与弯环材质相同的材料再加工一个代用，以免发生事故。卸扣不准超载使用。

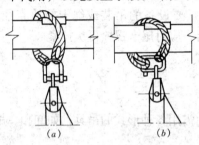

图 3-6　卸扣的安装
(a) 正确；(b) 错误

2. 吊钩与吊环

吊钩有单钩和双钩两种，如图 3-7 所示，其中单钩构造简单，使用方便，但受力状态没有双钩好，双钩受力对称，钩身材料强度能充分利用，当起重量超过 800kN 时应采用双钩，吊钩在工作时所承受的力主要是弯曲和拉伸，在进行力学计算时须满足强度条件。吊钩在使用中一旦断裂，将造成事故，因此吊钩在材料、形状和技术要求等方面都很严格，使用时应按铭牌规定的载重能力，不得超载使用，磨损超标应及时降级使用或报废。

中小起重量的吊钩一般为锻造制成，材料为 20 号优质碳素结构钢，主要应用在 25～50t 的起重机上，大起重量的吊钩采用钢板铆合，称为片式吊钩，吊钩材料为 20 号钢或 16Mn 钢。普通碳素结构钢等不能用作吊钩材料，另外吊钩也不允许采用铸造加工，因为铸件内部缺陷不易发现和消除。

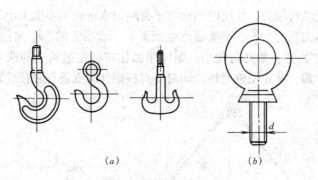

图 3-7 吊钩与吊环

(a) 吊钩；(b) 吊环

吊环见图 3-7 (b) 所示，它多是如电动机、减速机等设备在安装或检修时用做起吊的一种固定吊具，吊环的安全承载力可根据吊环丝杆直径查表 3-7 确定。

吊环的允许载荷表 表3-7

丝杆直径	允许负荷（N）		丝杆直径	允许荷荷（N）	
d（mm）	垂直吊重	夹角 60°吊重	d（mm）	垂直吊重	夹角 60°吊重
M12	1500	900	M22	9000	5400
M16	3000	1800	M30	13000	8000
M20	6000	3600	M36	24000	14000

吊钩、吊环的质量应符合有关产品标准，使用前应核查是否符合允许的负荷量，禁止超载，对无铭牌标注和无出厂合格证的吊钩、吊环，需进行强度试验、试验拉力为额定载荷的 1.25 倍，持续时间为 10min，负荷卸除后不得有残余变形、裂纹等，经确认后方可使用，严禁在吊钩、吊环上焊接或钻孔，严禁用焊接补强等修补吊钩、吊环及吊架的缺陷。

在受力变化较大或高空作业时，不得使用吊钩型滑车，而应采用吊环型滑车。

3. 平衡梁

平衡梁又称横吊梁或铁扁担，它的形式很多，一般可分为支撑式和扁担式两类，如图 3-8。

支撑式平衡梁吊索较长，它主要用作改变受力方向，由横梁承受轴向压力，使用时吊索与平衡梁的水平夹角不能太小，以避免轴向压力太大，平衡梁产生变形。一般吊索的水平夹角以45°～60°为宜，如夹角较小，则应用卸扣将挂在吊钩上的两绳扣锁在一起，防止吊索脱钩。同时应对横梁和绳索进行复核验算。

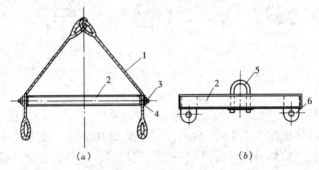

图 3-8　平衡梁种类

(a) 支撑平衡梁使用示意图；(b) 扁担式平衡梁示意图

1—吊索；2—横吊梁；3—螺帽；4—压板；

5—吊环；6—吊攀（吊耳）

扁担式平衡梁吊索较短，且不产生水平分力，主要传递荷载，由梁承受弯矩，多用于吊装大型桁架、屋架等，如图3-9所示。

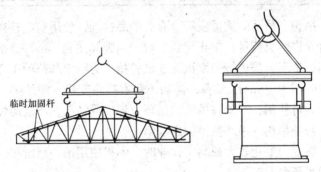

图 3-9　用平衡梁吊装屋架及其他设备

横吊梁的作用是：

(1) 当设备或构件长而大且又不允许受纵向水平分力时，用以承担分力；

98

（2）在大型精密设备吊装中，用以将钢丝绳撑开防止设备受磨损；

（3）用以减少吊装高度，充分发挥起重机性能。见图3-10；

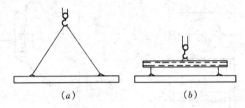

图 3-10　用和不用平衡梁对比

（a）采用吊索时的情况；（b）采用平衡时的情况

（4）多机抬吊时平衡各台起重机的受力；

（5）满足特殊构件及设备吊装要求。

（6）采用平衡梁吊装使被吊装的大型金属结构和组合件受力合理，减少设备的变形等，相当于对其进行了补强。

4．吊耳

吊耳分焊接吊耳和卡箍式吊耳如图3-11、图3-12所示，焊接吊耳又分板式吊耳和管轴式吊耳。目前以管轴式吊耳应用较普遍。焊接吊耳一般根据设备吊装方案的要求，按一定方位和高度焊于设备本体上，吊耳应在设备制造时就将其焊接于设备上。这样在现场对设备进行热处理时可消除因焊接产生的内应力。卡箍

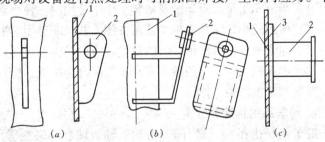

图 3-11　焊接吊耳

（a）立板式；（b）斜板式；（c）管轴式

1—设备；2—吊耳；3—加强板圈

99

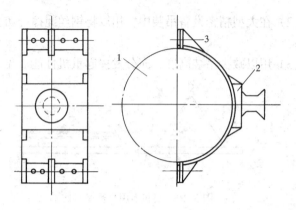

图 3-12　卡箍式吊耳
1—设备；2—卡箍吊耳；3—连接螺栓

式吊耳对设备质量不会产生影响，使用方便，能多次重复使用。特别是对于薄壁塔类设备的吊装更为合适。此种吊耳尽管一次性造价较高，但由于它有许多优点，仍是今后发展的方向。设备吊耳的尺寸应根据其受力状况，按照力学中有关拉伸、弯曲、剪切及挤压的强度计算进行确定。

（四）滑车与滑车组

滑车与滑车组是起重运输及吊装工作中常用的一种小型起重工具，它体积较小、结构简单，使用方便，并且能够用它来多次改变牵引绳索的方向和起吊较大的重量，所以当施工现场狭窄或缺少其他起重机械时，常用滑车或滑车组配合卷扬机、桅杆进行设备牵引和起重吊装工作。

1. 滑车组的构造和分类

滑车组是由吊钩（链环）、滑轮、轴、轴套和夹板等组成，滑轮在轴上可自由转动，在滑轮的外缘上制有环形半圆形槽，作为钢丝绳的导向槽。钢丝绳安装在半圆形槽中，滑轮槽尺寸应能保证钢丝绳顺利绕过，并且使钢丝绳与绳槽的接触面积尽可能大，因钢丝绳绕过滑轮时要产生变形，故滑轮槽底半径应稍大于钢丝绳的直径。由于球墨铸铁强度较高且具有一定韧性，使用时不宜破裂，所以滑车可用球墨铸铁制造。

滑车按作用来分，可分为定滑车、动滑车、滑车组、导向滑车及平衡滑车；按滑车的轮数可分为单轮滑车（单轮滑车的夹板有开口和闭口两种），双轮滑车、三轮滑车和多轮滑车，（几轮滑车通常也称为几门滑车）；按滑车与吊物的连接方式，又可将滑车分为吊钩式、链环式和吊梁式等几种。

滑车代号表示方法如下：

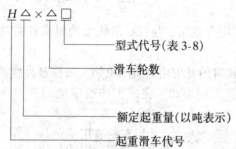

滑车型式代号　　　　　　　　　　　　表 3-8

型　式	开　口	吊　钩	链　环	吊　环	吊　梁	桃式开口	闭　口
代　号	K	G	L	D	W	KB	不加K

如 H10×1G 表示为额定起重量为 10t 的单钩闭口吊钩型滑车。

H5×4D 表示额定重量为 5t 的四轮吊环型滑车

H 系列滑车起重量系列符合起重机械重量系列国家标准。

2. 滑车与滑车组的作用及力的计算，起重钢丝绳长度计算

（1）定滑车

定滑车是安装在固定位置的滑车，如图 3-13 所示，它能改变拉力方向，但不能减少拉力。

起重作业中，定滑车用以支持绳索运

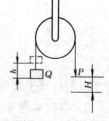

图 3-13　定滑车

动，作为导向滑车和平衡滑车使用，当绳索受力移动时，滑轮随之转动，绳索移动速度 V_1 和移动距离 H，分别和重物的移动速度 V 和移动距离 h 相等。即

$$H = h$$
$$V_1 = V \tag{3-8}$$

滑轮在转动时，因摩擦力等存在一定运动阻力，滑轮上两绳索的拉力不相等，绳索拉力 P 大于载荷力 Q，即 $P > Q$，改用等式则：

$$P = \frac{Q}{\eta} \tag{3-9}$$

式中 $\eta =$ 单滑车效率，与绕在滑轮上的绳索种类及滑轮结构有关。

滑车工作时的有用功为所吊重物与被提升高度的乘积，即滑车效率 η 是指有用功和为完成工作所施加的外力所做的功的比值。

$$\eta = \frac{滑车的有用功}{外力对滑车所做的总功} \tag{3-10}$$

（2）动滑车

动滑车安装在运动轴上能和被牵引物体一起移动，如图 3-14（a）它能减少拉力，但不改变拉力方向，动滑车有省力动滑车和省时动滑车（又称增速动滑车）之分。

1）省力动滑车　如图 3-14（b）所示，其省力原理是：载荷同时被两根绳索所分担，每根绳索只承担载荷的一半，根据杠杆原理（或力矩原理）可得，

$$载荷 \times 支距 = 拉力 \times 力矩$$

$$Q \times r = P \times 2r$$

$$P = \frac{Q}{2} \tag{3-11}$$

以上计算未考虑滑车的摩擦力等因素。

2）省时动滑车　如图 3-14（c）所示，拉力 P 作用在动滑车上，这样动滑车被提升 1m 时，重物就上升 2m，重物上升的

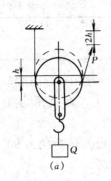
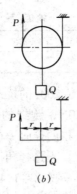
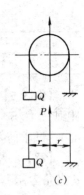

图 3-14 动滑车、省力滑车和省时滑车

(a) 动滑车；(b) 省力动滑车示意图及其受力简图；

(c) 省时动滑车示意图及其受力简图

速度是滑车上升速度的两倍，当然同时拉力也增加了一倍，在起重作业中，此种滑车用的不多。

(3) 导向滑车

导向滑车的作用类似于定滑车，既不省力，也不能改变速度，仅用它来改变牵

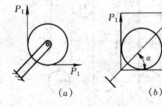

图 3-15 导向滑车

(a) 导向滑车示意图；(b) 受力简图

引设备的运动方向，在安装工地或牵引设备时用的较多。导向滑车所受力的大小除了与牵引绳拉力大小有关外，还与牵引夹角有关，其受力计算见图 3-15，计算公式为：

$$P = P_1 \times Z \qquad (3-12)$$

式中　P——导向滑车所受的力（kN）；

　　　P_1——牵引绳的拉力（kN）；

　　　Z——角度系数（见表3-9）。

表 3-9

α	0°	15°	22.5°	30°	45°	60°
Z	2	1.94	1.84	1.73	1.41	1

【例 3-5】　在吊装 200t 的桥式起重机时，使用一导向滑车，跑绳拉力 S_1 为 70000N，跑绳的转折角为 90°（即夹角为 45°时），试求需要多大规格的导向滑车。

【解】　根据题意，先选择角度系数 Z，已知转折角为 90°，α 夹角 45°，查表 3-9 得 Z=1.41，代入公式

$$P = P_1 \times Z = 70000 \times 1.14 = 98700N = 98.7kN$$

答：根据计算结果，需选择承载 100kN 的导向滑车。

（4）滑车组

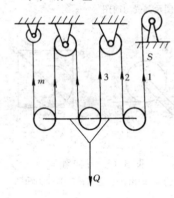

图 3-16　滑轮组的效率

滑车组是由一定数量的定滑车和动滑车以绳索穿绕连接而成，作为整体使用的起重机具。滑车组兼有定滑车和动滑车的优点，即可省力，又可改变力的方向，且可以组成多门滑车组，以达到用较小的力起吊较重物体的目的，如实际工作中，仅用 0.5~15t 的卷扬机牵引滑车组的出端头，就能吊起 3~500t 重的设备。

滑车组的计算

如图 3-16 所示，单联滑轮组中，设载荷为 Q，滑车组中动滑轮上的绳数为 n，若不考虑各滑轮的阻力，则每分支的拉力相等即：

$$S_1 = S_2 = S_3 = \cdots\cdots = S_n = Q/n \qquad (3\text{-}13)$$

因为每个滑轮处存在摩擦力，滑轮绳索一端的拉力大于被吊重物的重力，即滑车组工作时，每根绳索所受拉力并不相同，跑

绳头拉力不能简单地将载荷除以工作绳数来确定，而是应加入一个滑轮组效率参数 η，使计算近似等于实际数值，滑轮组跑头拉力公式为：

$$S = \frac{Q}{n\eta} \tag{3-14}$$

式中　Q——载荷；

　　　S——出端头拉力；

　　　n——动滑车上的工作绳数；

　　　η——滑车组的总效率系数（见表 3-10）。

机械中因摩擦力不可避免，故其传动机构的效率总是小于 1，滑车组的效率 η 是一个小于 1 的数。η 亦可按下式计算

$$\eta = \frac{1}{n \cdot f^n} \times \frac{f^n - 1}{f - 1} \tag{3-15}$$

式中　f——滑车阻力系数。

若滑车组出绳端头从动滑车引出则

$$\eta = \frac{1}{n \cdot f^{n-1}} \times \frac{f^n - 1}{f - 1} \tag{3-16}$$

在实际吊装作业中，跑绳从滑车组引出后往往还须穿过一个或几个导向滑车，再绕到卷扬机滚筒，即还需多乘上一个或几个 f，故绳头从定滑车引出，其出端头拉力为：

$$S = Qf^n \times \frac{f - 1}{f^n - 1} \cdot f^k \tag{3-17}$$

绳头从动滑车引出，其出端头拉力为：

$$S = Qf^{n-1} \times \frac{f - 1}{f^n - 1} \cdot f^k \tag{3-18}$$

从上式可知，滑车组绕出两端的拉力除了与提升载荷和阻力系数有关外，还与导向滑车数及工作有效绳数有关。

【例 3-6】　如图 3-17（a）、（b）所示的滑车组，用来吊装计算重量 $Q = 40t$ 的设备，图 3-17（a）中滑车组的总效率 $\eta = 0.84$，图 3-17（b）中滑车组的总效率 $\eta = 0.9$，问这两个滑车组引向卷扬机的出绳头拉力 S 分别为多少？

【解】　已知吊装重量 $Q = 40t$，滑车组的效率分别为 $\eta = 0.84$、$\eta = 0.9$

E = 1.04 滑车组出端头从定滑车引出时端头拉力 S 值和效率系数 η 值

表 3-10

滑车组数	单绳	双绳	三绳	四绳	五绳	六绳	七绳	八绳	九绳	十绳
滑车组联接方式 E=1.04										
滑车组效率 η	0.96	0.94	0.92	0.90	0.88	0.87	0.86	0.85	0.83	0.82
出端头拉力 S	1.04Q	0.53Q	0.36Q	0.28Q	0.23Q	0.19Q	0.17Q	0.15Q	0.13Q	0.12Q

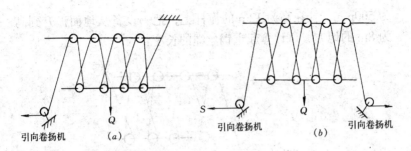

图 3-17 例 3-6 图

工作绳数均为 $n = 8$

根据式（3-13）　$S_a = \dfrac{Q}{n\eta} = \dfrac{40}{8 \times 0.84} = 5.95\text{t}$

$$S_b = \dfrac{Q}{n\eta} = \dfrac{40}{8 \times 0.9} = 5.56\text{t}$$

答：引出卷扬机出绳头拉力分别为 5.59t、5.56t。

【例 3-7】　用 1000kN 6 轮吊环型（H100×6D）滑车组与卷扬机配套使用，起吊 1000kN 的设备。已知工作绳 $n = 12$，滑车数 $m = 12$，起重量 $Q = 1000\text{kN}$，阻力系数 $f = 1.04$，导向滑车 $k = 2$，试求卷扬机的牵引力？

【解】　根据式（3-16）有

$$S = Qf^n \times \dfrac{f-1}{f^n-1} \cdot f^k = 1000 \times 1.04^{12} \times \dfrac{1.04-1}{1.04^{12}-1} \times 1.04^2 = 115\text{kN}$$

答：牵引力 $S = 115\text{kN}$。

（5）起重钢丝绳的长度计算

起重钢丝绳的长度可用如下公式进行计算

$$L = n(h + 3d) + I + 10 \tag{3-19}$$

式中　L——钢丝绳的长度（m）；

　　　n——工作绳数；

　　　h——提升高度（m）；

　　　d——滑轮直径（m）；

　　　I——定滑车至卷扬机之间的距离（m）。

【例 3-8】　如图 3-18 所示的滑车组，其滑轮的直径为 500mm，挂在高为 12m 的桅杆上，把一设备从地面提升到高为 8m 的地方，试计算起重钢丝绳的长度？

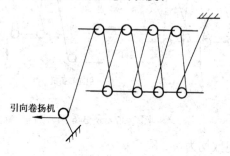

图 3-18　例 3-8 图

【解】　已知滑车直径 $d=500$mm；工作绳数 $n=8$；提升高度 $h=12$m；滑车组至卷扬机之间距离 $I=12$m。

根据式 3-18 有

$$L=8\times（12+3\times0.5）+12+10=130\text{m}$$

答：起重绳长度为 130m。

【例 3-9】　某安装工地起吊一中型设备，需设置一套滑轮组，工作绳为 6 根，滑轮直径为 350mm，行程为 22000mm，定滑轮到卷扬机距 15000mm，求所需钢丝绳长度？

【解】　已知 $n=6$；$h=22000$；$d=350$；$I=15000$；

代入公式 $L=n（h+3d）+I+10$

得 $L=6\times（22000+3\times350）+15000+10000=163300$mm
　　$=163.3$m

答：钢丝绳需要 163.3m。

3. 滑车组的连接方法和钢丝绳的穿绕

滑车组中钢丝绳的穿绕方法是一项既重要又复杂的工作，对起吊的安全和就位有很大影响，穿绕不当，易使钢丝绳过度弯曲，加速钢丝绳的磨损，特别是当滑车门数较多时，还会使上下滑车出现扭曲，甚至在重物下降时产生自锁现象，有时还可能出现由于钢丝绳传力不畅而引起钢丝绳局部松弛，这样就会出现突然冲击，以至可能使钢丝绳断裂而发生重大事故。

滑车组钢丝绳穿绕方法有顺穿法和花穿法两种：

（1）顺穿法

顺穿法又分单头和双头两种

1）单头顺穿法　顺穿法是将绳索一端固定在定滑车架上，跑绳头从一侧滑轮开始，顺序穿过动滑轮和定滑轮，最后从另一侧滑轮穿出，如图 3-19（a）所示。

此法引出端拉力最大，固定端拉力最小，每段绳的受力不等，工作不平衡，滑车易歪斜，常用于五门以下滑车组。

2）双头顺穿法　为克服绳索拉力不均，滑车架扭曲的缺点，在实际中常采用双跑头穿绕法，如图 3-19（b）所示，它适用于两台卷扬机等速卷绕的起重场合，定滑车为奇数（比动滑轮多一个）中间滑车不旋转是平衡轮，此法滑车工作平衡，没有歪斜，滑车阻力减少，运动速度加快，多用于吊装重型设备或构件等。

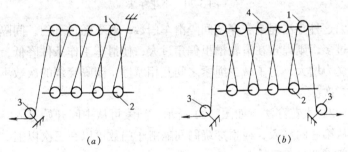

（a）　　　　　　　　　　　　（b）

图 3-19　顺序法

（a）单跑头顺穿法；（b）双跑头顺穿法

1—定滑车；2—动滑车；3—导向滑车；4—平衡滑车

（2）花穿法

花穿法有小花穿法和大花穿法两种，若用一台卷扬机起吊大型设备，当使用滑车组门数较多时，为避免顺穿法滑车受力不平衡，可采用花穿法来改善滑车组的工作条件和降低跑绳拉力，从而达到滑车组受力均匀，起吊平衡安全的目的。

1）小花穿法　如图 3-20 所示，绳头从滑车中间穿入后，跑头按一个方向依次穿绕定滑轮和动滑轮，然后又回到滑车组中间，再按相反方向穿绕余下的定滑轮和动滑轮，最后把死头固定在定滑车架上。

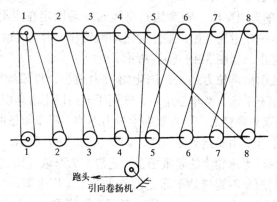

图 3-20　小花穿法

这种穿法绳索在穿绕间隔滑车门数一般不超过五门，间隔门数过多，则绳索在滑轮槽里偏角过大，使滑车工作条件降低，绳索受力增大，为了减少绳索之间互相摩擦，间隔穿绕的次数不超过二次。

2）大花穿法　如图 3-21 所示，绳索可从中间开始穿入，也可从第一门穿入，绳索穿绕的间隔滑车门数可以在三次以上，但一般不超过五门。

大型设备的吊装多采用此法，这种穿绕具有滑车组受力比较平均、工作平稳、滑车架无扭曲现象等优点。它的缺点是，绳索间相互摩擦较大，绳索穿绕复杂，定滑轮和动滑轮之间的距离比顺穿法大，绳索在滑车槽里的偏角较大，对此，一般要求牵引绳索进入滑轮槽里的偏角不大于 4°。如图 3-22 所示。

4. 起重滑车受力控制

滑车效率是在轮轴呈水平状态时测定的，实践证明随着轮轴的倾斜，滑车效率急剧降低，如何使运转中的同轴多轮滑车的轮

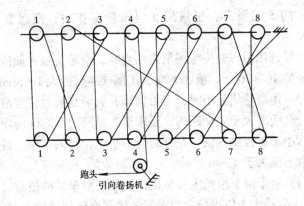

图 3-21 大花穿法

轴始终呈现水平状态，是确保滑车正常运行、实现安全吊装的关键，可以证明同轴滑车轮轴的斜率与滑车组的综合效率成反比，与作用于轮轴中点的偏心距相对值成正比。它等于滑轮作用于轮轴的合力作用点至轮轴中点间距与总起重力作用点至轮轴中心线间距之比值。

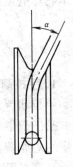

图 3-22 钢丝绳的偏角

根据以上分析，可通过以下途径改善滑车受力状况：

（1）提高滑车的综合效率；

（2）选择结构合理的滑车；

（3）改变钢丝绳的穿绕方式，施工现场在非滑车自身故障和运行不良的情况下，应主要通过改变钢丝绳穿绕方法来解决滑车组的正常运转问题；

（4）用两个门数较少的滑车代替一个门数过多的滑车，因而可成倍地减少作用于轮轴中点的偏心距；

（5）改单侧牵引为双侧牵引

5．滑车与滑车组使用注意事项

（1）使用时应根据滑车上的铭牌规定，严禁超负荷使用，多门滑车如只用其中部分滑轮，承载力应按比例相应减少；如使用

111

500kN 的 5 门滑车，当只用 3 门滑轮工作时，则起重能力为 300kN。

（2）选用滑车时应考虑滑轮的直径，滑轮直径一般应为钢丝绳直径的 16～20 倍，槽底宽度应比钢丝绳直径大 1～5mm；

（3）用滑轮组起吊时，当重物提升到最高点时，定滑车与动滑车的间距要大于安全距离，要求滑车组两滑车之间的净距顺穿时应不小于轮径的 5 倍，花穿时应不小于轮径的 7 倍，且钢丝绳的偏角不能大于 4°～6°；

（4）对于滑车组的主要易损件：如当滑车轴磨损超过轴颈的 2% 时，应报废予以更换，当滑车的轴套磨损超过轴套壁厚的 1/5 及滑轮槽磨损达到原壁厚的 10% 时均应更换，以确保安全使用。

（五）手拉葫芦、电动葫芦

1. 手拉葫芦

手拉葫芦又称神仙葫芦、链条葫芦或倒链，是一种使用简便、易于携带、应用广泛的手动起重机械。它适用于小型设备和重物的短距离吊装，起重量一般不超过 10t，最大的可达 20t，起重高度一般不超过 6m。

手拉葫芦的构造如图 3-23 所示，主要由链轮、手拉链、传动机械、起重链及上下吊钩等几部分组成。

目前使用较多的是国产 HS 手拉葫芦，其规格见表 3-11。

HS 手拉葫芦技术性能表　　　　表 3-11

型号	HS$\frac{1}{2}$	HS1	HS1$\frac{1}{2}$	HS2	HS2$\frac{1}{2}$	HS3	HS5	HS7$\frac{1}{2}$	HS10	HS15	HS20
起重量（t）	0.5	1	1.5	2	2.5	3	5	7.5	10	15	20
标准起升高度（m）	2.5	2.5	2.5	2.5	2.5	3	3	3	3	3	3

型号	HS$\frac{1}{2}$	HS1	HS1$\frac{1}{2}$	HS2	HS2$\frac{1}{2}$	HS3	HS5	HS7$\frac{1}{2}$	HS10	HS15	HS20
满载链拉力（N）	197	310	350	320	390	350	350	395	400	415	400
净重	70	100	150	140	250	240	240	480	680	1050	1500

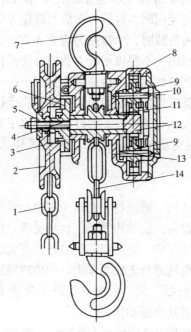

图 3-23　手拉葫芦（手动链式起重机）

1—手拉链；2—链轮；3—棘轮圈；4—链轮轴；5—圆盘；
6—摩擦片；7—吊钩；8—齿圈；9—齿轮；10—齿轮轴；
11—起重链轮；12—齿轮；13—驱动机构；14—起重链子

手拉葫芦具有体积小、重量轻、结构紧凑、手拉力小、携带方便、使用安全等特点，它不仅用于吊装，还可用于桅杆、缆风绳的张紧，设备短距离的水平拖动乃至找平、找正等，应用十分广泛，一般起吊重物时常将其与三脚架配合使用。

手拉葫芦使用注意事项

（1）使用前应检查其传动、制动部分是否灵活可靠，传动部分应保持良好润滑，但润滑油不能渗至摩擦片上，以防影响制动效果，链条应完好无损，销子牢固可靠，查明额定起重能力，严禁超载使用。手拉葫芦当吊钩磨损量超过 10%，必须更换新钩。

（2）使用时，拉链中应避免小链条跳出轮槽或吊钩链条打扭，在倾斜或水平方向使用时，拉链方向应与链轮方向一致，以防卡链或掉链，接近满负载时，小链拉力应在 400N（40kgf）以下，如拉不动应查明原因，不得以增加人数的方法强拉硬拽。使用中链条葫芦的大链严禁放尽，至少应留 3 扣以上；

（3）已吊起的设备需停留时间较长时，必须将手拉链栓在起重链上，以防时间过久而自锁失灵，另外除非采取了其他能单独承受重物重量吊挂或支承的保护措施，否则操作人员不得离开。

2.电动葫芦

电动葫芦是把电动机、减速器，卷筒及制动装置等组合在一起的小型轻便的起重设备，它结构紧凑，轻巧灵活，广泛应用于中小物体的起重吊装工作中，它可以固定悬挂在高处，仅作垂直提升，也可悬挂在可沿轨道行走的小车上，构成单梁或简易双梁吊车。电动葫芦操作也很方便，由电动葫芦上悬垂下一个按钮盒，人在地面即可控制其全部动作。

电动葫芦的构造如图 3-24 所示，卷筒位于中央，电动机位于两侧。

国产 CD 和 MP 型（双速）电葫芦其起重量为 0.5～10t，起升高度 6～30m，起升速度一般为 8m/min，用途较广，另外，MD 型双速电动葫芦还有一个 0.8m/min 的低速起升速度，可用作精密安装装夹工件等要求精密调整的工作。电动葫芦技术性能见表 3-12。

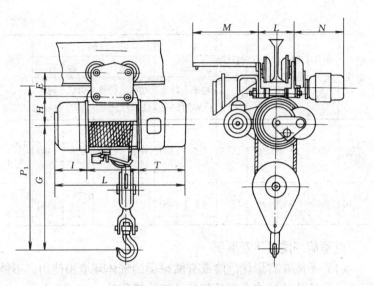

图 3-24 CD、MD 型电动葫芦

CD、MD 型电动葫芦技术性能　　　　　　　　　表 3-12

型号	起升重力 (kN)	起升速度 (m/min)	运行速度 (m/min)	钢丝绳直径 (mm)	电 动 机						自重 (kN)
					主起升		辅起升		运 行		
					功率 (kW)	转速 (r/min)	功率 (kW)	转速 (r/min)	功率 (kW)	转速 (r/min)	
CD/MD 0.5	5	8	20		0.8	1380	0.2	1380	0.2	1380	1.2～1.63
CD/MD 1	10	8	20 30 60	7.6	1.5	1380	0.2	1380	0.4	1380	1.47～2.22
CD/MD 2	30	8	20 30 60	11	3	1380	0.4	1380	0.4	1380	2.35～3.95
CD/MD 3	30	8	20 30 60	13	4.5	1380	0.4	1380	0.4	1380	2.9～4.4

型号	起升重力 (kN)	起升速度 (m/min)	运行速度 (m/min)	钢丝绳直径 (mm)	电动机						自重 (kN)
					主起升		辅起升		运 行		
					功率 (kW)	转速 (r/min)	功率 (kW)	转速 (r/min)	功率 (kW)	转速 (r/min)	
CD MD 5	50	8	20 30 60	15.5	7.5	1380	0.8	1380	0.8	1380	4.6～6.9
CD MD 10	100	7	20	15.5	13	1400			0.75×2	1380	10.4～13.8

电动葫芦使用注意事项

（1）不能在有爆炸危险或有酸碱类的气体环境中使用，不能用于运送熔化的液体金属及其他易燃易爆物品；

（2）不准超载使用；

（3）按规定定期润滑各运动部件；

（4）电动机轴向移动量 δ 出厂时已调整到 1.5m 左右，使用中它将随制动环的磨损而逐渐加大，如发现制动后重物下滑量较大，应及时对制动器进行调整，直至更换新环，以保证制动安全。

（六）千 斤 顶

千斤顶按结构分类有齿条式千斤顶、螺旋千斤顶和液压千斤顶三种。

1. 齿条式千斤顶

如图 3-25 所示，齿条千斤顶由手柄、棘轮、棘爪、齿轮和齿条组成，它的起重能力一般为 3～5t，最大起重高度 400mm，齿条千斤顶升降速度快，能顶升离地面较低的设备，操作时，转动千斤顶上的手柄，即可顶起设备，停止转动时，靠棘爪、棘轮机构自锁。设备下降时，放松齿条式千斤顶，注意不能突然下降，使棘爪与棘轮脱开，要控制手柄缓慢的逆动，防止设备重力驱动手柄飞速回转而致事故发生。

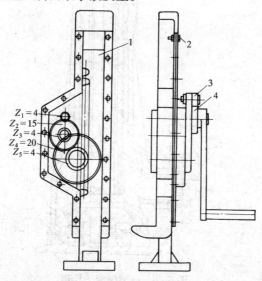

图 3-25　齿条式千斤顶

1—齿条；2—连接螺钉；3—棘爪；4—棘轮

2. 螺旋式千斤顶

螺旋式千斤顶是利用螺纹的升角小于螺杆与螺母间的摩擦角，因而具有自锁作用，在设备重力作用下不会自行下落。

（1）固定式千斤顶如图 3-26 所示，其技术规格见表 3-13。

Q 型固定螺旋千斤顶技术规格　　　　表 3-13

起重量 （t）	起升高度 （mm）	螺杆落下最 小高度 （mm）	底座直径 （mm）	自　　　重　（kN）	
				普通式	棘轮式
5	240	410	148	210	210
8	240	410		240	280
10	290	560	180	270	320
12	310	560		310	360
15	330	610	226	350	400
18	355	610		390	520
20	370	660		440	600

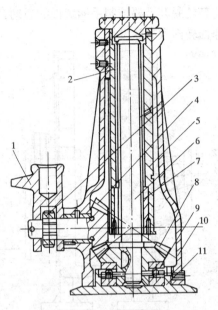

图 3-26　Q 型螺旋千斤顶

1—摇把；2—导向键；3—棘轮组；4—小
圆锥齿轮；5—升降套筒；6—丝杆；7—铜
螺母；8—大圆锥齿轮；9—单向推力球轴
承；10—壳体；11—底座

（2）移动式螺旋千斤顶　如图 3-27 所示，其顶升部分构造
与固定式螺旋千斤顶基本相同，只是在底部装有一个水平螺杆机
构，用手柄转动横向螺杆即可将千斤顶与所顶设备一起在水平方
向移动，在设备安装需要水平移位时更加方便，移动式螺旋千斤
顶的技术规格见表 3-14。

移动式螺旋式千斤顶技术规格　　　　表 3-14

起重量 （kN）	顶起高度 （mm）	螺杆落下最 小高度（mm）	水平移动距离 （mm）	自　　重 （kN）
80	250	510	175	400
100	280	540	300	800
125	300	660	300	850
150	345	660	300	1000
175	350	660	360	1200

起重量 (kN)	顶起高度 (mm)	螺杆落下最 小高度（mm）	水平移动距离 (mm)	自　　重 (kN)
200	360	680	360	1450
250	360	690	370	1650
300	360	730	370	2250

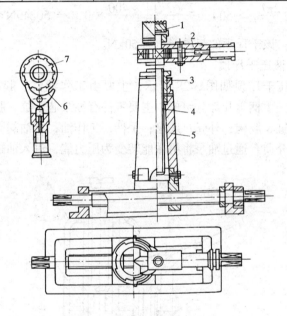

图 3-27　移动式螺旋式千斤顶

1—千斤顶头部；2—棘轮手柄；3—青铜轴套；

4—螺杆；5—壳体；6—制动爪；7—棘轮

螺旋千斤顶起重能力计算公式为

$$Q = P \frac{2\pi l}{t} \eta \tag{3-20}$$

式中　Q——起重能力（N）；

　　　P——加于后柄上的力（N）；

　　　L——手柄长度（mm）；

　　　t——螺纹节距（mm）；

119

η——螺旋千斤顶效率，一般 $\eta = 0.3 \sim 0.4$。

【例 3-10】 一台螺旋千斤顶，其螺纹节距 $t = 10\text{mm}$，手柄长 $L = 400\text{mm}$ 加于手柄上的力 $p = 500\text{N}$，千斤顶的效率 $\eta = 0.4$，试问该千斤顶的起重能力是多少？

【解】 根据式（3-19）有

$$Q = P \frac{2\pi l}{t} \eta = 500 \times \frac{2 \times 3.14 \times 400}{10} \times 0.4 = 50240\text{N} \approx 50\text{kN}$$

答：该千斤顶的起重能力为 50kN。

3. 液压千斤顶

液压千斤顶如图 3-28 所示，主要由工作油缸、起重活塞、柱塞泵、手柄等几部分组成，主要零件有油泵芯、缸、胶碗；活塞杆、缸、胶碗；外壳；底座；手柄；工作油；放油阀等。它以液体为介质，通过油泵将机械能转变为压力能，进入油缸后又将

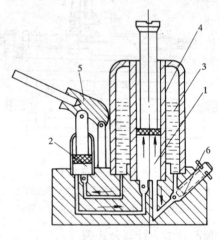

图 3-28 液压千斤顶
1—工作液压缸；2—液压泵；3—液体；
4—活塞；5—摇把；6—回液阀

压力能转变为机械能，推动油缸活塞，顶起重物，其工作原理是利用液压原理。液压千斤顶的起重能力，不仅与工作压力有关，

还与活塞直径有关，液压千斤顶起重量大、效率高、工作平稳，有自锁性，回程简便，液压千斤顶的技术规格见表3-15。

国产 YQ₁ 型液压千斤顶技术性能

表 3-15

型号	起重量 (kN)	起升高度 (mm)	最低高度 (mm)	公称压力 (kPa)	手柄长度 (mm)	手柄作用力（N）	自重 (N)
YQ₁1.5	15	90	164	33	450	270	25
YQ₁3	30	130	200	42.5	550	290	35
YQ₁5	50	160	235	52	620	320	51
YQ₁10	100	160	245	60.2	700	320	86
YQ₁20	200	180	285	70.7	1000	280	180
YQ₁32	320	180	290	72.4	1000	310	260
YQ₁50	500	180	305	78.6	1000	310	400
YQ₁100	1000	180	350	75.4	1000	310×2	970
YQ₁200	2000	200	400	70.6	1000	400×2	2430
YQ₁320	3200	200	450	70.7	1000	400×2	4160

液压千斤顶只能直立放置使用并禁止做永久支撑，需较长时间支撑设备时，应在设备下搭设支座，以保证安全。

用油规定：油压千斤顶工作环境温度在 −5~35℃ 时，使用专用锭子油或仪表油，并须保持油量及油质清洁。

4. 千斤顶的使用

千斤顶使用时，应先确定起重物的重心，正确选择千斤顶的着力点，考虑放置千斤顶的方向，以便手柄操作方便。

用千斤顶顶升较大和较重的卧式物体时，可先抬起一端但斜度不得超过 3°（1:20）。并在物件与地面间设置保险垫。

如选用两台以上千斤顶同时工作时，每台千斤顶的起重能力不得小于其计算载荷的 1.2 倍，以防止顶升不同步而使个别千斤顶超载而损坏。

（七）绞　磨

1. 绞磨的构造及工作原理

绞磨是一种构造简单的人力牵引设备，亦称绞车，它由鼓

轮、中心轴、推杆、反转制动器和支架等部分组成，如图 3-29
所示。

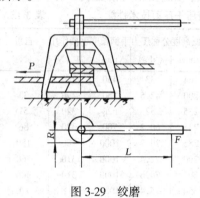

图 3-29　绞磨

绞磨的工作原理是利用
了杠杆原理，它主要用于起
重速度不快、起重量不大、
且缺乏电源或机动卷扬设备
的作业场合，它构造简单、
工作平稳、容易操作，工作
时将滑车组出端头钢丝绳在
绞磨的鼓轮上由下向上绕 4
～6 圈，然后用人拉紧在鼓
轮上绕出的钢丝绳绳头，当
用力推动推杆使鼓轮中心轴转动时，将钢丝绳在鼓轮上依次绕
紧，并将绕进的钢丝绳由拉紧绳头的人不断绕进，而在鼓轮上始
终保持 4～6 圈，钢丝绳在鼓轮上连续绕进，不断倒出就能进行
牵引或提升设备。

2．绞磨使用注意事项

（1）绞磨应由熟练起重工操作，专人指挥，操作人员必须精
力集中，运行时应用力协调，速度平稳；对大中型设备吊装，不
宜使用绞磨。

（2）绞磨芯子最细处直径不应小于钢丝绳直径的 10 倍，绞
磨的起重跑绳应水平引至导向滑轮，不得直接引向高处的吊物
上。

（3）绞磨必须装有棘轮，防止反转，当下降较重的工件时，
操作人员应精力集中，协调一致，缓慢回转磨杠使重物平稳下
降。

（八）卷　扬　机

卷扬机种类较多，按驱动方式有手摇卷扬机和电动卷扬机之分。

1．手摇卷扬机

手摇卷扬机又称手摇绞车，多用于起重量不大的起重作业或配合桅杆起重机等作垂直起吊工作，起重量有 0.5t、1t、3t、5t、10t 等几种，常用的移动式手摇卷扬机技术规格见表 3-16。

小型手摇卷扬机技术规格和性能　　　　　　表 3-16

项　　目		单　位	0.5 型	1 型	3 型	5 型
最外层额定牵引力		N	5000	10000	30000	50000
卷筒	直径	mm	130	180	200	280
	宽度	mm	460	500	520	670
	容绳长度	m	100	150	200	200
	缠绕层数	层	4	5	7	6
钢丝绳直径		mm	7.7	11	15.5	18.5

手摇卷扬机的升降速度快慢是通过改变齿轮传动比来实现的，随着起重量的增大，齿轮传动的总传动比也应增大。

2．电动卷扬机

电动卷扬机按滚筒形式分有单滚筒和双滚筒两种，按传动形式有可逆式和摩擦式之分，其起重量有多种规格，常用电动卷扬机的规格和技术性能见表 3-17。

常用电动卷扬机规格和技术性能　　　　　　表 3-17

类　型	起重能力 (t)	滚筒直径×长度 (mm)	平均绳速 (m/min)	缠绳量 (m/直径)	电动机功率 (kW)
单滚筒	1	$\phi 200 \times 350$	36	$200/\phi 12.5$	7
单滚筒	3	$\phi 340 \times 500$	7	$110/\phi 12.5$	7.5
单滚筒	5	$\phi 400 \times 840$	7.8	$190/\phi 24$	11
双滚筒	3	$\phi 350 \times 500$	27.5	$300/\phi 16$	28
双滚筒	5	$\phi 220 \times 600$	32	$500/\phi 22$	40
单滚筒	7	$\phi 800 \times 1050$	6	$1000/\phi 31$	20
单滚筒	10	$\phi 750 \times 1312$	6.5	$1000/\phi 31$	22
单滚筒	20	$\phi 850 \times 1324$	10	$600/\phi 42$	55

卷扬机的主要工作参数是它的牵引力，钢丝绳的速度和钢丝绳的容量。

一般可逆齿轮箱式卷扬机牵引速度慢，牵引力大，荷重下降时安全可靠，适用于设备的安装起重作业。

可逆式电动卷扬机如图 3-30 所示，它由电动机、减速齿轮箱、滚筒、电磁制动器、可逆控制器及底盘等组成，其传动示意图见图 3-31。

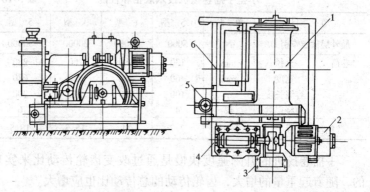

图 3-30 可逆式电动卷扬机

1—卷筒；2—电动机；3—电磁式闸瓦制动器；4—减速箱；
5—控制开关；6—电阻箱

电动卷扬机牵引力大小与电动机功率，钢丝绳速度和效率有关，其计算公式为：

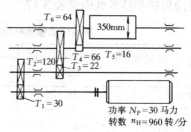

$$S = 1020 \frac{N}{V} \eta \ (3\text{-}21)$$

图 3-31 可逆式电动卷扬机传动示意图

式中　S——牵引力（N）；

　　　N——电动机功率（kW）；

　　　V——钢丝绳的速度（m/s）；

　　　η——总效率，一般取 $0.65 \sim 0.70$。

【例 3-11】　一台电动卷扬机，电动机功率 $N = 5kW$，钢丝绳速度 $V = 0.2m/s$，总效率 η 为 0.65，试求卷扬机的牵引力 S

为多大?

【解】 根据式（3-20）有

$$S = 1020\frac{N}{V}\eta = 1020 \times \frac{5}{0.2} \times 0.65 = 16575\text{N} = 16.575\text{kN}$$

答：牵引力为 16.575kN。

3．卷扬机传动速比的计算

卷扬机传动速比等于主动轮与从动轮的转速之比，由于是依靠一对啮合的齿轮进行传动，故传动比可为从动轮与主动轮齿数之比，其计算公式为：

$$S = \frac{n_1}{n_2} = \frac{Z_2}{Z_1} \tag{3-22}$$

式中　i——传动比；

n_1——电动机转速（r/min）；

n_2——卷扬机卷筒转速（r/min）；

Z_1——所有主动轮齿数的乘积；

Z_2——所有从动轮齿数的乘积。

4．电动卷扬机的试验

电动卷扬机是重要的起重机械，在使用前须进行安全性能检查，其检查步骤及试验项目为先进行外部检查和进行空载试验，合格后再进行载荷运转试验。

（1）空载荷试验

1）有条件时应在试验架上进行。否则应将卷扬机安装可靠后，才能进行试验。供电线路及接地装置必须合乎规定。电动机在额定载荷工作时，电源电压与额定电压偏差应符合规定。

2）空运转试验不少于 10min，机器运转正常，各转动部分必须平稳，无跳动和过大的噪声。传动齿轮不允许有冲击声和周期性强弱声音。

3）试验制动器与离合器，各操纵杆的动作必须灵活、正确、可靠，不得有卡住现象。离合器分离完全，操作轻便。

4）测定电动机的三相电流，每相电流的偏差应符合规定。

（2）载荷运转试验：载荷运转试验的时间应不少于 30min。对于慢速卷扬机应按下列顺序进行：

1）载荷量应逐渐增加，最后达到额定载荷的 110%；

2）运转应反、正方向交替进行，提升高度不低于 2.5m，并在悬空状态进行启动与制动。

3）运转时试验制动器，必须保持工作可靠，制动时钢丝绳下滑量不超过 50mm。

4）运转中蜗轮箱和轴承温度不超过 60℃。

对快速卷扬机应按以下顺序进行：

1）载荷量应逐渐增加，直至满载荷为止，提升和下降按下列操作方法，试验安全制动各 2~3 次，每次均应工作可靠，使卷筒卷过二层，安装刹车柱的指示销；

2）操作制动器时，手柄上所使用的力不应超过 80N；

3）在满载荷试验合格后，应再作超载提升试验 2~3 次，超载量为 10%；

4）在试验中轴承温度应不超过 60℃；

5）测定载荷电流，满载时的稳定电流和最大电流应符合原机要求。

试动转后，检查各部固定螺栓应无松动，齿轮箱密封良好、无漏油，齿轮啮合面达到要求。

5．电动卷扬机使用注意事项

卷扬机及滑车的选配时其依据主要是设备的高度及起吊速度，施工中应根据具体情况合理选择。

（1）卷扬机应安装在平坦、坚实、视野开阔的地点，布置方位应正确，固定牢靠，可采用地锚或利用就近的钢筋混凝土基础，对较长期定位使用的卷扬机，则可浇筑钢筋混凝土基础，短期使用者应将机座牢固置于木排上，机座木排前面打桩，后面加压力平衡，以防滑动或倾覆。长期置于露天的卷扬机应设防雨棚。

（2）钢丝绳在卷筒上的缠绕方法见图 3-32，跑绳应从卷筒的下方绕入，以增加卷扬机的稳定性，卷扬机工作时，卷筒上的钢丝绳不能全部放出，至少应保留3～5圈，为防止跳绳现象，卷扬机前方位于卷筒中垂线上应设置导向滑车，以使钢丝绳绕到卷筒中间时与卷筒轴线垂直，如图3-33所示，钢丝绳在卷筒上缠绕时的摆动角与卷扬机距最近一个导向滑车的距离有关。滑车与卷筒轴线间距离应大于卷筒长度的20倍，对有槽卷筒不应小于卷筒长度的15倍，才能保证钢丝绳绕过卷筒两侧时，偏斜角不超过2°，这样钢丝绳在卷筒上就能顺利排列，不致斜绕和互相错叠挤压。

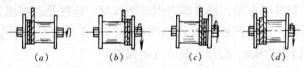

图 3-32 钢丝绳在卷筒上的缠绕方法

(a)用右捻钢丝绳上卷；(b)用右捻钢丝绳下卷；(c)用左捻钢丝绳上卷；(d)用左捻钢丝绳下卷

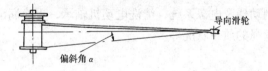

图 3-33 卷筒和导向滑轮的相对位置

卷扬机距吊移地点应超过15m以上，与桅杆配套作业时，距离应大于桅杆高度。

(3)卷筒上的钢丝绳应分层排列整齐，且不得高于端部挡板，绳头在卷筒上应卡固牢靠，所选用的钢丝绳的直径应与卷筒相匹配，亦即卷扬机卷筒直径与所用钢丝绳的直径有关，一般卷筒直径是钢丝绳的16～25倍。

(4)卷扬机操作者须经专业考试合格持证上岗，熟悉卷扬机的结构、性能及使用维护知识，严格按规程操作，在进行大型吊装作业及危险作业时，除操作者外，应设专人监护卷扬机运行情

127

况，发现异常及时处理并报告总指挥者。使用两台或多台卷扬机吊装同一重物时，其卷扬机的牵引速度和起重量等参数应尽量相同（或相符）并须统一指挥、统一行动，做到同步起升或降落。

(5) 卷扬机的维护保养

在起吊及运输设备过程中，卷扬机的好坏将直接影响到设备的安全、可靠吊装与运输，故需加强卷扬机的维护保养。

1) 日常维护保养　应经常保持机械、电气部分清洁，各活动部分充分润滑，经常需检查各部件连接情况是否正常，制动器、离合器、轴承座、操作控制器等是否牢靠，动作是否失灵，出现问题及时更换；经常检查钢丝绳状况，连接是否牢固，有无磨损断丝，出现问题及时处理或更换，工作结束后应收拢钢丝绳，加上防护罩，断开电源，拔出保险。

2) 定期维护保养　一般卷扬机工作 100～300h 后应进行一级维护，即对机械部分进行全面清洗，重新润滑，检查各部分工作状况，更换或补充润滑油至规定油位。卷扬机工作 600h 后，应进行二级维护，其内容为测定电机绝缘电阻，拆检电动机，减速器、制动器及电源系统，清洗电动机轴承，更换润滑油，详细检查钢丝绳的质量状况等。

四、起重机械

起重机是安装施工的重要机械设备，起重吊装施工中经常用到的起重机根据结构和用途特点可分类如下：

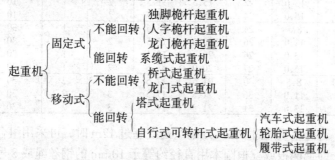

（一）桅杆起重机

桅杆又称扒杆或抱杆，它与滑车组、卷扬机相配合构成桅杆式起重机，桅杆自重和起重能力的比例一般为 $1:4 \sim 1:6$，它具有制作简便，安装和拆除方便，起重量较大，对现场适应性较好的特点，因而得到广泛应用。

1. 桅杆起重机的分类及性能

桅杆按材料分类有圆木桅杆和金属桅杆，如图 4-1 所示。

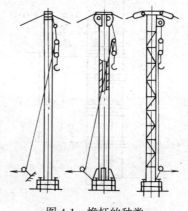

图 4-1　桅杆的种类

木制桅杆多采用材质坚韧、笔直的松木或杉木等，起重高度一般为 8～12m，起重量 3～5t，规格性能见表 4-1

独木桅杆的规格及性能 　　表 4-1

起重量 (t)	桅杆长度 (m)	桅杆顶 直径 (cm)	缆风绳直 径(mm) $\alpha=45°$	起重滑车组			卷扬机钢 丝绳拉力 (kN)
				钢丝绳直 径（mm）	定滑车 门数	动滑车 门数	
3	8.5	20	15.5	11.5	2	1	10
	11.0	22	15.5	11.5	2	1	10
	13.0	22	15.5	11.5	2	1	10
	15.0	24	15.5	11.5	2	1	10
5	8.5	24	15.5	15.5	2	1	30
	11.0	26	20.0	15.5	2	1	30
	13.0	26	20.0	15.5	2	1	30
	15.0	27	20.0	15.5	2	1	30
10	8.5	30	21.5	17.5	3	2	30
	11.0	30	21.5	17.5	3	2	30
	13.0	31	21.5	17.5	3	2	30

若起重量超过 50kN 或起重高度超过 12m 时，可采用组合桅杆，即把两根或三根圆木用直径约等于 10mm 的钢丝绳或 8 号铁丝绑扎，绑扎空隙用小木条填实，搭接成一根桅杆，必要时可在桅杆中部捆绑加强杆，搭接方法如图 4-2 所示。

金属桅杆有管式和格构式两类。

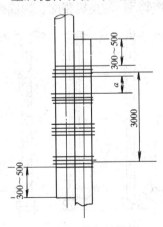

图 4-2　木桅杆的搭接

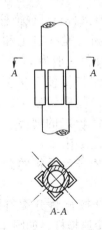

图 4-3　管式桅杆焊接结构示意图

130

金属管式桅杆一般由无缝钢管制成，为便于搬运和拆装，可将桅杆分成几段，每段的端部用法兰连接，根据起吊高度将几段连接起来使用，也可用焊接方法加长，焊缝应开坡口并用角钢补强，焊接结构如图4-3所示，金属管式桅杆从稳定性方面考虑，其截面属于经济压杆截面。

管式桅杆顶部设有缆风绳盘和吊耳，滑车组通过吊钩或卡环联结在吊耳上，桅杆底部设有法兰底座。如图4-4所示。管式桅杆起重量一般小于30t，起重高度在30m以内，金属管式桅杆的规格和性能见表4-2。

钢管桅杆的规格和性能　　　　　　　　　　表4-2

起　重　量 (t)　高度（m） 规　格 （mm）	8	10	12	15	20	25
$\phi159\times4.5$	2.5	2				
$\phi219\times7$	11	7	5	3		
$\phi273\times8$	22	16	14	10		
$\phi325\times8$		25	19	16	12	
$\phi377\times8$		25	26	21	16	10
$\phi426\times8$				30	24	15

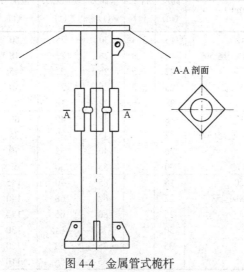

图 4-4　金属管式桅杆

【例 4-1】 问桅杆单面受力，$\phi273\times8$、高度为 15m 的管式桅杆吊重约为多少？（桅杆大致垂直于地面，缆风绳正常布置）

【解】 查表 4-2 可知，起重量约为 10t。为安全起见，使用时应不超过 10t。

金属格构式桅杆一般用四根等边角钢作为主要杆件（称为主肢），并用各种形式的腹杆联系成一方形截面的支柱，为便于搬运和拆装，桅杆可分段焊接，中间用连接板或法兰连接，通常中间各段结构和长度均相同，首尾两段一般做成横截面向顶部和底端逐渐缩小的形式。实际使用时可根据不同的中间段节数来改变桅杆高度，桅杆顶部设有缆风绳盘和吊耳，其固定式吊耳工作时一般为弯曲、剪切和扭转的组合受力状态，底部设有可回转球形底座和系柱导向滑车的耳孔，桅杆的稳定与桅杆受力情况、本身的截面形状和缆风绳及基础等有关，设计计算时要考虑这些因素。格构式独脚桅杆的构造如图 4-5 所示，其规格性能见表 4-3。

格构式桅杆荷载性能表 表 4-3

序号	桅杆结构尺寸（mm）	安装高度（m）	桅杆自重（t）	单面吊时重能力（t）	单面吊时缆风总力（t）	双面吊时重能力（t）	双面吊时缆风总力（t）
1	∠100×12 □中 720/□尾 500 $e=450$	15	3.3	30	25	50	8.5
		18	3.8	28	23	48	8.0
		22	4.5	26	22	45	7.5
		26	5.2	25	21	40	7.0
		28	6.6	22	18	32	5.5
2	∠150×12 □中 720/□尾 500 $e=450$	18		48	40	80	15
		22		45	38	75	12.5
		26		40	34	70	12
		30		35	30	62	10
3	∠150×20 □中 1000/□尾 600 $e=550$	18		85	70	145	25
		22		82	68	140	24
		26		80	65	135	23
		30		78	64	130	22
		35		75	63	120	20
		40		65	55	110	18

序号	桅杆结构尺寸（mm）	安装高度（m）	桅杆自重（t）	单面吊重能力（t）	单面吊时缆风总力（t）	双面吊重能力（t）	双面吊时缆风总力（t）
4	∠160×14 □中1000/□尾 600 $e=550$	18		65	54	100	17
		22		65	54	95	16
		26		60	50	92	15
		30		60	50	90	15
		35		55	45	80	13
5	∠160×16 □中1000/□尾 600 $e=550$	18		75	63	120	20
		22		70	59	115	19
		26		70	59	110	18
		30		65	55	105	18
		35		60	50	100	17
6	∠160×16 □中1200/□尾 600 $e=600$	20		80	67	125	21
		25		78	65	120	20
		30		75	63	115	19
		35		70	60	110	18
		40		70	60	105	18
		45		65	55	100	17
		50		60	50	95	15
7	∠200×16 □中1600/□尾 850 $e=750$	35		100	84	165	28
		40		95	80	160	27
		45		90	75	155	26
		50		85	70	150	25
		60		80	67	140	23
8	∠200×20 □中1300/□尾 650 $e=650$	20		125	105	210	35
		25		120	100	200	34
		30		115	95	200	34
		33		110	92	195	33
		40		100	84	185	31
		45		90	75	175	28
		50		80	70	155	26
9	∠200×16 □中1800/□尾 800 $e=750$	50	26	125	105	180	30
		60	30	115	95	165	28
		70	34	105	90	150	25
		80	38	95	80	130	22

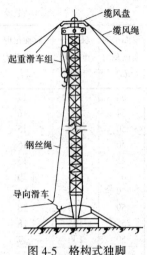

缆风盘

缆风绳

起重滑车组

钢丝绳

导向滑车

图 4-5　格构式独脚
椒杆示意图

2．椒杆起重机的结构形式

椒杆起重机由起重系统和稳定系统两个部分组成，其结构形式有独脚式椒杆，人字椒杆、系缆式椒杆和龙门椒杆等几种，它们均需配备相应的滑车组，如利用椒杆起重机吊装塔类设备时，须配备的滑车组的种类及作用为：（1）起升滑车组，用以提升塔体；（2）塔身系尾滑车组，用以系拉塔尾，以保证塔身滑移速度平稳，在腾空时塔尾不碰基础；（3）倒稳滑车组，系结于塔身附近处，以控制塔身在直立过程中，不左右晃动。

（1）独脚式椒杆起重机

独脚式椒杆起重机由一根椒杆加滑车组、缆风绳及导向滑车等组成，当起重量不大，起重高度不高时可采用木制椒杆否则应采用管式椒杆或格构式椒杆，见图 4-5。

独脚椒杆有时需倾斜使用，此时可根据三角函数关系，求出一定长度椒杆在一定倾角时，椒杆的垂直高度与水平距离。

【例 4-2】　一独脚椒杆起重机，它的长度为 36m，椒杆与地面夹角 α 为 80°，试求椒杆的垂直高 H 和水平距离 a，如图 4-6 所示。

【解】　已知 $h = 36\text{m}$，$\alpha = 80$

根据正弦定理　$H = h\sin\alpha = 36 \times \sin80° = 35.45\text{m}$

根据余弦定理　$a = h \times \cos\alpha = 36 \times \cos80° = 6.25\text{m}$

答：椒杆的垂直高度 $H = 35.45\text{m}$，水平距离 $a = 6.25\text{m}$。

（2）人字椒杆起重机

如图 4-7 所示，人字椒杆起重机由两根椒杆联结成人字形，亦称"两木搭"，为使椒杆受力合理，一般交叉处夹角为 25°～35°，交叉处捆绑有两根缆风绳和悬挂有滑车组来起吊设备，导

134

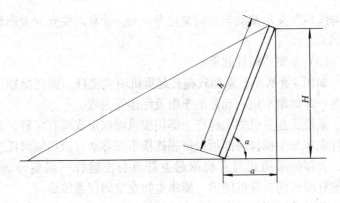

图 4-6 例 4-2 图

向滑车设置在桅杆的根部，使起重滑车组引出端经导向滑车引向卷扬机，桅杆下部两脚之间，用钢丝绳连接固定，另外如桅杆需倾斜起吊重物时，应注意在桅杆根部向倾斜前方用钢丝绳固定双脚，以防桅杆受力后根部向后滑移。

管式人字桅杆的受力除了与两桅杆的夹角、起重量有关外，

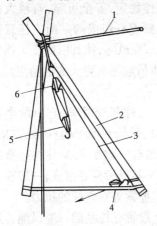

图 4-7 人字桅杆

1—缆风绳；2—桅杆；3—跑绳；4—导向滑车；5—动滑车；6—定滑车

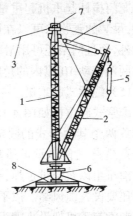

图 4-8 系缆式桅杆起
重机示意图

1—主桅杆；2—回转桅杆；3—缆风绳；4—回转杆起伏滑车组；5—起重滑车组；6—转盘；7—顶部结构；8—底座

还与缆风绳夹角及滑车组的变化等有关。计算时要充分考虑到各种因素。

（3）系缆式桅杆起重机

如图4-8所示，系缆式桅杆起重机由主桅杆、回转桅杆、缆风绳、起伏滑车组、起重滑车组及底座等组成。

系缆式起重机的主桅杆上部用缆风绳固定成垂直位置，起重桅杆底部与主桅杆底部用铰链相连接不能移动，但可倾斜任意角度，大部分系缆式起重机的起重杆可与主桅杆一起旋转360°，在桅杆臂长的有效范围内，能将重物在空间任意搬运。

系缆式桅杆起重机有管式动臂桅杆、回转动臂桅杆、半腰动臂桅杆等3种。

（4）龙门式桅杆起重机

如图4-9所示，龙门式桅杆起重机主要由两幅独脚桅杆加上横梁所组成，桅杆顶部系有缆风绳，以稳固龙门桅杆，其横梁上装有滑车组或电动葫芦，以进行起重作业。

龙门桅杆起重机起重量大，工作稳定，安全可靠，有较大的灵活性，吊装的重物除可以在两副独脚桅杆组成的平面内任意位置移动外，而且门架还可用滑车组调节缆风绳，使其以底座为回转中心向两侧摆动10°以内的角度，使所吊重物有更大的活动空间。

（5）缆索式起重机

缆索式起重机如图4-10所示，又称起线滑车，它由两个直立桅杆或两个其他形式的固定支架1，系结在两个桅杆（或支架）间的承重缆索5，能沿承重缆索移动的起重跑车4，悬挂在起重跑车上的滑车组以及起重走绳，牵引索和卷扬机构等组成，一般在立柱外侧还要设置缆风绳。以平衡承重缆索等对立柱的拉力。

缆索起重机架设步骤为：（1）设置立柱基础、缆风绳、地锚及安装卷扬机构；（2）将立柱在基础旁安放好，立柱下端予以固定，防止立柱在扳转直立过程时发生滑移，立柱顶端绑结好主缆风绳；（3）与竖立独脚桅杆类似，将缆索式起重机立柱竖立起来；（4）安装立柱的承重缆索、起重小车及牵引索等。

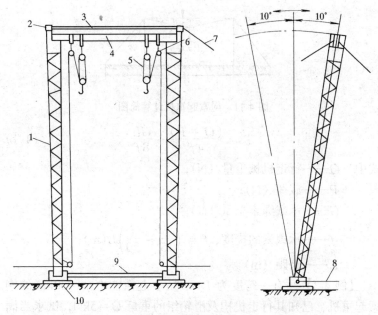

图 4-9　龙门桅杆构造图

1—桅杆；2—缆风绳；3—平缆风（刚性连接）；4—横梁；5—滑
车组；6—导向滑车；7—斜缆风绳；8—横向缆风绳；
9—底座连接装置；10—底座

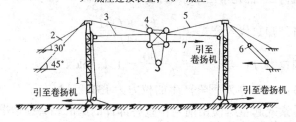

图 4-10　缆索式起重机的组成

1—桅杆；2—缆风绳；3—牵引索；4—起重跑车；
5—承重索；6—滑车组；7—起重索

缆索式起重机的受力分析如图 4-11 所示，其承载索同时受
到拉力和弯曲应力，假设载荷和行走机构的重量均集中于承载索
的中点，则绳索的拉力公式为：

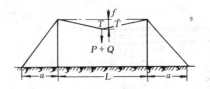

图 4-11 绳索起重机计算简图

$$T = \frac{(Q+P)}{4f} + \frac{GL}{8f} \qquad (4\text{-}1)$$

式中 Q——行走机械重量（N）；

   P——载荷（N）；

   G——承载绳索总重（N）；

   f——承载索的挠度，$f = \left(\frac{1}{15} \sim \frac{1}{20}\right)L$（m）；

   L——跨距（m）。

【例 4-3】   有一跨度为 $L = 90$m，起重能力 $p = 30$kN 的钢索起重机，已知其行走机构及滑轮组的重量 $Q = 5$kN，试求当满负荷作业时，p 和 Q 对钢丝绳产生的拉力是多少？

设承索挠度 $f = 1/15$

【解】   首先求出承索的挠度 $f = \frac{1}{15}L = \frac{1}{15} \times 90 = 6$m

将已知数代入公式 $T_1 = \frac{(p+Q)L}{4f}$

则拉力 $T_1 = \frac{(30+5) \times 90}{4 \times 6} = 131.25$kN

答：p 和 Q 对钢索产生的拉力为 131.25kN

缆索式起重机使用前须检查各部件的润滑和磨损情况，要求转动和润滑灵活，对新安装的或承重量不明的缆索起重机。要经过超负荷 10% 的动载运行试验方可使用，并在醒目处标注允许承重量及操作注意事项。缆索式起重机承载索的下挠度一般为跨度的 1/15～1/20，挠度过大，会造成行车困难，挠度过小时，则承载索受力过大，工作不安全，缆索式起重机的牵引索、起重走绳的垂度一般为塔架跨距的 5%～7%。为防止起重走绳和牵引索松弛而影响正常操作，还须设置防垂索和防垂器。试运行时，应进行检查调整。承载钢丝绳的安全系数为 $k = 3.5 \sim 4$。

桅杆式起重机使用注意事项：

1）各类桅杆（包括独脚桅杆、人字桅杆、系缆式桅杆等）使用时应严格遵守桅杆性能规定，严禁超载或超出使用范围。

2）桅杆的组对拼装应以总装图及桅杆的方位编号顺序进行，并要求桅杆的中心线偏差小于长度的 1/1000，全长组装偏差不超过 20mm。桅杆竖立后垂直度允差不大于 $H/1000$（H 为桅杆的高度），并要求顶部偏量不大于 20mm，对桅杆垂直度有特殊要求和有的吊装需要桅杆有一个预偏离量时，则按施工方案规定执行。

3）除系缆式桅杆外，凡需倾斜使用的桅杆，其倾角（与铅垂线的夹角）一般不应大于 10°，否则必须重新核算或降低其起吊能力，倾角最大不大于 15°。

4）桅杆底部的基础应能承受其起吊的最大负荷量，一般应铺垫枕木以加大承压面积。

5）长期设置在室外且桅杆高度超过 20m 时，应按规范要求设置避雷设施，在输电线路附近作业时，桅杆各部分与线路间应保持一定的安全距离，电压小于 1000V 时为 $2 \sim 2.5m$，电压为 $1000 \sim 2000V$ 时为 $4.5 \sim 5m$。

6）架设系缆式桅杆时，应使主桅杆、起重桅杆（副桅杆）及起重滑车组的中心线保持在同一平面内，以避免对桅杆产生扭矩，如扭矩不可避免时，必须有克服扭矩的措施。

3. 缆风绳

桅杆需用缆风绳来保持其空间位置稳固，缆风绳是稳定桅杆和分担桅杆负载的一种索具。缆风绳常采用 6×19 的钢丝绳，缆风绳的受力分配是由缆风绳的空间角度、方位、缆风绳受力后的弹性伸长量等确定的，对于载荷大、受力复杂的桅杆选择缆风绳规格时，是将总拉力用力的分解的方法分配到每根缆风绳上，取其中单根缆风绳最大拉力值为依据，缆风绳的安全系数一般为

3.5。桅杆的缆风绳数量选取为：一般独脚桅杆不少于 5 根，回转式桅杆不少于 6 根，人字桅杆不少于 4 根，当桅杆高度在 20m 以上时，应适当增加缆风绳的数量。

一般独脚桅杆顶部有 5～6 根缆风绳，但并非所有缆风绳均受力，因此在布置缆风绳时应尽量使受力缆风绳与缆风绳总数比例较大为好，一般为 50%。缆风绳在平面的配置情况，应根据不同的桅杆形式有所区别，当桅杆承受的载荷对称于桅杆的轴心时，则缆风绳沿 360°范围内作均匀布置，如 6 根缆风绳的布置，缆风绳的夹角一般为 60°如图 4-12（a）所示，倾斜单桅杆与系缆式桅杆的缆风绳布置如图 4-12（b）、（c）所示。

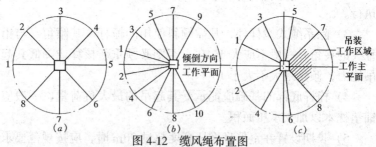

图 4-12　缆风绳布置图

（a）均匀布置的缆风绳平面图；（b）倾斜单桅杆的缆
风绳；（c）动臂桅杆的缆风绳

缆风绳的长度一般为桅杆高度的 2 倍以上，与地面夹角一般以 30°为好，最大不得超过 45°，亦即缆风绳与桅杆的夹角不小于 45°，夹角太大会造成桅杆轴向力加大。缆风绳在地面上的位置距桅杆越远，其与地面夹角越小，对桅杆的拉置就愈好。缆风绳跨过公路或其他障碍时，距路面的高度一般不得低于 6m，一些临时拖拉绳跨过道路时一般距路面最低不能低于 5m，并要加醒目标志，以免阻挡交通或发生碰撞事故。

4．地锚

地锚是用于固定卷扬机、导向滑车、各种桅杆起重机的缆风绳等的固定设施，有桩锚（包括埋置桩锚和打桩桩锚）和坑锚之分。

（1）桩锚

桩锚是一种简单的临时性地锚，它适用土质地层，允许的承载力小，桩的长度一般为 1.5～2m，入土深度为 1.2～1.5m，根据桩锚放入土中的方式不同，可以分为埋置桩锚和打桩桩锚两种。

1）埋置桩锚　埋置桩锚如图 4-13（a）所示，它是把圆木或钢管倾斜埋入预先挖好的锚坑之中，其倾斜度一般为 10°～15°。为增加桩锚的受力，在桩锚两边各放一根挡木，然后用黏土碎石夯实。桩锚表面要填一层三合土，以防雨水渗透而降低桩锚抗拉力，桩锚露出地面 0.6～1m，受力绳捆绑在离地面 0.3m处，对于承受力较大的桩锚，可将二根至三根桩锚连结在一起形成联合埋置桩锚，如图 4-13（b）所示。

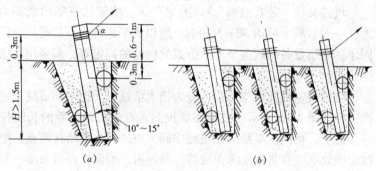

（a）　　　　　　　　　　（b）

图 4-13　埋置桩锚
（a）埋置桩锚；（b）联合埋置桩锚

2）打桩桩锚　打桩桩锚是将圆木或钢管倾斜 10°～15°打入土层中，依靠土壤对桩锚的镶嵌作用，使其承受一定的拉力，打桩桩锚结构尺寸如图 4-14（a）所示，打桩桩锚承受载荷能力较小，但设置简便，省时省力，故在起重作业中仍然使用较多，对于承受较大载荷的桩锚，可采用将两根或三根桩锚联结在一起，组成联合打桩桩锚，如图 4-14（b）所示。

（2）坑锚

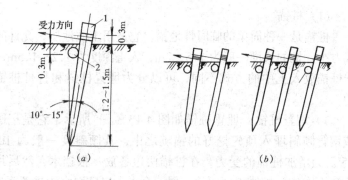

图 4-14 打桩桩锚

（a）打桩桩锚示意图；（b）联合桩锚示意图

1—木桩；2—上挡木

坑锚又称"卧式地锚"、"困龙"等，坑锚比桩锚承载能力大，一般承载力可达 30～500kN，所以大型桅杆起重机缆风绳的固定，重型设备的起重滑车牵引索导向轮的固定等，多采用坑锚固定。

坑锚按锚桩的结构形式可分为挡木坑锚，无挡木和混凝土坑锚三种如图 4-15 所示，坑锚在埋设前，首先根据锚碇的长短控一个锚坑，将钢丝绳系结在锚碇中间一点或对称系结在两点，把锚碇横放坑底并将钢丝绳在坑前部倾斜引出地面，倾斜角度一般在 30°～50°之间，然后用干土和碎石回填夯实。设置地锚时可以用适当洒水的方法，使回填土密实，以增加地锚抗拔力。

坑锚的钢丝绳倾斜引出地面，其受力后可分解为一个垂直向上的分力和一个水平向前的分力，垂直向上的力由回填土的重力及锚碇与土壤的摩擦力来平衡，水平向前的分力由土壤的耐压力来承担。

确定坑锚的承载力，主要考虑桩的本身强度，桩的抗拔力和抗拉力这三个因素。桩的抗拉力指桩对土壤的压力不应超过土壤的允许承压力。

（3）活动地锚 活动地锚又称积木地锚，如图 4-16 所示，

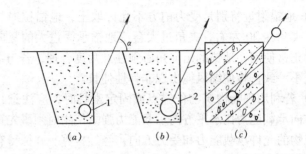

图 4-15　坑锚

(a) 无挡木坑锚；(b) 有挡木坑锚；(c) 混凝土坑锚

1—锚桩；2—挡木；3—引出钢丝绳

它是将带爪的承重底排置于泥土地面上，再将条石、钢锭、混凝土块等堆砌组合而成，活动地锚的压重比拉力大 2~2.5 倍比较合理，利用其与地面的摩擦力及土的粘聚力、插板前方被动土阻力来承受横向拉力，活动地锚的设置简便，耗用材料少，移动拆除都较方便。

(4) 地锚使用注意事项

1) 设置地锚时必须明确所受的载荷，结合现场条件进行合理布置，对重要吊装设备的地锚的设置需制定方案，经技术负责人批准后方可实施。

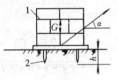

图 4-16　活动地锚
示意图

1—配重；2—插板

2) 地锚不能超载使用，并只允许在规定的方向受力，其他方向不允许受力。

3) 地锚引出线露出地面的位置及地锚两侧 2m 范围内不应有沟洞、地下管道或地下电缆等。

4) 坑锚中埋入的方木、木板、钢管、型钢及钢丝绳等必须事先进行检查，如发现规格尺寸与规定不符或有腐朽、裂痕、机械压伤、严重锈蚀、断丝等缺陷，均不得使用。对坑锚埋入时间须超过二个月者，应进行防腐处理（木材采用煤焦油防腐，金属材料采用沥青防腐）。

5）地锚附近特别是受力前方不允许取土，地锚拉绳与地面的水平夹角在30°左右，夹角过大会使地锚承受过大的竖向拉力而影响正常使用，地锚的出绳角必须注意角度合理，若与缆风绳的角度不一致，将使缆风绳出现非弹性伸长。

6）若利用现场构筑物作锚点或固定索具时，应注意其一般垂直方向承载能力比水平方向承载能力强。使用时须事先查清有关构筑物的允许承载能力和受力方向，经过核算，并征得有关部门的同意后方可使用。

5．桅杆的基础及地面承受压力的计算

为了将载荷从桅杆底座扩大到面积更大的地面上，防止局部土地沉陷和桅杆倾斜，桅杆须设置临时基础，临时基础的压土面积应根据它的最底层的铺垫材料与地基土的接触面积来计算。

桅杆临时基础所用材料有砂石、枕木、钢板或工字钢等，若在土质较差的地面上架设桅杆通常用增大压土面积的办法来解决基础问题，图4-17为一般桅杆临时基础，图4-18为混凝土地面的大型重型桅杆基础。

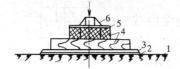 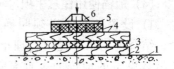

图4-18　混凝土地面大型重型
桅杆临时基础

图4-17　一般桅杆临时基础

1—地面；2—砂；3—小碎石；4—枕
木；5—厚钢板；6—桅杆底座

1—混凝土地面；2—枕木；3—钢轨；
4—枕木；5—厚钢板；6—桅杆底座

基础地面的承载能力能否满足桅杆站位要求须通过计算确定（采用紧密排列钢轨的基础，因其耐压强度很高一般可不进行计算），它是以土壤的容许承载力为依据，计算公式为：

$$\frac{P_M}{A} \leqslant [R] \tag{4-2}$$

式中　P_M——桅杆对地面的垂直压力；

144

A——地面的受压面积；

$[R]$——地面的容许承载力，可用各种触探试验器具在现
　　　场测定，地基土的分类说明可见《建筑地基基础
　　　设计规范》等相关资料。

（二）桥式起重机、龙门起重机、
塔式起重机

1.桥式起重机

桥式起重机如图 4-19 所示，它是行走在固定厂房或露天作
业场内用以起吊设备或重物的起重机械，由大车、小车、轨道和
操纵室等几部分组成，也称天车或行车。

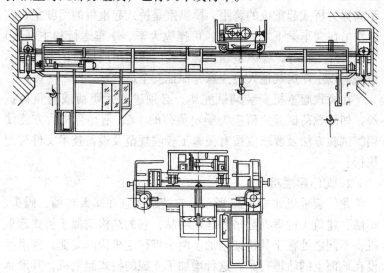

图 4-19　桥式起重机示意图

大车是桥式起重机的主体，由梁架，行走机构，缓冲器和小
车轨道等组成，大车梁架为金属焊接结构，承担起重机自重和起
吊物体的重量，它的两端各有两个带凸缘的车轮，以行走在厂房

145

梁柱牛腿的轨道上，为保证梁架两端的行车速度一致，应采用同一电动机变速后，通过传动轴，联轴器带动车轮，并装有电磁抱闸。梁架两端安装有缓冲器，当大车行驶到厂房尽头时，以缓和大车和大车在挡车器上的冲击力，大车上纵向铺设有小车轨道，供小车行驶，轨道两端各设有电气限位开关和机械挡车装置。小车是桥式起重机的起吊部件，它可沿大车梁架作纵向移动，并通过吊钩的升降达到起吊重物的目的，小车底盘上设有小车行走机构和吊钩升降的卷扬机构。卷扬机构上设有主钩和副钩，铭牌标定的是主钩的起重能力，副钩的起重能力较小，但副钩升降速度较快。

导轨是桥式起重机大车的运行轨道，它们分别设置在厂房两侧梁柱上方伸出的牛腿上，用螺栓压板固定，两轨道中心之间的距离称为桥式起重机的跨距，操纵室是桥式起重机的驾驶室，它通常吊在大车梁下端的一方，可操纵大车、小车运行和主（副）钩的升降工作等，操纵室还设有电铃能在起吊或运行中发出警示信号，以示厂房其他人员注意，保证安全运行。

在桥式起重机安装调试完毕，必须进行无负荷或有负荷试验，如静载荷试验负荷应为额定负荷的 1.25 倍，合格后方能使用，试验方法及要求应按有关施工验收规范及设备技术文件规定执行。

2. 龙门起重机

龙门起重机如图 4-20 所示，它特别适宜在露天料场、码头、车站、建筑工地等处起吊和运输物品，它的结构类似于桥式起重机，不同之处在于其桥架增加了两个带行走机构的支腿，能沿铺设在地面上的轨道行车，这种增加了支腿的桥式起重机，其形状像座门，故称为龙门起重机。龙门起重机的支腿下部均安装有防风安全装置——夹轨器，在起重机不工作或遇见大风时要将夹轨器旋紧，以防止起重机被风吹动滑溜造成事故。

3. 塔式起重机

（1）塔式起重机的结构

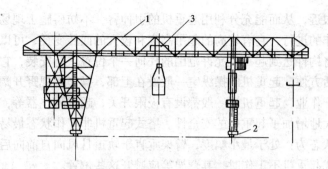

图 4-20　双主梁龙门起重机

1—主梁；2—支腿运行机构；3——起升小车

塔式起重机结构如图 4-21 所示，与桅杆起重机等相比塔式起重机没有缆风绳，因此它能与其所需进行安装施工的建筑物靠

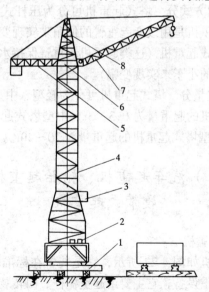

图 4-21　塔式起重机结构示意图

1—导轨；2—压载；3—驾驶室；

4—塔身；5—平衡臂；6—旋转

机构；7—起重臂；8—塔顶

得很近，从而能充分利用起重机的引伸臂，不妨碍施工现场其他工作的进行，它有较高的起吊高度和较大的回转变径，可以在空中将构件送到起重机允许范围的任何一个位置进行安装，它移动灵活方便，起重机的操纵室一般设在上部，操作者视野开阔，有利于作业，起重机上一般都设有极限开关，超载限止器等，因此极大地增加了起重机的安全性。塔式起重机非工作状态最易倾翻的状态为：处于最小幅度，臂架垂直于轨道且风向自前向后，故塔式起重机不工作时，其臂架等应避开这些位置。

（2）塔式起重机的分类

1）按旋转方式分　塔式起重机可分为上旋式（起重机塔身不旋转，由起重臂、平衡梁、塔帽等组成的转塔旋转）和下旋式（塔身和起重臂整体地随支撑装置旋转）。

2）按变幅方式分　塔式起重机可分为压杆式起重臂塔式起重机（这类起重机是用改变起重臂的仰角来实现变幅）和水平小车式起重臂塔式起重机（这类起重机起重臂保持水平位置，通过起重臂上运行的小车来实现变幅）。

3）按起重量分　塔式起重机可分为轻型、中型和重型三类，轻型塔式起重机的起重量为 0.3～3t；中型塔式起重机的起重量为 3～15t，重型塔式起重机的起重量为 20～40t。

（三）汽车起重机、轮胎起重机、履带式起重机

1. 汽车起重机

汽车起重机如图 4-22 所示，它是装置在标准的或特制的汽车底盘上的起重设备，它主要由起重桅杆、回转装置，变幅滑车组，支撑腿和汽车底盘等机构组成，能自行移动，不需要其他牵引设备进行牵引，机动性好，在完成分散的作业时，效率较高，它常用于露天的起重作业，汽车起重机根据传动方式不同有机械传动和液压传动两种。起重机在工作时，应将支撑腿支撑在地

面，使机架平台固定在水平位置后，才能进行吊装作业，起重机回转台在无起吊载荷时，可以向任何方向回转 360°，在满载时转台向左右方向转动不宜超过 90°，一般在满载或重载时，应尽量避免将重物悬吊在较高的位置进行回转操作。

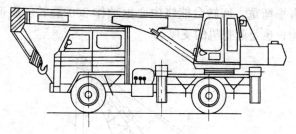

图 4-22　汽车起重机

液压传动起重机全部采用液压传动来完成起吊、回转、变幅，吊臂伸缩及支腿收放等动作，故它操作灵活，起吊平稳。同时，伸臂可带载荷调节长度，因而增加了起重工作的特性范围。故液压汽车起重机应用广泛。

2. 轮胎式起重机

轮胎式起重机如图 4-23 所示，它是装在特制的轮胎底盘上的起重机，本身的行驶也依靠同一驱动装置来驱动，车轮间距较大，稳定性好，可吊装中小型设备，轮胎式起重机采用液压传动来完成起吊、回转、变幅，吊臂伸缩及支腿的收放等主要功能，它操作灵活，起动平稳，同时其伸臂亦可带载荷调节长度，增加起重工作的特性范围。轮胎起重机的起重量有 30t、40t、75t 等，

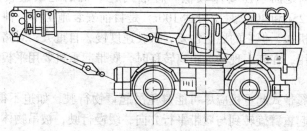

图 4-23　越野型轮胎起重机

行驶速度可达 30km/h，它要求有较好的路面条件等。

3．履带式起重机

履带式起重机如图 4-24 所示，它是由履带行驶机构和回转台两部分组成，回转台上装有起重臂，动力装置，操纵室等，在尾部有平衡重，回转台能绕中心枢轴作 360°旋转。履带即是行走机构，也是起重机的支座。

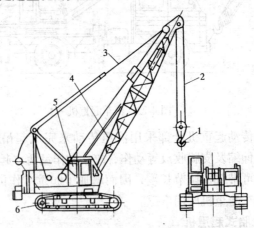

图 4-24　液压履带起重机

1—吊钩；2—起升钢丝绳；3—变幅钢丝绳；
4—起重臂；5—主机房；6—履带行走装置

履带式起重机的动力装置一般采用内燃机驱动，它操作灵活，使用方便，在一般平整和坚实的道路上均可行驶和吊装作业，对地面承压要求较低。履带式起重机的起重量较大，有 15t、25t 和 40t，最重可达 100t，是目前安装施工中一种主要的起重机械，但它的稳定性差，行驶速度慢，自重大，对路面有破坏作用，在施工现场远距离转移时，履带起重机要用平板车来搬运。

履带式起重机应尽可能避免吊起重物行驶，如迫不得已时，应将起重臂旋转到与履带平行方向，缓慢行驶，被吊物体离地面不得超过 500mm。

（四）起重机基本参数、起重特性、安全装置和稳定性

1. 起重机械的基本参数

起重机械的基本参数是说明其起重工作性能的指标，也是设计的依据，它有起重量、起升高度、跨距、幅度和各机构的工作速度等，它是选用和使用起重机的主要技术依据。

(1) 起重量 Q　指起重机允许起吊的最大重量与取物装置自重之和（包括吊钩在内），为了计算简便，吊钩及起重高度内的钢丝绳重量不计入起重量内，单位为 N 或 kN；

(2) 起升高度 H　指起重机取物装置上下限位置之间的距离，单位为 m；

(3) 跨度 L　指运行轨道轴线之间的水平距离，单位为 m；

(4) 幅度 S　指起重机的旋转中心与取物装置铅垂线之间的距离，单位为 m；

(5) 工作速度 v　指起重机的起升、变幅、旋转及运行机构四个动作的速度，旋转速度以 r/min 为单位，其余为 m/min。

(6) 外形尺寸　指起重机的外形（长宽高）尺寸，用以反映起重机的通行条件；

(7) 工作类型　表明起重机工作繁重程度和工作条件的参数，分轻级、中级、重级和特重级四种工作类型。

2. 起重机特性曲线

(1) 自行式起重机特性

起重特性曲线包括：起重量曲线（Q-R 变化曲线）和起升高度曲线（R-H 变化曲线），某汽车起重机特性曲线如图4-25所示。

从起重量曲线（Q-R 变化曲线）变化规律可知，幅度变大，起重能力变小，即起重量降低，幅度变小起重能力变大；起重量特性曲线上半部分即小幅度时，起重能力由起重臂的强度决定，

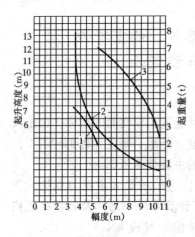

图 4-25　起重机特性曲线图
1—臂长 6.95m 起升高度曲线；
2—起重量特性曲线；3—臂长
11.7m 起升高度曲线

下半部分即大幅度时，起重能力是由（起重机）稳定性决定的。

起升高度曲线（*H-R* 曲线）表明某一臂长下起升高度与幅度的关系。

从起升高度曲线可知，起重机随幅度增大，起升高度相应降低。

图 4-26 所示为起重机起重量特性曲线组成示意图，亦即一定臂长的起重机其起重量特性曲线并非是一条连续的曲线，而是由几段构成的，在大幅度时，由整机的稳定性决定，在小幅度时，由动臂强度（包括动臂稳定）决定，曲线顶端水平段由钢丝绳和机械零件的强度决定的，用一条包络线把两条曲线连接起来，就成为起重机的起重量特性曲线，这条曲线确定起重机在某一臂长时，幅度与起重量的关系。因而对于动臂伸缩式液压起重机，根据作业时基本臂与伸缩臂组合情况，有多条不同的特性曲线。

（2）其他形式起重机特性

1）塔式起重机　某塔式起重机（下旋式）特性曲线如图 4-27 所示，曲线 1 表明起重量与幅度的关系，曲线 2 表明起升高度

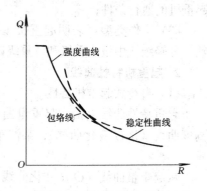

图 4-26　起重量特性曲线
组成示意图

（吊钩高度）与幅度的关系，显然塔式起重机塔身高，稳定性差。

2）桥式类起重机　额定起重量与起升高度是桥式起重机两项基本参数，吊装重物应在其允许的范围内，不得超载、斜吊，同时要注意吊索不过卷。

龙门式起重机与桥式起重机的机构基本相同，其不同处在于龙门起重机有较高的支腿，因而重心较高，稳定性比较差。

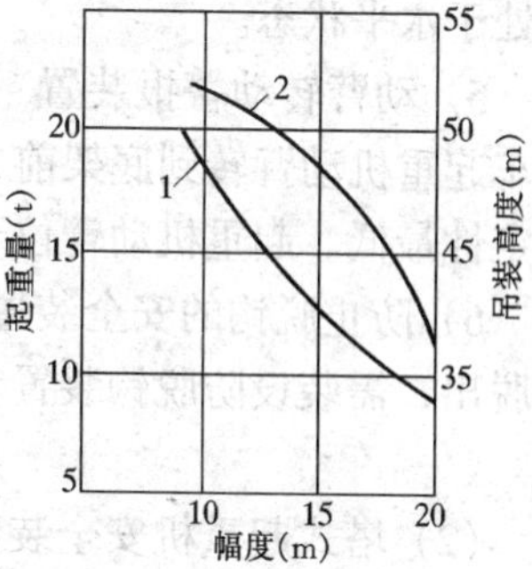

图 4-27　塔式起重机特性
曲线示意图
1—起重量曲线；2—起
升高度曲线

3. 起重机的安全装置

为使起重机安全可靠地工作，除了要使各个机构和金属结构都满足要求外，还必须装设可靠灵敏的安全装置，安全装置应结构简单，便于检修、维护，下面对起重机常用安全装置作简单介绍。

（1）自行式起重机安全装置

自行式起重机的重大事故多数是由于起重机失去稳定性而造成的，失去稳定多由超负荷、过卷扬等原因造成，为防止起重机失稳须装设必要的安全装置。

1）起重力矩限制器，它是起重量限制器和幅度指示器的组合，再由显示装置反映出倾翻力矩，当这个力矩接近额定值时，即发出信号停止作业。

2）过卷扬限制器　它是通过限位开关，防止起升过卷扬和起重臂过卷扬。

3）幅度限制器　它是在动臂根部安装一个限位开关，当动臂起升到极限位置时，撞开限位开关，使变幅机构停止工作。

4）支脚自动调平装置　水平度的测量是通过测出起重机底盘前后和左右的倾角数据并把这个被测倾角以信号形式传给电磁阀，通过电磁阀来控制支腿垂直油缸的关闭或开启，以保持起重机处于水平状态。

5）动臂转动警报装置　起重机动臂方位与稳定性有关，当汽车起重机动臂转到底架前方（驾驶室方向）时发出警报，此时稳定性最低。起重机动臂位于后方时，稳定性最大。

6）防止脱钩的安全装置　起重作业中为防止钢丝绳从吊钩口脱出，需装设防脱钩装置，最简单的是利用弹簧力等封住吊钩口。

(2) 塔式起重机安全装置

1）重量限制器　当超载时，通过保护装置触动限位开关，切断卷扬机控制线路。

2）力矩限制器　它一般是由起重钢丝绳张力在起重臂垂直方向上的分力，克服弹簧力使限位开关动作，而达到对起重机的保护作用。

3）吊钩高度限位器　一般是当吊钩上升到极限位置时，通过保护装置触动限位开关，切断电路起到保护作用。

4）幅度指示器　它是置于起重臂上的一个圆盘结构，盘中心有一活动指针，指针始终保持铅垂朝下，从而达到幅度指示的目的。

5）极限力矩联轴节　旋转机构的极限力矩联轴节，是通过摩擦力传递力矩，超负荷时，摩擦而打滑，以防止过载，非工作状态，它可使起重臂自然顺风，防止倒塔。

6）夹轨钳　在塔式起重机停放时，拧紧螺栓使夹钳夹住轨道，以策安全。

(3) 桥式、龙门式起重机安全装置

1）限位器　包括上升、下降极限限位和运行极限限位，使起重装置和大小车运行到极限位置时自动停止工作。

2）起重量限制器　它有机械式、液压式、电子式等多种，其原理是通过限制起升钢丝绳的张力，从而达到对起重量的限制作用。

3）缓冲器　常见有弹簧缓冲器和液压缓冲器，起重量较小，运行速度较低时，也可安设橡胶缓冲器。

4）防风装置和夹轨器　室外桥式、龙门式起重机应设防风制动装置和夹轨器，以保证安全。

4．起重机的稳定性

影响起重机稳定性的因素通常有坡度、离心力、惯性力、风力、超载、支腿不平、地面下沉等。

（1）汽车、轮胎式起重机稳定性

汽车、轮胎式起重机稳定性可分为行驶状态稳定性、作业状态载重稳定性和非工作状态的自重稳定性。

行驶状态稳定性是指起重机上、下坡及转弯时在满足性能时纵、横向的稳定状态。

载重稳定性，即工作状态时的稳定性，它有静稳定性和动稳定性之分。

静稳定性指起重机在载荷和自身重力作用下，起重机的稳定性，常用静稳定系数表示。它是作用在起重机上的稳定力矩与倾翻力矩的比值。即

$$K_静 = \frac{M_静}{M_倾} \geqslant 1.4 \tag{4-3}$$

式中　$M_静$——起重机自身各部分重力与其至起重机侧方两支腿连线间距乘积的总和；

　　　$M_倾$——起重机吊重和起重臂重量与其至起重机侧方两支腿连线间距乘积的总和。

动稳定性是除考虑吊重和自重对起重机稳定性的影响外，还要考虑不利于稳定的风载、地面坡度、起吊中的惯性力、离心力等因素对起重机稳定性的影响，其动稳定系数为：

$$K_动 = \frac{M_动}{M_倾} \geqslant 1.15 \tag{4-4}$$

式中　$M_动$——在允许的风力等级、坡度和允许的速度、加速度以及回转速度时，起重机的稳定力矩。

$M_倾$ 同上。

自重稳定性是非工作状态考虑自重、倾斜坡度、非工作状态风载等的影响下起重机的稳定性，其自重稳定系数为：

$$K_风 = \frac{M_自}{M_风} \geqslant 1.15 \qquad (4\text{-}5)$$

式中　$M_自$——在允许的最大坡度下，起重机自身稳定力矩；

　　　$M_风$——在允许的最大风力与风力作用点至地面间距的乘积。

（2）塔式起重机稳定系数

1）载重稳定系数　载重稳定性是起重机处于最不利于工作状态下的稳定性。即起重臂垂直于轨道方向，处于最大幅度起吊额定起重量。起重机处于不利稳定的倾斜位置（$\alpha \leqslant 20°$）同时考虑不利于稳定的风载和惯性力，载重稳定系数为：

$$K_1 = \frac{M_稳}{M_倾} \geqslant 1.15 \qquad (4\text{-}6)$$

与汽车、轮胎式起重机一样，当不考虑附加载荷和坡度影响时，塔式起重机载重稳定系数 K_1 应大于 1.4。

2）自重稳定系数，在非工作状态下，最易翻倒的状态是起重臂垂直于轨道，处于最小幅度，有坡度和风力的不利影响，此时倾翻力矩有风力矩和坡度引起的力矩，稳定力矩仅是起重机自重带来的自身稳定力矩。自重稳定系数为

$$K_2 = \frac{M_自}{M_倾} \geqslant 1.4 \qquad (4\text{-}7)$$

3）龙门起重机稳定系数

1）载重稳定性　无悬臂龙门起重机只需考虑沿轨道方向的稳定性，有悬臂龙门起重机还应考虑垂直于轨道方向的稳定性，龙门起重机载重稳定系数应不小于 1.4。

2）自重稳定系数　起重机自身重力产生的稳定力矩与允许的最大风力产生的倾翻力矩之比值应大于等于 1.15。

即起重机沿轨道方向自重稳定缆索式起重机系数应大于等于 1.15。

（五）起重机的分类、组成及选择原则

如前所述，起重机械是运输、提升物体的一种机械，它的工作呈间歇、周期性运转状况，在一个工作循环中，它的主要机械做一次正向和反向运动。

1. 起重机的分类及组成

起重机械根据其功能可分为简单起重机械和起重机两大类型，简单起重机械如千斤顶、手拉葫芦、卷扬机等，它们结构简单只能完成单一动作。起重机如塔式起重机、汽车起重机它们有完整的机械、电气、金属结构部分，可做多种动作。

起重机通常由工作机构、金属结构和动力装置与控制系统等部分组成。

工作机构是为实现起重机不同的运动要求而设置的它有起升机构、变幅机构、回转机构和行走机构等。这四个机构是起重机的基本结构，如由原动机、卷筒、钢丝绳、滑车组和吊钩组成的起升机构，由原动机的旋转运动通过卷筒、钢丝绳、滑车组机构变为吊钩的上、下直线运动；起重机变幅是指改变吊钩中心与起重机回转中心轴线之间的距离，这个距离称为幅度，起重机利用变幅机构扩大了作业范围，即由垂直上下的直线作业范围，扩大为一个平面的作业范围，回转机构使起重机的一部分（一般指上车部分）相对于另一部分（一般指下车部分）能作相对的回转运动，有了回转运动起重机从平面作业范围扩大为一定的空间范围。行车机构使起重机的使用状态更加灵活。

金属结构如起重机的吊臂、回转平台、人字架、塔式起重机的塔身等是起重机的重要组成部分，起重机各工作机构及零部件都是安装或支撑在这些金属结构上的，金属结构是起重机的骨架，它承受起重机的自重及作业时的各种载荷，金属结构耗钢量大，因此起重机金属结构的合理设计对减轻起重机自重，提高起重机性能，节约钢材都有重要意义。

动力装置与控制系统，动力装置是起重机的动力源，它在很大程度上决定了起重机的性能和构造特点，如塔式起重机动力装置为电动机，而轮胎式起重机动力装置为内燃机。起重机的控制系统有离合器、制动器，各种变幅调速装置、换向、制动和停止机构，从而达到起重机作业所要求的各种动作。

2. 起重机械的选择原则

由于起重机械的种类、型号较多，起重施工的内容、工期、现场环境，被起吊的工件或设备等多种多样，因此对于各种不同的起重作业状况，选择合适的起重机十分重要，即起重机械的选择应根据起重作业的具体情况来确定，应充分考虑到下列因素：

(1) 劳动生产率、施工成本和作业周期。当被起吊的工件或设备数量较多，并要求在一定的周期内完成任务时，应选择施工效率高、劳动强度低的起重机械。

(2) 施工场地的环境条件。在厂房内作业时，要考虑厂房的高度，作业点周围的设备布置情况及作业空间等因素。如在室外，则需考虑作业点地面是否平整、坚硬，周围是否有障碍物等，且综合考虑整个现场的吊装工作面和覆盖面。

(3) 被起吊重物的重量、外形尺寸、安装要求等，尽量选用已有的机械和机具及常用的施工方法，以节约施工成本和利用成熟的施工经验。

五、起重运输作业基本工艺方法

（一）起重作业基本操作方法

一般所说的起重作业就是对设备进行装卸、运输和吊装，起重作业的基本操作方法有撬、滑与滚、顶与落、转、拨、提、扳等，对于不同的作业环境，其采用的方法各不相同，有时采用某一种方法即可，有时则是多种操作方法的组合。掌握这些基本操作方法才能在起重作业中巧妙及灵活运用，以达到简便、省力、高效、安全的目的。

1. 撬

所谓撬即用撬棍使设备翘起或移动。它是具体运用杠杆原理的一种操作方法，适用于重量不大，移动距离小，起升高度低的设备的起重搬运。如图 5-1 所示。

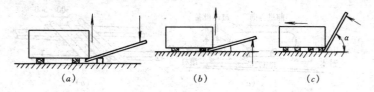

（a）　　　　　　　　（b）　　　　　　　　（c）

图 5-1　撬法说明

（a）基本撬法；（b）当 α 角较小时；（c）当 α 角较大时

使用撬棍抬高或搬运设备时，应尽量在撬棍的尾端用力，这样可增长力臂而省力，抬高设备时，一次抬高量不宜太大，应分多次完成，设备下面垫物时，严禁将手伸入设备下面，以防意外伤人，撬棍不得直接接触设备的精加工面，以免损伤设备，几根撬棍同时作业时，应统一指挥，动作协调。使用圆木作撬棍时，应仔细检查其质量，防止其在使用过程中断裂。

2. 滑与滚

滑是在人力、卷扬机或其他外力的牵引下，使设备沿着牵引方向的移动，在滑移设备时，牵引力只需克服设备与支撑面的摩擦阻力，即可移动设备，而摩擦力大小与设备重量、接触面材料，润滑等因素有关，因此，一般将设备放在拖排上滑移，也可用枕木和钢轨在地面上铺成平整光滑坚固的走道，使设备在走道上滑移，如图5-2所示。

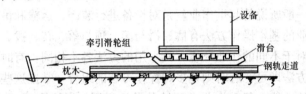

图 5-2 滑台轨道滑移法

滚是采用在拖排下铺设滚杠，使设备随着滚杠的滚动而移动，如图5-3所示，滚动摩阻比滑动摩擦阻力小，故安装工程中，对于重而大的设备，且运输线路较长弯道较多时，多采用这种滚的方法。

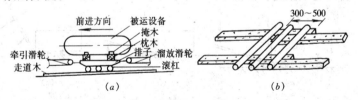

图 5-3 滚杠拖运示意图

(a) 滚移法示意图；(b) 走道木放置示意图

3. 顶与落

顶与落是利用各种类型千斤顶，使设备作短距离的上升，下降或水平移动。千斤顶的行程一般不大，如果设备需顶升的高度超过其行程时，可采用多次顶升法，即用千斤顶将设备顶升接近满行程时，垫上枕木，降落千斤顶，然后垫高千斤顶，继续顶升设备（也可用两套千斤顶交替顶升以节省时间），直至达到所需高度。

欲使设备落位，只需将上述步骤反过来操作即可。

4. 转

转是使设备绕定轴就地旋转一个角度，如容器类设备可利用捆扎设备的吊索的升降，使设备转到所需位置，如图 5-4（a）所示。亦可借助千斤顶使设备绕自身轴线旋转，如图 5-4b 所示。

有时设备需在水平方位转动一定角度，当设备的重量和转动角度不大时，可在设备的两个端头用钢丝绳拉动，如图 5-4（c）所示，对于较大且较重的设备，可利用转向钢盘来旋转设备的方位，如图 5-4（d）所示。

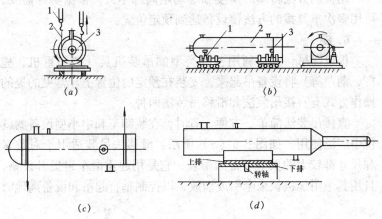

图 5-4　转法说明

（a）用滑车组和吊索旋转塔体（1—滑车组；2—吊索；3—塔体）；
（b）用千斤顶旋转塔体对正方位（1—千斤顶；2—塔体；3—支脚）；
（c）原地转动罐体示意图；（d）简易转盘转动设备示意图

5. 拨

拨是用撬棍将设备撬起后，然后横向摆动撬棍的尾部，使设备绕支点移动一个角度或距离，达到使设备移动或转动的目的，如图 5-5 所示。

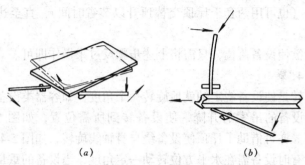

图 5-5　拨法说明

(a) 转动拨法；(b) 移动拨法

用拨的方法转动的角度和移动距离都不大，根据实际需要，可用多次重复拨的方法使设备达到预定位置。

6. 提

提也即吊，它是利用各种类型的吊装机具（如起重机、桅杆、葫芦等）将设备吊起来，安装在预定的位置上。常见的提的操作方式有直接吊装法和滑移吊装法两种。

直接吊装法简单、方便、省时，在装卸车和中小型设备的就位中广泛使用，如图 5-6 (a) 所示。滑移法吊装适用于对重量和尺寸都较大的重型设备的吊装，它是用起重滑车组提升设备，且用其他附加机械来牵引或溜放，以控制垂直起吊和设备离地时

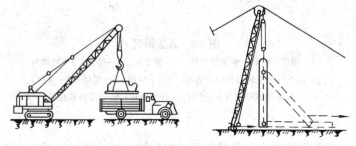

图 5-6　提吊说明

(a) 履带起重机提升吊装示意图；(b) 桅杆滑移吊装示意图

的摆动。从而使设备平稳滑行吊起就位。如图 5-6（b）所示。

7. 扳

扳是使设备、构件在外力作用下，绕底部或铰链旋转竖起直至就位，此法适用于吊装高于起重机的设备或构件，如高塔、罐体、桅杆等。设备扳转就位一般可采用如图 5-7（a）所示的旋转法和如图 5-7b 所示的扳倒法，扳倒法也称倒杆法。

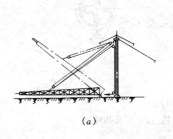 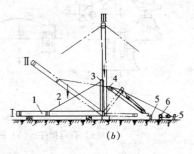

（a）　　　　　　　　　　　　　　　（b）

图 5-7　扳吊说明

（a）单桅杆旋转法扳起设备示意图；（b）倒杆竖立法操作步骤

1—桅杆；2—千斤索；3—辅助桅杆；4—起重滑车组；

5—地锚；6—卷扬机

（二）脚手架的搭拆

安装现场施工中有时需要搭设各种脚手架，安装施工现场使用的脚手架多为扣件式钢管脚手架。

1. 钢管扣件材料要求

扣件式钢管脚手架的钢管是直接承受荷载的部件，要求有一定的强度，以保证安全使用，钢管一般采用焊接钢管，规格为 $\phi45\times3.5mm$。钢管质量必须达到使用要求，凡有严重锈蚀、弯曲、压扁或有裂纹的管材，均不得使用，连接钢管的扣件有直角扣件、回转扣件和对接扣件等形式，如图 5-8 所示。扣件材质一般为可锻铸铁，应符合有关标准，并与钢管规格配套，钢管扣件和底座（重复使用件）均应有出厂合格证。

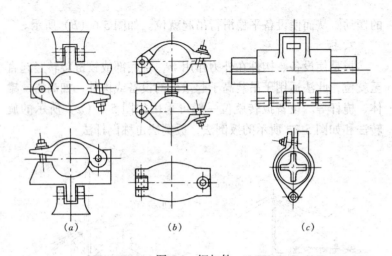

图 5-8 钢扣件

（a）直角扣件；（b）回转扣件；（c）对接扣件

2．扣件式钢管脚手架的搭拆

脚手架搭拆属于高空作业，具有特殊的安全要求，搭设前应有相应的安全技术措施，有明确的搭设方式和使用要求，对地基条件做出处理和对使用材料进行检查、选择等。

搭设脚手架时，各杆件的间距和各层高度应参照土建脚手架搭设的要求进行。立杆要求竖立垂直，其垂直度偏差不得大于脚手架高度的 1/200（如 10m 允许偏差 50mm）；相邻立杆的接头应错开 500mm，且不在同一步距内，以维持架管的整体稳定性。

同一排内的立杆应在一条直线上，横杆则要求平直，搭设过程中应按脚手架搭设要求及时设置剪刀撑，斜撑与连接杆等，随时检查架子的整体稳定情况，出现问题及时纠正。

扣件安装时，应正确设置其开口方位。对于连接大横杆的对接扣件，其开口应朝向架子内侧，且螺栓朝上；直角扣件安装时，其开口不得向下。

脚手架周围应按规定设置安全网，安全网每平方米应能承受 1600kN 以上的荷重，网宽不得小于 3m，网眼尺寸以 20mm×20mm 或 25mm×25mm 为宜，不得使用腐朽、霉烂、断线的安全网。

脚手架搭拆中，钢管、扣件及工具等须用绳子上下传递，禁止抛扔。

脚手架上严禁设置起重桅杆，禁止将施工现场的桅杆缆风绳系结于脚手架上。脚手架搭完后，须全面检查并经鉴定认可后，方可使用。脚手架作用完毕，进行拆卸时其顺序为：先拆安全网、脚手架、操作护栏，然后是局部剪刀撑、连墙桅杆，最后为小横桅杆、大横杆和立杆。

拆架时应自上而下一步一清，逐步进行，严禁上下同时拆除，严禁采用推倒、拉倒等野蛮操作方法。

（三）设备运输和装卸方法

1．运输法

设备运输可分为一次运输和二次运输，一次运输指将设备从制造厂运输到新建厂的仓库或设备组装场地的附近。它运输距离较长，通常用铁路、公路或水路运输；二次运输指将新建厂仓库内或组装场地的设备运输到安装现场的基础附近，它运输距离短，近距离重型设备常采用排子（拖排）做二次运输。

由于被运输设备的数量、体积、重量、安装现场环境等的不同，故采用运输的方法也不一样，对于中、小型设备常用叉车、载重汽车运输。但有些施工现场，由于道路狭窄、障碍物较多，不便于采用机械化运输方法或没有适当的运输机械，此时一般采用半机械化运输方法，即滑行运输和滚杠运输。

（1）汽车平板拖车搬运

汽车平板拖车搬运设备前，应对路面的宽度、承载能力、弯道及沿途障碍物、桥涵沟洞等进行调查和核算，土壤的实际承压力与搬运设备的重量成正比，与路面总接触面积成反比，路面受压部分距路边边缘不得小于1.5m。当超长设备采用两台平板车组合拖运时应注意下面三个方面：

1）平板车上应设置转盘（或转排），以便在弯道行走时，通过转盘的自由回转，使设备鞍座始终平稳地简支于平板车上；

2）设备在鞍座上或鞍座自身在垂直方向应能有一定的回转量，以便在坡道上行走时，能自行调节，确保设备的安全；

3）要绘制装车布置图，使设备的重量合理地分配到两台平板车上，并使平板车载荷分布均衡。同时要用滑车组进行纵向和横向的封固。

（2）滑行运输

滑行运输是将设备搁置在排子上，使用卷扬机或其他牵引设备配以滑车进行牵引。运输中使用的排子有木排、钢排，一般50t 以下的设备，用木排，50t 以上用钢排，木排用枕木制作，由排脚和托木构成，在排脚上面搁置托木，并用扒钉钉牢，在排脚的两头做成30°的斜角，便于拖运，如图 5-9 所示。

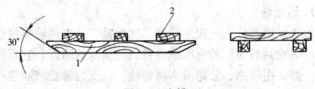

图 5-9　木排
1—排脚；2—托木

钢排有两种形式：一种是用钢板制成船形拖板，俗称旱船，旱船的一端做成 30°的斜面，如图 5-10（a）所示，另一种是以槽钢作为排脚制成的滑台，排脚用几根钢轨连接起来，如图 5-10（b）所示。

图 5-11 为旱船滑移运输示意图，它适合于路面不平的情况，其最大拖运设备重量不超过 120kN，图 5-12 为滑台轨道运输法，它运输速度较快，运输吨位大，运输安全。

在有高低差的短距离场所搬运设备，不宜选用滑移法。

（3）滚杠运输

滚杠运输是搬运中小型设备最常使用的一种方法，一般中型设备用卷扬机，小型设备也可用人力撬运，这种搬运方法适用于

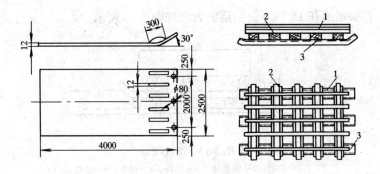

图 5-10 旱船和滑台

(a) 旱船；(b) 滑台

1—钢轨；2—枕木；3—槽钢

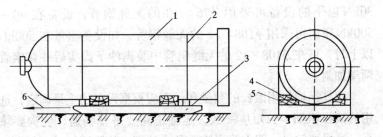

图 5-11 旱船滑移法

1—设备；2—绑扎固定千斤绳；3—旱船；4—斜楔木；5—枕木；6—拖拉绳

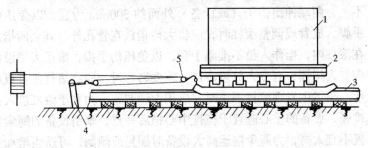

图 5-12 滑台轨道滑行法

1—重型设备；2—滑台；3—栈桥（三根钢轨）；4—地锚；5—滑轮

在短距离和设备数量不多的情况下，水平搬运设备，通过搭设斜坡走道也可以将设备从低处运到高处，或从高处运到低处。一般斜坡走道在 15°以下，搬运的方法如图 5-13 所示。

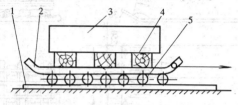

图 5-13　滚杠搬运
1—垫板；2—钢拖排；3—设备；4—枕木；5—滚杠

利用滚杠搬运设备主要使用的工具有滚杠、拖排、滑车和牵引设备等。滚杠的规格可按搬运设备的重量选择，一般运输 30kN 以下的设备可采用 $\phi76 \times 10$ 的无缝钢管，设备在 40～500kN 重时可采用 $\phi108 \times 12$ 的无缝钢管，如设备重量在 500kN 以上时，可在 $\phi108 \times 12$ 的无缝钢管中装满沙子捣实后并在钢管两端加封。

滚杠运输使用滚杠的数量和间距应根据设备的重量确定，选用的滚杠粗细、长短应一致，运输道路要平整畅通、坑沟要填平，高垛要铲平，路上障碍物要预先清理，放置滚杠时，每两根滚杠中心距离应保持在 300～500mm，将端头放整齐，避免长短不一，两端伸出排子（或设备）外面约 300mm 为宜，以免压伤手脚，放置或调整滚杠时，应将大拇指放在管孔外，其余四指放在滚杠内，操作人员不准戴手套，以免压伤手指，滚运大型设备应专人指挥，有专人放置滚杠，需要转弯时，应将滚杠放置成扇形。滚运中发现滚杠不正时，应用大锤调整，为利于滚杠进入拖排底，设备的重心应置于拖排中心稍后一点，牵引设备的绳索位置不宜太高，为避免拖运高大设备时摇晃或倾倒，可适当增加几根侧向稳定绳来增加设备的稳定性。对于薄壁和易变形设备的拖运，应做好加固措施。拖运设备遇有下坡时，要用拖拉绳控制溜放速度，确保安全。滚运设备用的导向轮的锚桩或卷扬机的锚坑，以及滚运的其他机、索具均应符合技术要求。

2．常见的装卸车方式

设备运输前后都要进行装卸作业，因运输方法、装卸地环境不同，所采用的装卸方法也不同，对于重量和尺寸都很大的重型设备，若现有起重机械起重能力不能满足时，一般常用的方法是用枕木搭成斜坡，采用滑移法或滚运法进行装卸，但坡度应不超过10°，对于圆柱形设备可采用卷动法装卸。

（1）滑移法

滑移法是利用滑动摩擦的原理在搭好的斜坡上铺设多根钢轨，并在轨道上涂上一层油脂，以减少摩擦力。拖拉设备的钢丝绳通常穿绕一幅滑车组后再系结在设备上，这样既可以改变卷扬设备的传动速比，放慢设备的移动速度，又可以用较小吨位的卷扬机牵引大吨位的设备，滑移法卸车如图5-14所示，其操作方法是先用千斤顶将设备顶起，将钢轨和排子安放在设备下面，然后搭设斜坡，捆绑好设备，在设备的两侧各放一台卷扬机，两台卷扬机以相反的方向开动，即一台卷扬机慢慢收绳，另一台卷扬机慢慢放绳，当设备滑移到地面时，同样用千斤顶将设备顶起，把设备下的钢排和钢轨抽出。

平面运输高而底座较大的设备，采用滑移法搬运较适宜。

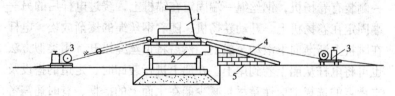

图5-14　滑移法卸车示意图

1—设备；2—货车；3—卷扬机；4—钢轨坡道；5—枕木垛

（2）滚移法

滚移法装卸设备是利用滚动摩擦原理，在搭好的斜坡上铺设多根钢轨，再将滚杠放到排子下面，同样用卷扬机牵引排子，进行设备的装卸，滚移法所需的牵引力比滑移法小。

滚移法装车如图5-15所示，其操作方法是用千斤顶将设备顶起，将钢排放到设备下面，再将滚杠放在钢排下面，然后在货车上装货的平面与地平面之间搭设斜道，在货车的另一面安装一台卷扬机，用绳索将设备与钢排捆绑好，用穿好钢丝绳的滑车组与钢排连接，在统一指挥下开动卷扬机，并由专人安放滚杠，这样设备便可安全可靠地装到货车上。设备装上车后，用千斤顶顶起设备，抽出滚杠和排子。

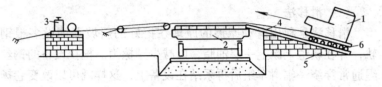

图 5-15　滚移法装车示意图
1—设备；2—货车；3—卷扬机；4—钢轨坡道；5—枕木垛；6—滚杠

（3）卷动法

卷动法是利用斜坡道，将圆柱形或圆筒形物体如钢管、电杆等用牵引钢丝绳缠绕卷动，以达到装卸目的。

卷动法将电杆从岸上装到船上如图 5-16 所示。将船固定于码头上，并用一块跳板一端搁在船上，另一端搁在岸上，在跳板一侧装有卷扬机，钢丝绳一端固定在锚桩上，绕过电杆后的另一端固定在卷扬机上。开动卷扬机，随着钢丝绳的逐渐放松，电杆在跳板上渐渐向下滚动至船上，然后将钢丝绳松开，用类似方法也可将电杆从船上卷到岸上。在船上进行装卸时，走道的搭设及支承点的选择上应注意尽量减少船在水面上的摇摆，有时还需考虑潮水涨落等因素。

3．常见的装卸船方式

（1）船舶搁置在河床装卸船

此法适用于河床比较平坦的河流及码头，先将要搁置船舶的河床铺沙石进行修整，在潮水上涨时，将船舶牵引到河床就位，用钢缆固定，退潮时，船舶便搁置在铺设沙石修整好的河床上，然后与在陆地卸车的拖运方式基本相同。

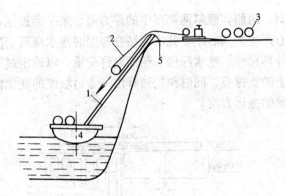

图 5-16 用卷动法将电杆装船

1—跳板；2—钢丝绳；3—混凝土电桅杆；4—船；5—锚桩

（2）固定重心装卸船

如图 5-17 所示，以船重心和码头为支撑点，利用钢轨等搭设走道。拖运过程中设备的重量始终位于船舶中心即重心位置，因而在装卸船时船体不会倾斜，具体操作时，应结合潮水涨落情况，确定好走道的坡度情况，然后顶升设备放入拖排、滚杠，栓挂滑车组，将设备拖运上岸。

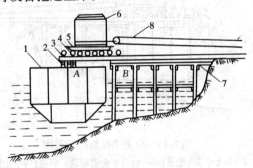

图 5-17 固定重心和卸船示意图

1—船舶；2—枕木；3—过桥下走道；4—滚杠；

5—托排；6—设备；7—码头；8—拖运滑车组

（3）倾斜船体装卸船

如图 5-18 所示，在船体一侧铺设走道，在滚移拖运卸船时，船体倾斜,由船体倾斜两侧产生的浮力差,来平衡被拖运设备对船体中心产生的偏心距。此法要结合卸船时潮水涨落情况,并掌握船舶外形尺寸、吃水深度,船面允许荷重,以确定过桥下走道在船舶上的支撑点,同时预先估算出下走道坡度的变化情况,制订出妥善的拖运方案。

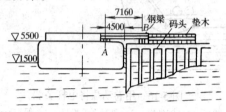

图 5-18　倾斜船体卸船示意图

(4) 压重平衡装卸船

为了使卸船时,船体自身平衡,也可以通过压重来进行调节,使船舶的重心位置始终保持不变,如图 5-19 所示。

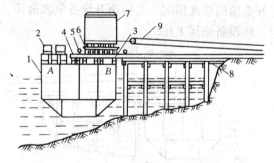

图 5-19　压重平衡卸船示意图

1—船舶;2—配重;3—过桥下走道底层;4—过桥下走道;
5—滚杠;6—托排;7—设备;8—码头;9—拖拉滑车组

随着设备向船舶 B 侧边缘滚动时,应在其相反侧 A 处,逐渐加压其他物件进行配重。当设备逐步拖运到码头后,船舶 B 侧的荷载又逐渐减小,因而必须将配重逐渐向船体中心转移,即依据设备拖运过程中作用船体 B 侧的荷载,及时调整船体另一

172

侧 A 处的压重，使两侧作用于船体中心的力矩相等，以保持船舶的重心位于船体的中心上，因而在设备拖运过程中，船体始终平衡。

用压重平衡卸船，比固定重心卸船搭设的过桥下走道要简单的多，同时过桥下走道的支撑点间距，可以大为缩短，只是增加了在拖运设备过程中对压重的调节。

（四）设备挂绳捆绑及设备主体的保护

1. 设备挂绳的要求

（1）一般机械设备用单钩起吊时，吊钩须通过设备重心，若用双钩起吊，则两钩至重心的距离应与其承受的重量成比例。

（2）设备在吊运过程中应始终保持平稳，不得产生倾斜，绳索不允许在吊钩上滑动。

（3）起吊钢丝绳应选取适当的长度，吊索之间夹角不宜太大，一般不应超过 60°，对薄壁及精密零件夹角应更小，在吊装薄壁重物时，还须对其进行加固处理，以防止物体变形。

（4）对于精加工后的工件或完成油漆后的设备在吊装时，不得擦伤工件表面或造成漆皮脱落。

2. 设备主体保护

在起吊绳索与机体接触部位，应用衬袋，橡胶，木块等隔离衬垫物保护或将钢丝绳吊索用橡胶管套好，这样使用方便，可省去加垫操作时间，对于精密设备或设备安装集中的场合，可制作专用工具如平衡梁、专用吊索等起吊，提高工作效率和吊装质量。

3. 捆绑、起吊注意事项

在对设备进行绑扎时，要合理地选择绑扎点，绑扎点选择的主要依据是设备的重心，即要找到设备或重物的重心位置，同理，设备的吊装、翻身及吊装用钢丝绳的受力分配等都要考虑设备的重心位置，重心是物件重量的中心，物件的全部重量都集中在重心上，当用一根绳索来起吊物体时，绳子的绑扎点应在与重

173

心成一条垂线的上方，以使物体稳定，用两根或两根以上的绳索来起吊时，绳索的会合点（即吊钩）或绳延长线的交点，应与物体重心在一条直线上。且位于重心之上。

吊点的位置按以下原则选择：

（1）有吊耳或吊环的物件，其吊点要用原设计的吊点；

（2）塔类设备吊装，吊耳宜在设备重心上 1~2m 处对称两侧设置。

（3）吊运设备或物体时，如果没有规定吊点，要使吊点或吊点连线与重心铅垂线的交点在重心之上，绑扎点要针对构件的形状具体选择。

1）平吊长形物体如圆木、电杆、桩等、两吊点的位置应在重心的两端，吊钩通过重心，如竖吊物体，则吊点应在重心之上，对于匀质细长杆件的吊点位置按以下规定确定。

一个吊点时，吊点的位置拟在距起吊端的 $0.3l$（l 为杆件长度）处，如图 5-20 所示。

两个吊点　吊点分别距杆件两端的距离为 $0.21l$ 处，如图 5-21。

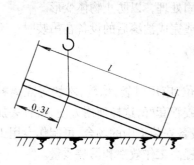

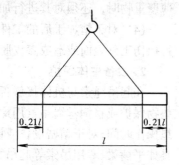

图 5-20　一个吊点起吊位置　　　　图 5-21　两个吊点起吊位置

三个吊点时，其中两端的两个吊点位置距各端的距离为 $0.13l$，而中间的一个吊点位置则在杆件的中心，如图 5-22 所示。

四个吊点两端的二个吊点距各端的距离为 $0.095l$，然后将两吊点间的距离三等分，即可得到中间两个吊点位置。中间吊点的间距为 $0.27l$，如图 5-23 所示。

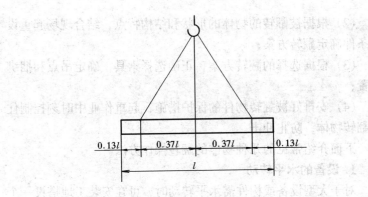

图 5-22　三个吊点位置

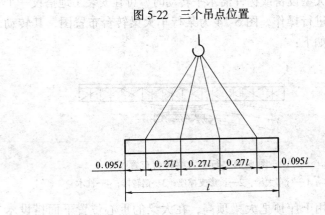

图 5-23　四个吊点位置

2）吊方形物体时，若用四根绳索绑扎，则四根绳索的位置应在重心的四边。

3）拖拉长物体时，应顺长度方向拖拉，绑扎点应在重心的前端，横拉时，两个绑扎点应在距重心等距离的两端。

（五）设备与构件的翻转

起重作业中经常需要对设备与构件进行翻转操作，对此起重工的任务是：

（1）正确估计被翻转物体的重量及其重心位置；

（2）根据被翻转的物体的形状和结构特点，结合现场起重设备条件确定翻转方案；

（3）根据选择的翻转方案，正确选择索具，确定吊点和捆绑位置；

（4）安排好被翻转物件的保护措施，起重作业中时刻控制住被翻转物体，防止冲击。

下面介绍常见的几种物体的翻转操作方法。

1．设备的水平转动

对于大型设备或构件需水平转动时，可在安装工地搭设一个临时转台进行操作，图 5-24 为某行车大梁转台布置图，其转动操作步骤如下：

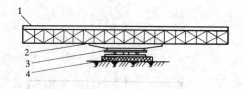

图 5-24　行车大梁转台布置图

1—行车大梁；2—长形支撑座；3—钢转排；4—枕木

（1）用千斤顶把大梁顶高，在大梁的重心位置下面搭设木垛；

（2）在木垛的上面放三层厚度不小于10mm 的钢板，钢板要平整，中间一层钢板稍小于上下两块，并在钢板接触面上涂满黄油；

（3）在钢板与大梁之间，再放一层道木，落下千斤顶，使大梁置于道木上；

（4）用人力或卷扬机等在大梁的端头牵拉，大梁即可按要求在水平面内转动。

在有大型起重机具时，设备的水平转动，也可以悬吊进行。

2．设备与构件的翻转法

（1）一次翻转法

176

此法是绑扎后利用起重绳索的上升，将物体翻身后再继续起吊，如图 5-25 所示为柱子的一次翻转法操作。

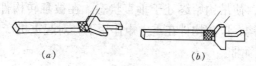

(a)　　　　　　　　　　(b)

图 5-25　柱子的翻转一次绑扎法
(a) 翻转前；(b) 翻转后

（2）二次翻转法

此法是把翻转和起吊分成二次进行，如图 5-26 所示，第一次将柱子翻转 90°后，再进行第二次绑扎吊装。

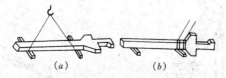

(a)　　　　　　　　　(b)

图 5-26　柱子的二次绑扎法
(a) 第一次绑扎；(b) 第二次绑扎

（3）大型铸锻件的翻转

大型铸锻件的翻转（一次绑扎翻 90°）一般采用兜翻的方法，具体操作方法为：将要翻转的设备放在翻转沙坑内，绳扣捆

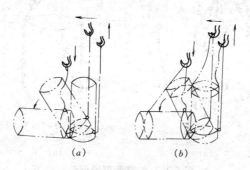

(a)　　　　　　　　(b)

图 5-27　构件兜翻
(a) 不带副绳；(b) 带副绳

177

绑在构件的重心之下靠近构件的底部或侧面的下角部位，在构件翻倒处垫好木垫，（在沙坑内可不垫），起吊时，边提升边校正起重机位置，使吊钩始终处于垂直状态。在被翻转构件翻转瞬间，应随即落钩，以防构件在重力矩作用下，对起重机产生冲击及使构件连续倾翻。

（4）带锥度容器的翻转

带锥度容器制作及运输放置时，为了稳定一般为大头朝下，而安装位置一般正好相反，即常需将容器翻转180°，翻转方法如图5-28。

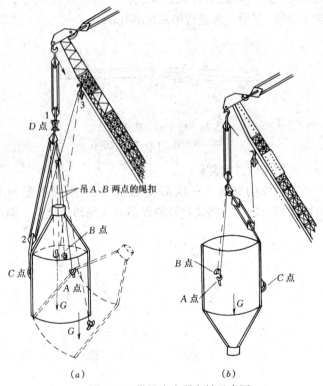

图5-28　带锥度容器翻转示意图

（a）空中翻转法；（b）翻转后的空中情况

1—主滑车组；2—翻转滑车组；3—导向滑车

图中 A、B、C 三点为容器的三个吊耳，其在圆周上呈三等分，在 A、B 两点用一根绳扣拴好，挂在主吊钩上，同时在 C 点用一套滑车拴好挂于主吊钩下端部卸扣 D 点处，滑车组的跑绳头挂在辅助吊钩上，当容器随着主吊钩上升时，辅助吊钩也随着上升，并保持滑车组稍收紧即可，当容器需翻转时，主吊钩停止上升，辅助吊钩继续缓慢上升，这时容器就以 A、B 两点为轴旋转（如图中虚线位置）直至 C 点转到 180°时为止，这时容器就被翻转过来。

为了保证容器在翻转过程中不至于突然倾翻，要使 A、B、C 三个吊点的位置略高于容器的重心，而且 C 点还得略高于 A、B 两点，只有这样在翻转过程中重心才能始终滞后于 C 点，以保证容器稳定地翻转。

（六）设备的就位与校正固定

设备吊装就位前，基础应进行交接验收，基础中间交接验收时，土建应交付基础实测中心、标高及几何尺寸、基础竣工记录资料等，基础验收合格即可进行设备就位。

1. 设备的就位

设备就位是指根据安装基准线把设备安放在正确的位置上。即设备安放在平面的纵、横向位置和标高须符合一定要求。设备就位后底座与基础间有时需要灌浆处理，为使灌浆质量得到保证，设备就位前应将其底座面的油污、泥土等脏物以及地脚螺栓预留孔中的杂物除去，灌浆处的基础或地坪表面应铲成麻面，被油沾污的混凝土应予以铲除。

设备的定位基准线一般为设备的中心线，即设备的对称中心轴线，设备就位时应使设备上的定位基准线与基础上的安装基准线对准，其偏差值控制在允许的范围之内，设备就位后，应放置平稳，防止变形，对重心较高的设备应采取措施防止摆动或倾倒。

机械设备安装在基础上的方法可分为有垫铁安装法和无垫铁安装法两类。

有垫铁安装法是借助设备底座与设备基础之间的垫铁组找平设备，并将设备的载荷传给基础。它操作简便，调整方便。对二次灌浆层要求不高，目前许多机械设备的安装均采用此种方法。它的缺点是由于使用垫铁而需耗用大量钢材。

无垫铁安装法在设备底座与基础之间没有垫铁，设备重量完全由二次灌浆层承担并传给基础，这种方法增大了基础与设备底面的接触面面积，受力均匀，对于节约钢材亦有一定意义。

无垫铁安装法的安装过程与有垫铁安装法的安装过程大致相同，不同的是设备与基础之间没有垫铁，待设备找正找平找标高的调整工作完毕，地脚螺栓拧紧后，即可进行二次灌浆。在二次灌浆层养护期满，达到应有强度后，便把作调整用的调整螺钉、斜垫铁、调整垫铁全部拆除，将留下的空间灌满灰浆，并再次拧紧地脚螺栓，同时复查标高，水平度和中心线的正确性，无垫铁调整法对安装人员的技术要求较高。

2. 设备的找正找平

设备找正找平工作贯穿于整个设备吊装过程之中，在设备搬运到基础之前，应根据起吊机具的方向，确定设备就位后入孔及其孔管线接头的方位等，在设备上做好中心标记，测出基础四周的标高，基础四周标高一般应比设备实际就位后底面设计标高低30~50mm，以放置斜垫铁和平垫铁等，便于在设备安装后找平时调整使用，同时应检查地脚螺栓丝扣是否清洗干净，有无损坏，螺栓的高度及中心距是否合乎设计要求。

如前所述，基础检查合格后即可进行起吊，起吊时将设备逐渐移向基础，当提升设备超过地脚螺栓高度后，使设备底座孔对准地脚螺栓，然后缓慢落下设备，拧紧螺栓。

对于立式静止设备，在安装时须保持其主体的垂直度达到规范要求，操作中一般使用经纬仪在互成 90° 两个方向进行找正，要求垂直度不大于 1/1000，总误差不得超过 15mm，对于整体吊装的组合设备，还要检验其水平度，使其亦同时达到一定要求。

3．设备的校正工作

设备吊装完成后应对设备进行校正，这里以塔类设备为例介绍设备校正的步骤和方法，一般塔体均安装在垫板上，在吊装机具未拆除之前应及时进行塔体的校正工作，主要内容包括标高和垂直度的检查。

（1）标高检查　由于经过验收的设备其各个位置至底座之间的距离均已知，所以检查设备标高时，只需测量底座的标高即可，检查时可用水准仪和测量标尺来进行，若标高的差值较大，可用千斤顶或起重机进行起落调整，差值较小时，可直接用斜垫铁，通过大锤敲打，来调整标高。

（2）垂直度检查　垂直度检查常用两种方法：一是铅垂线法，由塔顶互成 90°的两个方向吊铅垂线到底部，然后在塔顶和塔底部取两点或若干点，用钢尺量其距离，比较相互差距是多少，符合规范要求即可。若有问题则调整垫铁，使垂直度达到要求。第二种方法是用经纬仪从上下检测塔壁的垂直度误差值。这种检测法最好在上部焊一根凸出来 100mm 的角钢，下部也焊一根角钢，长度为 200mm，其中标上 100mm 的刻度，经纬仪先对好上部伸出来的 100mm 处，然后返到下边，测量刻度是否在角钢刻度 100mm 处。如在 100mm 内或外，则说明塔有偏移，不完全垂直，此时可用桅杆或垫铁来调整。

（七）柱子的吊装

柱子吊装方法有旋转法、滑行法、斜吊法和双机抬吊法。

1．旋转法吊装

旋转法吊装是使柱子的下端保持不变，上端以下端为旋转轴随着起重钩的上升和起重臂的回转而渐渐升起，直到柱子的上下端成一条垂直线为止。旋转法吊装适用于中小型柱子的吊装，具体方法如下：

（1）柱子的摆放位置应使绑扎点、柱脚、基础中心三点都在起重机回转半径的同一圆弧上，如图 5-29（b）所示。

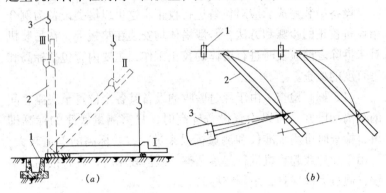

图 5-29　旋转法吊装柱子

（a）旋转过程示意图；（b）平面布置示意图

1—基础；2—柱子；3—履带起重机

（2）将起重机开到回转中心位置不动，吊索挂钩后，边回转起重机臂边提升吊钩，使柱子绕柱脚旋转，逐渐升起，直到垂直状态，然后将柱子吊起转至基础上方，落下就位，如图 5-29（a）所示。

2．滑行法吊装

滑行吊装法将捆扎点设在柱子基础上方，起重机的起重臂在起吊时不变幅，始终保持吊钩垂直上升，同时底部向基础滑行，直到就位，它适用于吊装较重、较长的柱子，具体方法如下：

（1）柱子的摆放位置应使绑扎点安设在柱子基础的附近或基础上，柱脚下安放拖板和滚杠，如图 5-30（a）所示。

（2）将起重机开到指定位置，使吊钩在绑扎点上空，如图 5-30（b）所示。吊索挂钩后，起重机吊钩垂直起吊，随着柱子的升起，柱脚慢慢地滑向基础，直至柱子处于垂直状态，将柱子吊起，然后进行就位。

3．斜吊法吊装

斜吊法捆扎点设在柱子重心上部，起吊后柱子有一定斜度，

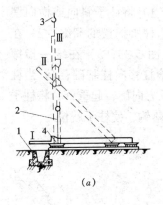

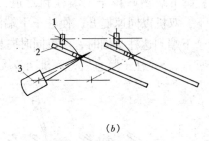

图 5-30 滑行法吊装柱子

(a) 滑行过程示意图；(b) 平面布置示意图

1—基础；2—柱子；3—履带起重机；4—拖板及滚杠

下部可用麻绳拉住防止柱子摆动，底部用人力推到基础后就位。它适用于吊装较重，较长的柱子，而起重机起重杆不够长时。其吊装方法如下：

（1）将柱子按旋转法或滑行法摆放在安装地点，并在柱子下端绑扎一根麻绳做拖拉绳。

（2）用旋转法或滑行法将柱子略呈倾斜地起吊至基础之后，用人力拉着拖拉绳或用撬杠拨正就位，如图 5-31 所示。

4．双机抬吊法吊装

当一台起重机性能不能满足起吊要求时可用双机抬吊，吊点可用一点或分开两点。它适用于重量在 20t 以上的柱子，同时又缺乏大型起重机的情况。

（1）双机抬吊一点绑扎吊装

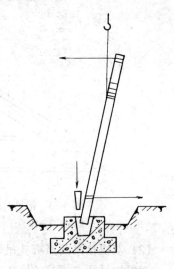

图 5-31 用撬杠拨正柱子就位

双机抬吊一点绑扎的操作方法为：1）将柱子斜向或横向摆放好，见图5-32，绑扎好吊索以及防止柱脚摇摆的溜绳；2）在柱脚下端垫好排子、滚杠和走道，见图5-33；3）在统一指挥下，双机以同速提升，使柱子下端沿滚杠移向柱基础；4）当柱子下端到达柱基础时，两机同时向相反方向旋转起重臂，将柱子竖直；5）柱子竖直后，双机同步缓慢落钩，使柱子就位。

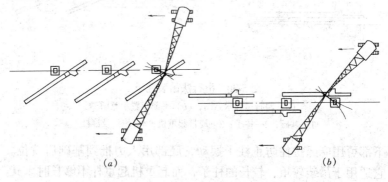

图 5-32　双机抬吊一点绑扎

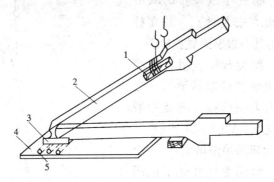

图 5-33　抬吊时柱子下端滚杠的布置
1—垫块；2—柱子；3—槽钢；4—走板；5—滚杠

（2）双机抬吊两点绑扎吊装

双机抬吊两点绑扎的操作方法如图5-34所示。1）先将柱子横向摆放好，柱子的两个绑扎点与基础中心线应分别在两台起重机固定回转半径的圆弧上，见图 5-34（a）；2）根据计算使主机吊上端，副机吊下端，将绑扎吊索挂钩；3）在统一指挥下，两台起重机同时提升吊钩，当吊钩提升至柱子竖直且底端离地面 10～30cm 时停止提升，见图 5-34（b）；4）A、B 两机的起重臂同时向基础中心旋转，此时 B 机只旋转吊钩而不提升，A 机则一面旋转一面缓慢提升吊钩，见图 5-34（c），直至柱子从水平位置变为垂直位置；5）两机同步缓慢落钩，将柱子就位于基础内。

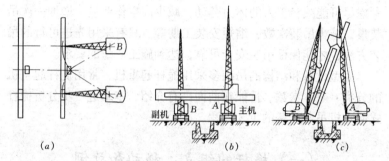

图 5-34　双机抬吊两点绑扎

（a）平面布置示意图；（b）双机同时起钩示意图；

（c）双机同时向基础旋转示意图

六、桅杆起重机吊装工艺

正确选择吊装工艺即确定科学合理的吊装方法，是设备吊装前的重要工作，其具体选择应根据安装施工现场现有机具情况，考虑尽可能减轻工人的体力劳动，减少高空作业量，增加一次吊装量，减少吊装次数，缩短安装工期等。只有采用先进可行的吊装方法，才能保证吊装安全可靠，达到施工质量的要求。

大型设备和结构的吊装多采用桅杆起重机，常用桅杆起重机的分类、基本参数、性能在前面已有介绍，本章进一步分析桅杆式起重机吊装设备的工艺过程。

（一）桅杆的组立、移动和放倒

使用桅杆起重机须先将桅杆组立起来，桅杆组立方法的选择应根据桅杆的高度、重量、现场环境、机具条件和技术水平等因素来确定。对于高度和重量不大的桅杆可直接用人力安装组立，此外应尽量利用运行式起重机、打桩机或已安装好的金属构架等构筑物来竖立。对于高度和重量都很大的桅杆，在没有构筑物可利用或缺少大型起重机的情况下，一般采用辅助桅杆来竖立，其方法有滑移法、旋转法和扳倒法等几种。

1.滑移法

如图 6-1 所示，竖立桅杆前先将主桅杆置于木滚排上，使桅杆重心与桅杆安装点尽量重合，在桅杆安装处，先竖立辅助桅杆，其高度约为主桅杆高度的一半加 3~3.5m。在主桅杆重心以上约 1~1.5m 处系结一吊索，将吊索挂在辅助桅杆的起重钩上，仔细检查无误后，启动卷扬机，逐步吊起桅杆，此时主桅杆的下端沿着地面拖动，直到桅杆底部滑移到安全点为止，桅杆基本竖直后，收紧缆风绳找正桅杆，使主桅杆竖立在安装地点上，滑移法组立桅杆较旋转法和扳倒法受力状况好，亦最安全，但所需辅助桅杆较高，且竖立辅助桅杆所耗用的人力较多。

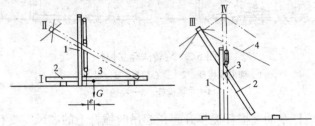

图 6-1　滑移法竖立桅杆

1—辅助桅杆；2—主桅杆；3—重心位置；4—缆风绳

2．旋转法

旋转法竖立桅杆如图 6-2 所示，其步骤为在桅杆安装位置附近竖立辅助桅杆，其高度为桅杆长度的 1/3～2/3；将要组立的桅杆下端放在辅助桅杆近旁，用绳索系结或绞接的方法把它固定在安装底座上；在桅杆重心以上适当位置系紧吊索，并把它挂到辅助桅杆起重钩上；仔细检查后，开动卷扬机进行起吊，桅杆以下端为支点转动；当桅杆转到与地面成 60°～70°角时，开始拉动缆风绳并将桅杆竖直；固定缆风绳，使桅杆稳定。这种竖立方法所用的辅助桅杆的高度较滑移法低，缺点是不如滑移法受力好，且桅杆底部捆绑或铰链的加工和安装较复杂，操作有一定难度。

3．扳倒法

如图 6-3 所示，它是利用辅助桅杆的旋转而将主桅杆竖立起来，桅杆竖立前的放置方法与旋转法相同，但辅助桅杆是放在主桅杆的基座上，而旋转法的桅杆是放在基底的近旁，在桅杆重心以上适当位置用绳索系紧，并与辅助桅杆用千斤索连接起来并予以收紧，另外用起重滑车组将辅助桅杆与地锚连接起来，仔细检查无误后，开动卷扬机，利用滑车组将辅助桅杆扳倒，与此同时

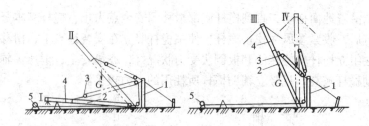

图 6-2　旋转法竖立桅杆

1—辅助桅杆；2—重心位置；3—起重滑车组；

4—主桅杆；5—卷扬机

辅助桅杆牵动主桅杆逐步升起，起吊时桅杆上的缆风绳要有专人看管，并随着桅杆的逐步竖立而将缆风绳收紧或放松，防止桅杆左右摆动。当桅杆由水平位置旋转到60～70°时即可利用桅杆上的缆风绳将桅杆竖直并固定。

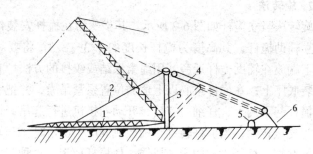

图 6-3　扳倒法竖立桅杆

1—主桅杆；2—千斤索；3—辅助桅杆；

4—起重滑车组；5—卷扬机；6—地锚

这种竖立方法所用的辅助桅杆为主桅杆高度的 1/3～1/4，是三种方法中需要辅助桅杆最短的一种，缺点同旋转法相似。

4.用移动式起重机竖立桅杆

在有条件的地方应尽量利用移动式起重机竖立桅杆，移动式起重机竖立桅杆工序简单且效率高，具体使用时应注意以下几点：

（1）选择起重机要满足起吊桅杆的高度要求；

（2）放置桅杆的底座时，应注意对准导向滑车的方向；

（3）桅杆就位时应正确落于桅杆底座中心。

5．人字桅杆的组立

人字桅杆有现场绑扎和用铰链连接两种，在组立时要把人字架的两个杆底脚放在安置位置，并把人字架的头部用枕木垛垫起1～1.5m高，将起重滑车系结在交叉处后用人力或卷扬机拉起桅杆，缓慢升至与地面成70°夹角时，即可停止牵引，利用缆风绳进行找正，待人字桅杆找正后将缆风绳固定在地锚上。

6．桅杆在站立状态下的移动

当采用一根或两根桅杆吊装多台设备时，在吊装一台设备后，需将桅杆移动到新的位置再吊装另一台设备，这种桅杆在站立状态下的移动，有间歇法和连续法，其事先要考虑到桅杆在开始位置和最后位置时各缆风绳的伸缩长度，缆风绳与地面间的夹角，各锚点的受力方向和锚点的更换等因素。以使桅杆的移动快捷和安全。

（1）间歇法　如图6-4所示，在桅杆底脚处设置小滑排，在其前方设牵引索具，其后方设制动索具，桅杆前后的缆风绳一般都用卷扬机控制伸缩。

间歇法的步骤为：

1）先逐渐放松后方的制动索具，同时相应收紧前方的牵引

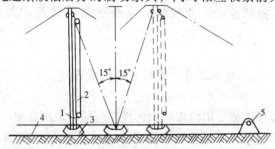

图 6-4　间歇法移动桅杆示意图

1—桅杆；2—滑车组；3—拖子；4—止推索具；5—卷扬机

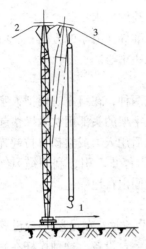

图 6-5 连续法移动桅杆示意图
1—牵引索具；2—后方拖拉绳；
3—前方拖拉绳

索具，桅杆底脚便向前移动，当桅杆向后倾斜至 10°～15°时停止。倾斜幅度不得超过桅杆高度的 1/5。

2）放松桅杆后方缆风绳，同时，相应收紧前方的缆风绳，使桅杆向前倾斜至 10°～15°时为止。

3）再放松后方的制动索具，同时相应收紧索引索具，使桅杆向后倾斜 10°～15°。

如此循环，使桅杆移动到预定位置。

（2）连续法，如图 6-5 所示在桅杆底脚设置滑移装置，在其前方设置一套牵引索具，（桅杆底部后方可不设制动索具）桅杆前后的缆风绳同样用卷扬机控制收放。

开始移动时，先放松桅杆后方缆风绳，同时收紧其前方的缆风绳，使桅杆前倾 3°～5°；桅杆底部排子的牵引索具也要同时动作，上部的缆风绳也要同时放松，使桅杆始终保持前倾 3°～5°的状态下移动，直至达到预定位置时止，采用连续移动时，其桅杆倾斜幅度不得超过桅杆高度的 1/20～1/15，在整个移动中要统一指挥，密切配合，使桅杆完全处于受控状态，直止新的位置。

（二）单桅杆吊装工艺

单桅杆吊装使用机索具少，操作容易，使用方便，在施工中应用较多，单桅杆吊装设备可分为直立桅杆吊装和倾斜桅杆吊装，而被吊设备一般是直接在基础旁吊起后，拆除底排，移放到基础上即可。

1. 直立单桅杆夺吊

直立单桅杆夺吊如图 6-6 所示，桅杆呈直立状态，在动滑车的吊索处（或吊物上），设置曳引索并串绕滑车组（力不大时可不拴滑车组），使起吊滑车组中心连线与桅杆呈一定角度 α，在保证被吊物件（设备、结构）不致碰杆的前提下，尽量减少其夹角，为了改善起吊滑车组的受力状况，当曳引索引向地面时，其锚点宜远不宜近，即曳引索与地面夹角 ϕ 愈小愈好，最大不超过 30°。

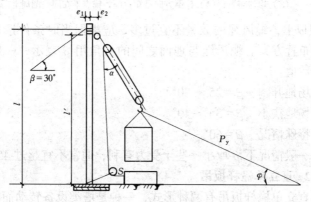

图 6-6　直立单木桅杆夺吊示意图

单桅杆缆风绳的布置方法，当场地允许时，缆风绳多采用相同的水平仰角，各地锚至桅杆基座的距离相等，若桅杆承受的载荷对称于桅杆的轴线时，缆风绳在 360°范围内均匀布置，如图 6-7（a）所示，此时桅杆倾倒方向往往不能预先知道，故缆风绳只能对称布置。若桅杆倾倒方向预先知道，如图 6-7（b）所示，此时，桅杆倾倒方向相反的一侧要多布置缆风绳。担负着桅杆受载荷后的主要平衡作用的缆风绳称为主缆风绳，其余缆风绳为辅助缆风绳。室内的桅杆由于场地或构筑物结构特点，往往不能使桅杆位于同一圆周上，其布置如图 6-7（c）所示。

缆风绳的数量应依据桅杆的情况而定，根据经验对单木桅杆常采用 4～8 根，对单金属桅杆常采用 5～8 根，特殊情况可配备

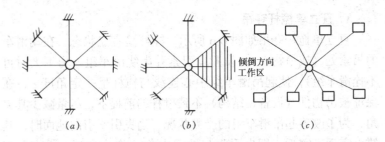

图 6-7 单桅杆缆风绳的布置

（a）均匀布置；（b）杆倒方向已知；（c）锚点不在同一圆周上

10 根以上，缆风绳的数量不宜过多，应根据当时条件选取最合理的布置方案。缆风绳与地面之间的夹角用 β 表示，一般可取下列数值：

  场地开阔 $\beta = 25° \sim 30°$

  场地狭小 $\beta = 35° \sim 40°$

  特殊情况 $\beta = 60°$

  一般情况下 β 取小一些于受力有利，通常不宜超过 45°。

2．直立单桅杆扳吊

  直立单桅杆扳吊有两种形式，一种是塔类设备转动而桅杆不动，简称单转法，另一种是随着塔类设备的转动，桅杆也相应转落的转落法，扳吊法系旋转法的一种，如图 6-8 所示，其操作要点基本上与旋转法竖立桅杆相同。桅杆最大受力发生在设备抬头时，是一种较为安全的吊装方法，且使用的机索具小而少。但吊装中会产生较大的水平推力，需增加止推索具，另外基础与设备

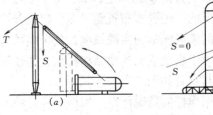

图 6-8 扳转法示意图

192

之间要加设回转铰链，因此基础需要加以特殊处理，如图 6-9 所示，若不用铰链，可用止推索具进行控制调整。当设备扳吊到一定角度时（一般为 60°~70°），设备的重心越过铰链轴线或旋转支点时，设备会自动回转。为此须配备制动机索具。以使设备在发生回转时，进行缓慢的溜放就位，用这种方法扳吊，基础不宜太高，一般应在 2m 以下，由于吊装时产生较大的水平推力，因此要对设备底部的局部强度和稳定性进行验算，符合要求后才允许吊装，必要时应采取加固措施。

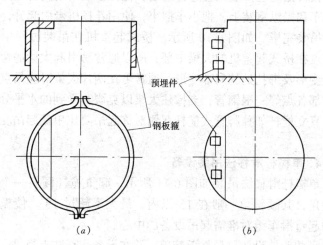

图 6-9 基础处理图
(a) 加钢箍；(b) 加预埋件

扳吊塔类设备时，要求塔类设备的中心线、桅杆中心线、基础中心线和起吊（主扳）及制动滑车组的合力作用线均在垂直于地面的同一平面内。

单桅杆扳吊可用高桅杆吊矮塔，即可用较小的力扳吊较重的塔，也可用低桅杆扳吊高塔，此时有充分的空间位置给设备进行"穿衣戴帽"，从而减少高空作业量和提高吊装工效。

3. 直立桅杆双侧吊装

直立桅杆双侧吊装经常用于整体吊装中小型桥式起重机。此时在桅杆的两侧系挂两套起升滑车组，用两台卷扬机（单式滑车组）或四台卷扬机（双联滑车组）起升。

桥式起重机从制造厂是分成几大件（大梁、小车，操纵室等）运到安装现场。整体吊装时，在地面上先把几大件组装成一个整体，再进行吊装，这样高空作业少，省人力，进度快，但一次起重量大。

当用直立单桅杆双侧吊装桥式起重机时，先将桥式起重机的两扇大桥搬运至吊装位置进行组装，桅杆立在两扇大桥之间，再将小车和操纵室装上，把小车捆牢，使用卷扬机牵引起升，一次整体吊装完毕。如图 6-10 所示。桥式起重机在吊装过程中由于绑扎点在桥式起重机的大梁中部，所以通常易引起大梁的弯曲和扭转变形及绑扎处的局部变形，通常可在两片大梁对应吊点间的上下部各点焊一根钢管，支撑住大梁以克服其受到的水平分力。

直立桅杆如独脚管式桅杆双侧对称起吊要比单侧起吊受力状况好。

4. 单桅杆滑移法吊装设备

单桅杆滑移法吊装如图 6-11 所示，起重桅杆倾斜一个不大的夹角，其倾斜角一般在 15°以内，最大不超过 18°，使桅杆顶部的起重滑车组对准需起吊设备的中心。

吊装前使设备尽量靠近基础，并在设备底部装上拖排，搭设好走道，在设备前后各设置一台卷扬机，穿上滑车组，作塔类设备吊装时的牵引和溜放用。

单桅杆滑移吊装法适用于一些长度、直径和重量都不大的塔类设备，滑移法吊装塔体时，被吊塔体底部作水平运动，头部同时作水平和竖直运动。起重滑车组与铅垂方向的夹角不大，单桅杆滑移吊装法的特点是：

（1）桅杆应倾斜成一定角度，使设备顶部的吊耳对准设备基础中心；

（2）桅杆比设备高，桅杆的规格应较大一些；

（3）设备是直接进位，就位容易。

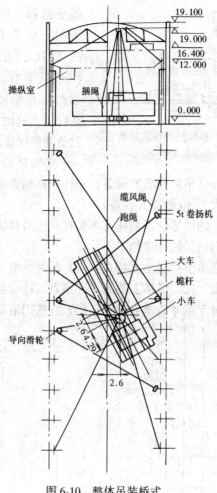

图 6-10　整体吊装桥式
起重机示意图

5. 单桅杆偏心提吊滑移法

单桅杆偏心提吊滑移法如图 6-12 所示，起吊滑车组垂线投影到基础边缘外侧，吊点在设备的侧边，桅杆的倾斜度 α 以设备不碰杆为原则，设备就位时一般要在设备底部加曳引力 P_x 夺正，因此出现侧偏角 α_1，加曳引力夺正为最不利状态。此时设

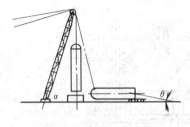

图 6-11 单桅杆滑移法吊装
塔类设备示意图

备受到 G、P_1 和 P_x 三力而平衡，为了正确就位，G、P_1 和 P_x 三力汇交于一 O' 点（设备底面中心）且和基础中心 O 应在垂直于基础的同一垂线上，这时落钩才能保证设备准确就位。

单桅杆偏心提吊滑移法可用较低的桅杆吊装较高的设备，桅杆规格相应小些，适用于高度与直径比大于 40 的立式设备。

单桅杆中的滑移法吊装还有单桅杆夺吊滑移法、单桅杆摆动滑移法，它们的吊装特点如下：

单桅杆夺吊滑移法主要特点：（1）吊装时滑车组与铅垂方向有相当的夹角；（2）塔体上要另设夺吊点，待设备越过基础（或障碍物）后滑车组才能垂直提升；（3）宜选用活动缆风帽，球铰

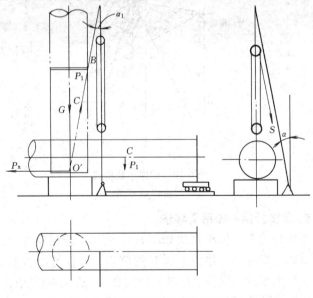

图 6-12 倾斜单桅杆侧偏吊示意图

196

底座的桅杆，以减小桅杆扭矩；（4）适用于设备基础较高或有障碍物的情况。

单桅杆摆动滑移法主要特点：（1）桅杆吊耳相对设备基础中心摆动一个角度，待越过障碍后，再摆动到基础中心就位；（2）适用于基础较高或有障碍物的情况。

单桅杆夺吊滑移法和单桅杆摆动滑移法的具体工艺方法可参阅相关起重资料。

（三）双桅杆吊装工艺

双桅杆吊装是一种常见的吊装工艺，有等高桅杆和不等高桅杆之分，双桅杆吊装多用滑移法，等高双桅杆应用较多，其受力分析和机索具布置简单，不等高双桅杆多用于小塔群的吊装，当桅杆移动时，缆风绳相互干扰少。

双桅杆吊装，其桅杆站位间距应能使设备顺利通过为原则，不宜过大，等高双桅杆站距相等，以利设备吊装就位对中，不等高双桅杆站距不相等，低者距设备较近而高者较远，双桅杆吊装时不易协调控制吊装速度，当桅杆高设备低时，可采用平衡装置，当桅杆低设备高时，不易采用平衡装置，故存在偏载现象。因此在计算载荷时，应考虑偏载因素，须乘以一个大于1的不平衡系数，一般取不平衡系数 $K_2 = 1.1 \sim 1.2$。

1. 双桅杆散装设备正装法

正装法（又称顺装法）安装设备，如图 6-13 所示，一般设

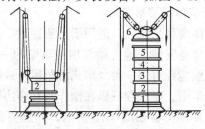

图 6-13　双桅杆顺装法示意图

备由多节组成，每节重量较小，安装时先把与基础相连的一节吊装就位，找正找平后，开始一节一节的用递夺吊装工艺往上安装组对，最后吊装最上面的一节，所以正装法要求桅杆高度超过塔体高度，正装法从始至终的吊装吨位均较小。

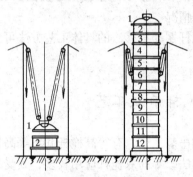

图 6-14　双桅杆倒装法示意图

2. 双桅杆散装倒装法

用倒装法安装设备如图 6-14 所示，一般设备也由多节组成，安装时，首先把最上面的一节吊起，然后将下面一节置于基础上，落下最上一节进行组对，组对好后，继续吊起，再将下面一节置于基础上，再落下进行组对，反复多次就能将多节设备组装完毕。这种吊装方法，其桅杆随着组对节数的增加，吊装重量也随之增加，最后达到设备的总重量，倒装法大大减少了高空作业，操作比较安全，安装质量得以保证，并且桅杆的高度可以低于塔体的总高度，倒装法需要承重量大的桅杆。

3. 双桅杆整体递夺吊装法

在吊装中小型设备群时，在设备基础两侧竖立两根桅杆，如图 6-15 所示，起吊的顺序是先将设备吊升到一定高度（比基础标高要高），然后利用两个桅杆上的滑车组一放一收的协调动作，便可把设备在空中传递到所要求的基础上去，进行找正安装。

4. 双桅杆整体滑移吊装法

双桅杆整体滑移吊装法，适用于吊装重量、高度和直径都较大的设备，此法是安装工地上最常用最典型的一种整体吊装法。在起吊时，每根桅杆可用一台（单式滑车组）或两台（双联滑车组）卷扬机来牵引，要求卷扬机在操作时互相协调，另外在塔底裙座处一般要加滚排，如图 6-16 所示，并且要前牵后溜，防止塔体向前移动时速度不均匀，使吊装中产生颤动或向前移动速度

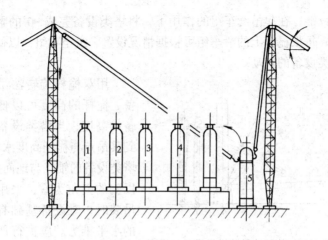

图 6-15　用双桅杆整体递夺吊装塔类设备示意图

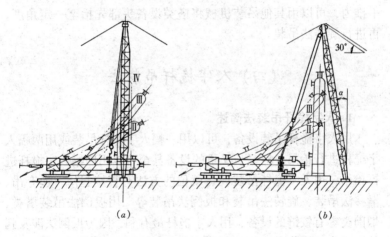

图 6-16　双桅杆整体滑移吊装塔类设备示意图
(a) 原始状态；(b) 直立状态

过快而造成设备与基础相撞。

滑移法吊装是重型立式设备整体吊装的主要方法之一，与扳吊法相比突出的优点在于对设备基础不产生水平推力。

5.双桅杆旋转法吊装设备

如图 6-17 所示，双桅杆旋转法吊装是利用设备基础上设置的铰链，在起吊滑车组的作用下，将塔类设备完成 90°的翻起就位，每根桅杆上的滑车组可根据情况设置一组至几组，以便控制塔类设备的转动。

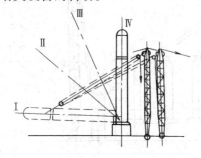

图 6-17　旋转法吊装塔类设备示意图

用双桅杆旋转法吊装设备，桅杆的高度可以低于设备的高度，当塔类设备旋转到其吊点与桅杆高度水平时，塔类设备的轴线与地面成 60°以上的夹角为宜，采用此法吊装时，对设备基础有较大的水平推力。应进行严格验算，为减小对设备基础的水平推力，可以用其他吊装机械将塔类设备头部先抬至一定角度，再进行旋转法吊装。

（四）人字桅杆吊装法

1. 人字桅杆吊装法简述

用人字桅杆吊装设备，可以用一幅人字桅杆吊装或用两幅人字桅杆进行抬吊，对又长又重的设备甚至可以用四幅人字桅杆进行抬吊，用人字桅杆吊装设备就位的方法有直接起吊、递夺吊、滑移法吊装、旋转法吊装和扳倒法吊装等，用扳倒法吊装塔类、烟囱类等有铰链的设备，用人字桅杆最有利，因为扳倒法涉及到的因素多，操作方法比较复杂，而人字桅杆与独脚桅杆、双桅杆等相比、具有轻便、立拆方便、受力状况好、易控制、缆风绳少和简单易行等优点，故用扳倒法吊装设备，人字桅杆是最佳选择。

选用人字桅杆吊装时应注意：人字桅杆一般搭成 25°～35°（在交叉处）夹角。在交叉地方捆绑两根缆风绳，并在交叉处挂上滑车，在其中一根桅杆的根部设置一个导向滑车，使起重滑车组引出端经导向滑车引向卷扬机。桅杆下部两脚之间，用钢丝绳连接固定。如桅杆需倾斜起吊重物时，应注意在倾斜方向前方的桅杆根部用钢丝绳固定两脚，以免桅杆受力后根部向后滑移。

2. 人字桅杆吊装法举例

如图 6-18 所示是一幅人字桅杆吊装某机座的变幅就位吊装，先将人字桅杆倾斜，将运拢基础附近的机座吊起，晃动一下机座以检查桅杆及各部受力情况，检查无误后，采用改变桅杆主缆风绳长度的方法，将桅杆竖立垂直，以对准坑下基础的地脚螺栓孔，然后逐步落下设备就位。

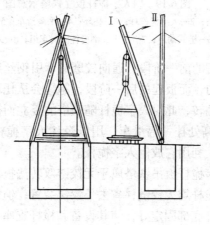

图 6-18　人字桅杆吊装示意图

图 6-19 为用人字桅杆扳立铁塔，该铁塔高 35m，重 250kN，由 7 段组成，人字桅杆杆长 10m，倾斜 30°架设在距离铁塔底部 2m 处，在人字桅杆的顶部设置一个托环，用以托住通向铰磨的钢丝绳（跑绳），在铁塔标高 21m 和 28.4m 两处，各挂一幅倒链，分别与吊索连接，二者之间用一个平衡滑车串联起来，在扳起铁塔时，使该两处同时受力，在正式扳起之前，先收紧两台倒链，使塔头抬高 1m 左右，此时，检查各部受力状况，然后可推动铰磨，正式扳起铁塔，为防止铁塔在扳起时，塔身向后滑移，在铁塔底部人字形系结两组钢丝绳拴于地锚上。

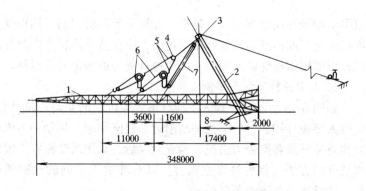

图 6-19　用人字桅杆扳立铁塔示意图

1—铁塔；2—人字桅杆；3—托环；4—平衡滑车；5—千斤索；

6—链式葫芦；7—用于放倒桅杆的滑车组；8—地锚

扳起铁塔的前一阶段，通向铰磨的牵引钢丝绳压在人字桅杆顶部的托环内，而扳起的后一阶段，跑绳会从托环内跳出，直接牵引塔体的翻转，此时人字桅杆随铁塔的竖立而被放倒。因而在铁塔15.8m高处挂一幅滑车，用以牵住人字桅杆，待铁塔全部竖立完毕后，利用它放倒人字桅杆。

上述人字桅杆扳吊铁塔属于无铰链双转法扳吊法，这种方法设备和人字桅杆均无铰链，省去了铰链装置，但须采取适当措施将设备及桅杆底部固定好，使其设备和桅杆支座在回转时保持稳定。

无铰链双转法扳吊机具布置时，人字桅杆中心线、塔设备及基础中心线，起扳机索具的合力作用线，制动机索具的合力作用线和主副地锚中心线均应处于垂直于地面的同一平面内；主扳机索具（滑车组、千斤绳、主地锚和卷扬机等）则设置在人字桅杆的另一侧，当塔设备较高时，人字桅杆也可越过塔设备底部呈"骑马"状，但桅杆顶部的水平投影不得越过该塔设备的重心，为了利于扳吊，人字桅杆宜向设备倾斜10°～20°。

无铰链双转法扳吊使用的人字桅杆高度一般为塔设备高的1/2～1/3，设备较矮小时，桅杆高度可以等于或超过设备高度。

人字桅杆吊装中还有一种双人字桅杆滑移法，它的特点是（1）除两侧设置缆风绳外，其他方向可少设置缆风绳；（2）应严格控制滑车组垂直提升并应有防止脱排时摆动的措施；（3）适用于现场不便设置过多的缆风绳的情况。双人字桅杆滑移法的具体工艺可参阅相关起重技术资料。

（五）桅杆吊装受力控制简介

起重吊装受力计算中，采用了受力不均衡系数，将不均衡受力化成均衡受力计算，采用了动力系数将动载荷化成静载荷计算，使受力计算得以简化，但有时亦可能存在（1）受力不均衡系数和动力系数与设备吊装方案、使用机具、现场条件、吊装经验和所采取的措施不完全符合；（2）由于没有确立受力变化与有关因素间的定量关系，仅凭经验观测控制而使受力不均衡系数与动力系数与实际受力变化相脱节。所以为了起重吊装的安全，有必要对各种吊装方案中受力偏离设定值的情况进行分析，并推出有关计算公式作为吊装中受力观测、调整的依据，下面简单介绍几种桅杆吊装受力控制方法。

桅杆吊装与运行式起重机吊装都是通过提升钢丝绳与重物上的吊耳或千斤绳进行起吊，所不同的是桅杆吊装时提升钢丝绳允许偏离铅垂线，即允许与铅垂线间有一较大的角度，而移动式起重机吊装时要求提升钢丝绳必须垂直，提升钢丝绳与铅垂线夹角一般不得大于 $3°$。

1. 双桅杆抬吊的抬吊率以及提升不同步时抬吊率

如图 6-20 所示，设 1 号、2 号桅杆分别通过吊耳 A_1、A_2 抬吊重物。

两侧抬吊力各为 S_a、S_b

作用于重物重心的计算总重力为 S

吊耳 A_1、A_2 间距为 C

抬吊初始时 A_1A_2 与水平间夹角为 α，此时总重力 S 作用线

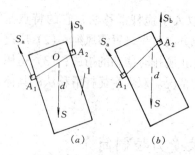

图 6-20 双桅杆抬吊示意图
(a) 初始时；(b) 提升不同步时

与 A_1A_2 相交于 O 点

令

$$抬吊率 = \frac{抬吊力}{重物计算总重力}$$

即 1 号桅杆抬吊率

$$m_1 = \frac{S_a}{S}$$

2 号桅杆抬吊率

$$m_2 = \frac{S_b}{S}$$

则初始时，A_1、A_2 点抬吊率可由下式确定：

$$m_{10} = \frac{A_2O}{C}k_{10}$$

$$m_{20} = \frac{A_1O}{C}k_{20} \tag{6-1}$$

式中

$$k_{10} = \frac{1}{\cos\varphi_{10}(1 + \text{tg}\beta\text{tg}\varphi_{10})}$$

$$k_{20} = \frac{1}{\cos\varphi_{20}(1 + \text{tg}\beta\text{tg}\varphi_{20})}$$

φ_{10}、φ_{20}——为初始时两侧提升绳与铅垂线间夹角；

β——为两吊点连线与水平间夹角，计算夹角大小时，始边正方向应朝向 A_2 吊点一侧。当两侧桅杆提升不同步时，A_1、A_2 点抬吊率可由下式确定：

$$m_1 = \frac{A_2O}{C}k_1 - \frac{h}{c}(\text{tg}\beta - \text{tg}\alpha)k_1$$

$$m_2 = \frac{A_2O}{C}k_2 - \frac{h}{c}(\text{tg}\beta - \text{tg}\alpha)k_2 \tag{6-2}$$

式中　h——重物重心至 A_1A_2 距离；

C——吊点 A_1、A_2 之间距；

α——抬吊初始时，A_1A_2 与水平间夹角；

β——提升不同步时，A_1A_2 与水平间夹角。

$$k_1 = \frac{1}{\cos\varphi_1(1 + \text{tg}\beta\text{tg}\varphi_1)}$$

$$k_2 = \frac{1}{\cos\varphi_2(1 + \text{tg}\beta\text{tg}\varphi_2)}$$

式中 φ_1、φ_2——分别为提升不同步时,两侧提升绳与铅垂线间夹角;

计算 A_1、A_2 与水平间夹角大小时,始边正方向应朝向 A_2 吊点一侧。

对于平吊点时,β 角完全由提升不同步引起的,一般较小,从而可令

$$k_1 = \frac{1}{\cos\varphi_1}$$

$$k_2 = \frac{1}{\cos\varphi_2}$$

2. 滑移抬吊塔类设备受力的控制

滑移抬吊塔类设备的受力控制在施工中十分重要,现以双桅杆滑移抬吊塔类设备为例进行分析,其结论可作为相类似的桅杆吊装受力控制分析的参考。

双桅杆滑移抬吊如图 6-21 所示。

塔体脱排前按三点受力考虑,其两侧提升不同步时抬吊力之差值为

$$\Delta S = \frac{2h_0}{C^2}\Delta HS \qquad (6-3)$$

式中 h_0——重心至吊点平面(塔体上二吊点及塔尾在托排上支承点三点确定的平面)之距离(m);

C——塔体两侧吊耳之间距(cm);

ΔH——塔体两侧吊点间高差(m);

S——塔体计算总重力(kN);

ΔS——塔体抬吊力差值(kN)。

而塔体脱排后两侧提升不同步且塔体摆动时抬吊力之差值为

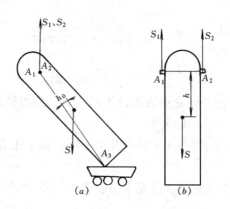

图 6-21 双桅杆滑移抬吊示意图

(a) 脱排前；(b) 脱排后

$$\Delta S = \frac{2h}{C}(\mathrm{tg}\beta_0 + \mathrm{tg}\theta)S \qquad (6\text{-}4)$$

式中　h——重心至两吊点连线 A_1、A_2 的距离；

　　β_0——两侧提升不同步时，塔体吊点连线与水平间所夹锐角；

　　θ——重物左右摆动一周期中最大摆幅时，提升绳与铅垂线间所夹的锐角；

　　其余同上式。

　　两侧抬吊设备，设备摆动会造成抬吊力不平衡，设备摆动的原因主要有：侧向风荷载的影响，两侧提升的加速、减速、制动的影响以及设备脱排前两侧受力未调整好，或设备后溜绳未控制好，致使脱排时设备摆动。此外还有其他原因（如钢丝绳缠绕混乱，发生跳绳等）的动力冲击造成设备摆动等。

　　【例 6-1】　双桅杆滑移抬吊塔类设备如图 6-21，两侧 1 号、2 号桅杆通过吊耳 A_1、A_2 平吊点滑移抬吊塔体，具体数据为：塔长 30m、两吊耳间距 2.5m，塔体计算总重力 S 为 2000kN，未脱排时塔体重心至吊点平面距离 0.2m，脱排后塔体重心至二吊点连线距离 7m，试求：（1）未脱排时因提升不同步两侧吊耳高差为20cm时，两侧抬吊力的差值？（2）脱排后因提升不同步，两侧吊耳高差为20cm且塔体左右（平面）摆动，向单侧偏摆角为1.5°时，两侧抬吊力的差值？

【解】 未脱排时，根据式（6-3）两桅杆抬吊力差值为

$$\Delta S = \frac{2h_0}{C^2}\Delta HS = \frac{2 \times 0.2}{2.5^2} \times 0.2 \times 2000$$

$$= 25.6 \text{kN}$$

脱排后，根据式（6-4）两桅杆抬吊力的差值为

$$\Delta S = \frac{2h}{C}(\text{tg}\beta_0 + \text{tg}\theta)S = \frac{2 \times 7}{2.5}\left(\frac{0.2}{2.5} + \text{tg}1.5°\right) \times 2000$$

$$= 1189 \text{kN}$$

3. 二吊点夺吊法吊装力计算

二吊点夺吊如图6-22所示，作用于重心d的计算总重力S、二夺吊力分别为S_a、S_b

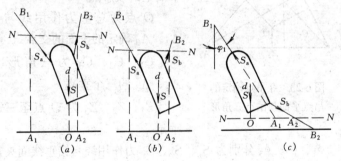

图 6-22　二吊点夺吊示意图

（a）二夺吊点等高；（b）二夺吊点不等高；

（c）二夺吊点不在一个方向

B_1、B_2为二夺吊点。A_1、A_2为某一等高线$N\text{-}N$与S_a、S_b力作用线交点在水平线上的投影。令$A_1A_2 = C$

O为重心d点在A_1A_2线上的投影；

φ_1、φ_2分别为S_a、S_b力作用线与铅垂线间夹角。

则夺吊力可由下式确定：

$$S_a = \frac{OA_2}{C} \times \frac{S}{\cos\varphi_1}$$

$$S_b = \frac{OA_1}{C} \times \frac{S}{\cos\varphi_2} \tag{6-5}$$

图 6-22（a）为夺吊点等高，图 6-22（b）为夺吊点不等高，图 6-22（c）为夺吊点不在同一个方向。其夺吊力均可由式（6-5）确定，且夺吊力的变动随着重心 d 在 A_1A_2 线上投影点 O 的变动形象地显示出来。

4. 三吊点夺吊法吊装力的计算

三吊点夺吊法吊装力的计算如图 6-23 所示，作用于重心 d 的计算总重力 S；三夺点力分别为 S_a、S_b、S_c。

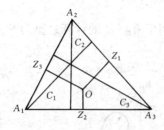

图 6-23　夺吊点确定的
吊点平面与吊点三角形

A_1、A_2、A_3 为某一等高平面与 S_a、S_b、S_c 为作用线交点在水平面上的投影点

O 点为总重力作用线与 A_1、A_2、A_3 确定的平面的交点

C_1、C_2、C_3 为三角形 A_1、A_2、A_3 的三个垂高

Z_1、Z_2、Z_3 为 O 点至三边的垂足

ϕ_1、ϕ_2、ϕ_3 分别为 S_a、S_b、S_c 力作用线与铅垂线间夹角。

则夺吊力可近似由下式确定：

$$S_a = \frac{OZ_1}{C_1} \times \frac{S}{\cos\varphi_1}$$

$$S_b = \frac{OZ_2}{C_2} \times \frac{S}{\cos\varphi_2} \tag{6-6}$$

$$S_c = \frac{OZ_3}{C_3} \times \frac{S}{\cos\varphi_3}$$

不论夺吊点等高或夺吊点不等高或夺吊点在相反方向，其夺吊力均可由式（6-6）确定，且夺吊力的变动随着重心 d 在 A_1、

A_2、A_3 确定的平面上投影点 O 的变动形象地显示出来。

【例 6-2】 用三点夺吊一重物，如图 6-23 所示，总重力 $S = 3000\mathrm{kN}$，A_1、A_2、A_3 为一等高的平面其夺吊力分别为 S_a、S_b、S_c

作用线交点在水平面上投影点为

$c_1 = 5\mathrm{m}$ $c_2 = 3.6\mathrm{m}$ $c_3 = 3.6\mathrm{m}$ $OZ_1 = 0.8\mathrm{m}$ $OZ_2 = 1.5\mathrm{m}$

$OZ_3 = 1.5\mathrm{m}$

$\varphi_1 = 45°$ $\varphi_2 = 15°$ $\varphi_3 = 15°$

试求三点夺吊的夺吊力？

【解】 根据式（6-6）得

$$S_a = \frac{OZ_1}{C_1} \times \frac{S}{\cos\varphi_1} = \frac{0.8}{5} \times \frac{3000}{\cos45°} = 678.82\mathrm{kN}$$

$$S_b = \frac{OZ_2}{C_2} \times \frac{S}{\cos\varphi_2} = \frac{1.5}{3.6} \times \frac{3000}{\cos15°} = 1294.10\mathrm{kN}$$

$$S_c = \frac{OZ_3}{C_3} \times \frac{S}{\cos\varphi_3} = \frac{1.5}{3.6} \times \frac{3000}{\cos15°} = 1294.10\mathrm{kN}$$

5. 人字桅杆的受力计算

人字桅杆吊装示意图如图 6-24 所示。桅杆两侧支点 A_1、A_2 等高，其间距为 C，d 点至 A_1A_2 距离为 h，T 力作用线与 A_1、A_2 相交于 O 点，两侧杆初始时与铅垂线间夹角分别为 φ_1、φ_2。

A_1、A_2 两支点的承载力分别为 T_a、T_b

令

$$承载率 = \frac{支点承载力}{重物计算总重力}$$

则 A_1 支点承载率 $m_1 = \dfrac{T_a}{T}$

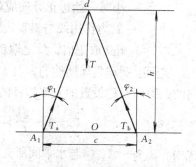

图 6-24　人字桅杆吊装示意图

A_2 支点承载率 $\qquad m_2 = \dfrac{T_b}{T}$

人字桅杆支脚发生沉降时，$A_1 A_2$ 与水平间夹角为 β

则吊装初始时支点承载率可由下式确定

$$m_1 = \frac{A_2 O}{C} k_1$$

$$m_2 = \frac{A_1 O}{C} k_2 \qquad (6\text{-}7)$$

其中 $\qquad k_1 = \dfrac{1}{\cos\varphi_1}$

$$k_2 = \frac{1}{\cos\varphi_2}$$

人字桅杆支脚发生沉降且重物左右摆动时，支点承载率可近似由下式确定：

$$m_1 = \left[\frac{A_2 O}{C} + \frac{h}{c}(\operatorname{tg}\beta \pm \operatorname{tg}\theta) \right] k_1$$

$$m_2 = \left[\frac{A_1 O}{C} - \frac{h}{c}(\operatorname{tg}\beta \pm \operatorname{tg}\theta) \right] k_2 \qquad (6\text{-}8)$$

式中 $\quad \beta$ ——支脚发生沉降时 A_1、A_2 与水平间夹角，计算夹角大小时，始边正方向应朝 A_2 支点一侧；

θ —— T 力作用线与铅垂线间夹角，当重物向右侧摆动时 $\operatorname{tg}\theta$ 取正值，反之取负值。

实际上摆动是周期性的，且人字桅杆的两侧杆参数多数是相同的，因而对称设置的人字桅杆的受力不均衡系数可由下式确定

$$k = 1 + \frac{2h}{C}(\operatorname{tg}\beta_0 + \operatorname{tg}\theta) \qquad (6\text{-}9)$$

式中 $\quad \beta_0$ —— $A_1 A_2$ 与水平间所夹的锐角。

若 A_1 点侧承载力 T_a 增加，则

$$T_a = \frac{T}{2\cos\dfrac{\varphi}{2}} k$$

$$T_b = \frac{T}{2\cos\dfrac{\varphi}{2}}(2-k) \qquad (6\text{-}10)$$

φ——人字杆顶角（两侧杆之夹角）。

从式（6-9）、式（6-10）可知，当人字桅杆的高度 h 与其根开 C 之比值较大时，A_1、A_2 斜率的变化将引起支点承载率或受力不均衡系数的急剧改变（在人字桅杆左右侧未设牵引绳固定的情况下，可能威胁人字桅杆的稳定），显然合理选择人字桅杆高度与根开的比值，并保持二支点等高，防止沉降和限制吊装重物的摆动，是改善人字桅杆受力，保持吊装稳定的主要途径。

【例 6-3】 如图 6-24 所示，一副人字桅杆吊装重为 1000kN 的重物，桅杆两支脚相等且两支点 A_1、A_2 等高，$h=16\text{mm}$，$c=5\text{m}$，$\varphi_1=\varphi_2=8.9°$，试求当 A_1 点沉降 10cm，且重物摆动向一侧偏摆的摆角为 2°时，A_1、A_2 支点的承载力？

【解】 方法一：

根据式（6-9）、式（6-10）有

$$k = 1 + \frac{2h}{c}(\text{tg}\beta + \text{tg}\theta) = 1 + \frac{2 \times 16}{5}\left(\frac{0.1}{5} + \text{tg}2°\right) = 1.35$$

$$T_1 = \frac{T}{2\cos\dfrac{\varphi}{2}}k = \frac{1000}{2 \times \cos\dfrac{8.9}{2}} \times 1.35 = 677\text{kN}$$

$$T_2 = \frac{T}{2\cos\dfrac{\varphi}{2}}(2-k) = \frac{1000}{2 \times \cos\dfrac{8.9}{2}} \times (2 - 1.35) = 326\text{kN}$$

方法二：

根据式 6-7 有

$$k_1 = k_2 = \frac{1}{\cos8.9}$$

当吊重的桅杆发生沉降时

$$m_1 = \left[\frac{A_2O}{C} + \frac{h}{c}(\text{tg}\beta + \text{tg}\theta)\right]k_1$$

$$= \left[0.5 + \frac{16}{5}\left(\frac{0.1}{5} + \mathrm{tg}2^{\circ} \right) \right] \times \frac{1}{\cos 8.9} = 0.684$$

$$m_2 = \left[\frac{A_1 O}{C} + \frac{h}{c}(\mathrm{tg}\beta + \mathrm{tg}\theta) \right] k_2$$

$$= \left[0.5 - \frac{16}{5}\left(\frac{0.1}{5} + \mathrm{tg}2^{\circ} \right) \right] \times \frac{1}{\cos 8.9} = 0.328$$

A_1、A_2 的承载力

$$T_1 = m_1 \cdot T = 0.684 \times 1000 = 684 \mathrm{kN}$$

$$T_2 = m_2 \cdot T = 0.328 \times 1000 = 328 \mathrm{kN}$$

两种计算方法所得的值十分接近。

6. 人字桅杆扳吊的稳定性

人字桅杆扳吊塔体时如何观测、控制和改善人字桅杆的受力不均是保持吊装系统的稳定和实现安全吊装的关键。

如图 6-25 所示，人字桅杆扳吊过程中，随着桅杆的扳倒，塔体绕 O 点逐渐起升，根据静力学平衡原理，作用于人字桅杆的压力 T 必须在 $A_1 d A_2$ 平面和 EQd 平面内，即在平面 $A_1 d A_2$ 平面和 EQd 平面的交线上。

自 d 点作 $A_1 A_2$ 的垂线 dt，则作用人字桅杆的压力 T 作用线与垂线的夹角为 θ

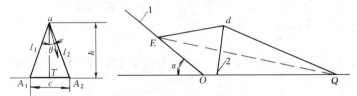

图 6-25　人字桅杆扳吊示意图

设人字桅杆两侧杆长分别为 l_l、l_2

人字桅杆高度为 h，根开为 C

作用于人字桅杆两侧的分力各为 T_1、T_2

则扳吊时人字桅杆的受力不均系数可近似由下式确定：

$$k = 1 + \left[\frac{2h}{C}\theta + \left(\frac{2h}{C} \right)^2 \xi \right] = 1 + (k_1 + k_2) \qquad (6\text{-}11)$$

其中 $\xi = \dfrac{l_1 - l_2}{l_1 + l_2}$ 为人字桅杆两侧杆长度（应从同一水平线 A_1A_2 起计算）之差与两侧杆长度之和的比值。

若受力不均衡系数为1，则桅杆的两侧受力相等，此时人字桅杆最稳定，若受力不均衡系数为2则桅杆完全单侧受力，此时桅杆处于临界状态，随时可倾覆，因此桅杆受力不均衡系数既反映了桅杆两侧受力的不均衡状态，又可以用来度量扳起塔类设备时人字桅杆或吊装系统的稳定程度。

由式（6-11）知人字桅杆根开 C 越大，则受力不均匀系数 k 越小，两杆受力趋于平衡，但根开增大，根据力的分配原理，同时会使桅杆的受力大大增加，对桅杆极为不利，故使用中应选择合适的根开。

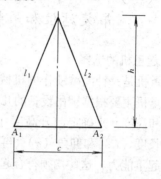

图 6-26　例 6-4 图

【例 6-4】　如图 6-26 所示，用人字桅杆双转法扳塔体，人字桅杆高 $h = 16$m，根开 $C = 6$m，两侧桅杆（从同一水平线 A_1、A_2 算起）$l_1 = 16.5$m　$l_2 = 16.1$m 作用于人字桅杆总压力 T 与铅垂线间夹角 $\theta = 5°$，试求人字桅杆的受力不均匀系数。

【解】　根据式 6-11

$$k = 1 + \left[\frac{2h}{C}\theta + \left(\frac{2h}{C}\right)^2 \xi \right]$$

$$= 1 + \left[\frac{2 \times 16}{6} \times 0.087 + \left(\frac{2 \times 16}{6}\right)^2 \times \frac{16.5 - 16.1}{16.5 + 16.1} \right] = 1.8$$

答：受力不均匀系数为 1.8，这种状况已严重影响到吊装的稳定性。

七、运行式起重机吊装工艺

（一）运行式起重机的选择及起重机
吊装站位和吊装工艺选择

1. 起重机的选择

起重机是一种间歇动作的机械，它的工作特征是周期性的，选择起重机主要根据被吊设备的几何尺寸、安装部位（包括基础的形式和高度）来确定起升高度（H）和幅度（R），从而确定吊臂的长度（L）和仰角（α），再根据设备的重量（Q）选择起重机的起重能力，这些均须符合起重机特性曲线的要求，即符合起升高度特性曲线 $H = f(R)$ 和起重量特性曲线 $Q = f(R)$ 的要求。

根据设备的几何尺寸和基础形式及标高具体选择起重机吊臂长度 L 和仰角 α 有两种方法：

（1）对于较细长的设备，在吊装时设备不易碰起重吊臂，而主要是应保证有一定的起吊高度，以把设备吊起到预定位置，故应根据设备的轴向尺寸（包括基础高度）进行选择。

（2）对于较粗大的设备，设备起吊过程中碰起重吊臂等是主要矛盾，此时应根据水平间隙选择，即要考虑设备吊装时不能碰撞起吊臂。

根据轴向尺寸选择是把设备吊起腾空作为主要矛盾，根据水平间隙选择则是把避免起吊过程中碰杆作为主要矛盾，对于介于两者之间的设备，两种情况均需考虑，此时可用一种方法选择，而用另一种方法验算，使之同时满足要求。

起重机的起吊高度在起重作业中十分重要，它是根据起吊设备与构件的高度决定的，包括设备高度、索具高度、设备吊装到位后悬吊的工作间隙，基础高度，以上诸项之和即为起吊高度。

综上，运行式起重机选用的依据是：（1）起重机在所用臂长时的最大起重量应大于设备重量；（2）起重机的吊钩升起的最大高度能满足设备进位的需要；（3）起重机吊装位置满足现场条件；（4）在设备起升到所需要就位的最高位置时不能碰撞起重吊臂。

2．起重机吊装站位的确定及安全要求

（1）起重工指挥吊机站位的原则

起重机吊装站位时应尽量靠近被吊设备，吊装中负载最大时幅度应尽量小，动臂应位于有利于起重机稳定的地形和方位。

（2）起重机吊装站位的确定方法

起重机站位应根据设备安装平面布置图和起重机吊臂的幅度 R 适当选择，如要考虑到起重机的进出路线和设备的吊装进向，要考虑起重机旋转时有无障碍等，如果用一台起重机吊装多台设备时，还要尽量兼顾用一个站位吊装几台设备，从而提高工作效率等。图 7-1 为某工程施工中用起重机吊装构件的平面布置示意图。

（3）起重机吊装站位的安全要求

1）起重机工作场地必须平整坚实，必要时可铺设道木或钢轨，以免起重机吊装时沉陷而翻车，起重机支撑面与水平面的倾斜度不得大于 1：1000。

2）汽车式或轮胎式起重机支腿垫木应有足够面积，使其单位面积上的压力小于当地地面的许用压力。

3）起重机不得站在输电线路下面工作，在架空线一侧工作时，不论在任何情况下，起重吊臂、钢丝绳和被吊物等与架空输电线的最近距离均应不得小于起重机械安全规程中规定的 2m。

4）起重机在坑、沟边站立工作时，应保持必要的安全距离，其净距（指履带边缘或支脚垫板边缘至坑沟边距离）应根据坑、

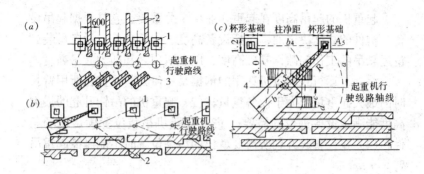

图 7-1　起重机吊装构件平面布置示意图

(a) 起重机行驶路线与构件成横向排列；(b) 起重机行驶路线与
构件成纵向排列之一；(c) 起重机行驶路线与构件成纵向排列之二

1—柱基础；2—柱子；3—梁

沟深度和土质情况来确定，施工中一般为坑、沟深的 $1.1 \sim 1.2$ 倍，以防塌方造成事故。

3．起重工艺的选择

施工现场将设备吊装到预定位置有单机吊装、双机抬吊、三机或多机抬吊，有旋转法吊装、滑移法吊装等多种方法，根据场地及单位机械情况亦可用上节所述的各种桅杆进行起吊，具体选择吊装工艺时一般从以下几方面进行考虑：

（1）设备外形尺寸　主要根据所吊设备的外形尺寸及施工场地的具体情况，选择恰当的吊装工艺。

（2）设备的起重能力　即根据设备的重量和外形尺寸确定起重机的型号和规格。汽车式、轮胎式和履带式起重机使用中，要注意被吊物的重量接近额定负荷工况时，与实际重量的出入不得大于 3%。

（3）经济角度和进度要求　从经济角度考虑若选用过大吨位起重机或多台起重机抬吊，将增加吊装费用，另外从进度考虑小吨位起重机可能使工期延长，所以应选用恰当的吊装工艺和吊装设备，以加快施工进度和保证工期。总之两方面都要兼顾。

（4）本单位现有机械　即从经济上和使用方便上考虑，应尽量使用本单位现有的起重机，不用或少用租赁起重机。

（5）安全角度 安全是第一位的，所选施工方法，必须确保安全无误。

4. 起重机安全使用注意事项

（1）起重机使用时应严格随机说明书进行操作，遵守安全技术操作规程；

（2）起重机械作业应由有经验的起重技工指挥，使用统一的指挥信号，指挥中应注意：

1）严禁超载；

2）严禁斜吊；

3）支腿按要求放置；

4）预防吊装中出现卡阻；

5）要熟悉所使用起重机的性能。

（3）被吊物的重量在接近额定负荷工况时，与实际重量的出入不得大于3%；大型设备若采用两台或两台以上同型号起重机抬吊时，应按额定起重能力80%计算和分配载荷，起重机的型号应相同，升降应同步。

（4）汽车式起重机在吊装时一般不准行走，轮胎式起重机可以在短杆情况下负重行走，但吊重负荷在75%以内，且臂杆对准正纵向轴线；

（5）起重机在吊重时除非特殊情况，一般不允许伸缩起吊臂；

（6）起重机作业时严禁斜吊，斜吊不但加大了起升钢丝绳的张力，而且改变了力的作用方向，可能致使起重机发生倾翻，而这些在起重力矩限制器中（因斜吊提升钢丝绳的作用方向改变）是检测不出来的，因而起重机得不到保护。

（二）运行式起重机吊装工艺

1. 单机吊装工艺

单机吊装设备的方法较多，常用的有滑移法与旋转法

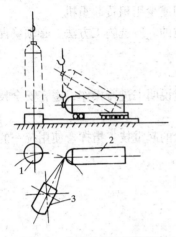

图 7-2 单机滑移法吊装设备

1—安装基础；2—被吊设备；3—起重机

（1）单机滑移法 如图7-2所示，在单机起吊设备的过程中，起重机只提升吊钩，从而使设备滑行吊起。

用滑移法时，为了减少设备与地面的摩擦，需在设备底座下设置拖排、滚杠并铺设滑道。在设备预装配和运输时，将吊点布置在基础中心附近，并使绑扎点和基础中心同在起重机的回转半径上，便于设备吊离地面后，稍稍转动起重臂，即可就位。

（2）单机旋转法 如图7-3所示，起重机采用边起吊边回转，使设备绕底座旋转而将设备在基础上竖直。

用旋转法时为便于提高吊装效率，应使设备基础中心、设备底座中心和设备绑扎点这三点在起重机的回转半径上。

2．双机吊装工艺

（1）滑移法

双机抬吊滑移法平面布置如图7-4所示，其起吊点应尽量靠近基础，其吊装顺序为：1）两台起重机站在基础两旁，并使两机回转中心连线过基础中心；2）两台起重机的吊点应在设备同一截面上的两对称点上，设备尾部应加设尾排，滚杠和走道木；3）两机保持垂直

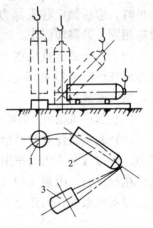

图 7-3 单机旋转法吊装设备

1—安装基础；2—被吊设备；3—起重机

提升，设备底部逐渐向前滑移（最好前牵后溜），直至设备垂直

吊离地面为止；4）在统一指挥下，两机以相同的运行速度向设备基础方向移动或升降吊臂，直到被吊设备达到基础的正上方。然后两台起重机同时缓慢落钩，使设备在基础上就位，用仪器找正、找平后将其固定；5）拆卸吊具，吊装完成。

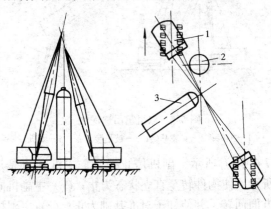

图 7-4 双机抬吊的滑行法
1—履带式起重机；2—设备安装基础；3—被吊装设备

从吊装顺序可以看出，双机抬吊滑移法吊装工艺和等高双桅杆滑移法吊装设备相似，因此最好选择两台相同的起重机。

（2）递送法

双机抬吊递送法如图 7-5 所示，它是由单机滑移法演变而来的，用单机滑移法吊装设备时，需在设备尾部设置尾排、滚杠和走道木，比较费时，机具准备麻烦，劳动强度大，效率低，双机递送法中的两台起重机一台作为主机起吊设备，另一台作为副机起吊设备尾部，即起到尾排、滚杠与走道木的作用，配合主机起钩。随着主机的起吊，副机要回转，将设备递送到基础上面，主机再边起钩边回转使设备转至直立状态就位。

（3）旋转法

双机旋转法如图 7-6 所示，其吊装步骤为：主副机同时起吊，使构件离开地面，当离开地面的高度大于副机吊点高度

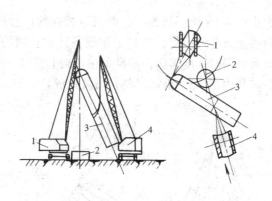

图 7-5　双机抬吊递送法
1—主机；2—安装基础；3—被吊装设备；4—副机

时，如图 7-6（a）所示，副机停止提升，主机继续提升，如图
7-6（b）所示，使构件转至直立状态为止；（b）主副机同时进向
柱子基础方向回转，并使柱子对准基础为止；（c）主副机同时缓
慢落钩，使构件准确落于基础内而就位。

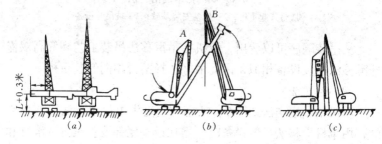

图 7-6　双机抬吊旋转法
（a）主副机同时提升；（b）副机停止提升；（c）设备直立就位

　　以上介绍的双机吊装工艺中，应注意吊装动作的同步和载荷
分配问题，在吊装作业中，由于两台起重机起吊速度快慢的不一
致，臂杆回转的不协调，均会造成起重机载荷分配的不均匀，从
而发生事故，所以在采用双机抬吊时，应尽量选择两台同类型起
重机，如现场条件限制，可根据起重机的类型和特点，在确定绑
扎位置和吊点选择时，对两台起重机进行合理的载荷分配，一般

采用平衡梁原理进行分配，但为确保吊装的安全可靠，两台起重机所受载荷不宜超过其额定起重量的 75%，另外在操作过程中，两台起重机的动作必须同步，且两吊钩不能有较大的倾斜，以防因一台起重机失稳，致使另一台起重机超载而发生事故。

3. 多台起重机吊装

多台起重机吊装指三台或四台起重机联合吊装，根据载荷分配来选用起重机，操作方法与两台起重机类似，但采用多台起重机联合吊装其同步要求更高，一般均应采用平衡装置，如用平衡滑车，平衡梁来分配载荷，图 7-7 为三台起重机吊装塔类设备，其实质是在双机抬吊的滑移法基础上，增加一台起重机递送设备尾部即构成三机抬吊方式。

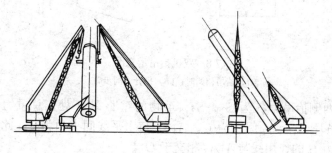

图 7-7 用三台起重机吊装塔类设备

（三）运行式起重机吊装受力的控制简介

起重机抬吊重物时，其抬吊力会因起重机各吊点提升的不同步及重物摆动方向、摆动角度大小的变化而做周期性的变化。

双机重物抬吊力的变化与重物重心和吊点的相对位置也有关系，双机滑移抬吊塔类设备，当塔体未脱排时，吊力均衡分配的控制比较容易，塔体脱排后，尤其是对于细长比较大的塔类设备，两侧吊点相距较小，若吊点远离塔体的重心，则要保持起重机抬吊力均衡分配比较困难。

下面我们来分析起重机提升不同步与塔体摆动时抬吊力的变化与哪些因素有关，以及合理布置吊点等问题。

1．双机抬吊的抬吊率及双机提升不同步时抬吊率的变化量

如图 7-8 所示，1 号、2 号两台起重机分别通过吊耳 A_1、A_2 抬吊重物 1。

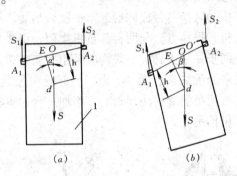

图 7-8　双机抬吊示意图

(a) 抬吊初始时；(b) 提升不同步时

两侧抬吊力各为 S_1、S_2，重物的重心在 d 处，总重力为 S，吊耳 A_1、A_2 间距为 C，A_1A_2 与水平线间夹角为 α，此时总重力 S 的作用线与 A_1A_2 相交于 O 点。

令　　　　　　$$抬吊率 = \frac{抬吊力}{重物计算总重力}$$

$$抬吊率变化量 = \frac{抬吊力变化量}{重物计算总重力}$$

即 1 号、2 号起重机抬吊率分别为 $m_1 = S_1/S$，$m_2 = S_2/S$

上式表明双机抬吊其抬吊率与抬吊力成正比，与重物计算总重力成反比，双机的抬吊率变化量与抬吊力变化量成正比，与重物计算总重力成反比。

抬吊开始时，A_1、A_2 抬吊率可由下式确定

$$m_{10} = \frac{A_2O}{C}$$

$$m_{20} = \frac{A_1O}{C} \tag{7-1}$$

222

显然如欲使两侧抬吊率相等，必须使 S 力作用线通过两吊耳连线的中点。

若双机抬吊设备时不同步，如上所述，各单机抬吊力将发生变化，提升快的一侧抬吊力增加，提升慢的一侧抬吊力降低，其增减的抬吊力的数值相等。即两侧抬吊力的总和不变。

图 7-8 (b) 中，设双机不同步时 A_1、A_2 与水平间夹角为 β，重物的重心 d 至 A_1、A_2 距离为 h

则 A_1、A_2 吊点抬吊率可由下式确定

$$m_1 = m_{10} - \frac{h}{C}(\text{tg}\beta - \text{tg}\alpha)$$

$$m_2 = m_{20} - \frac{h}{C}(\text{tg}\beta - \text{tg}\alpha) \tag{7-2}$$

式 (7-2) 表明，因提升不同步两侧抬吊率所增减的数值与原始抬吊率大小无关，完全由 h/C 与 ($\text{tg}\alpha - \text{tg}\beta$) 值所确定，因而两吊点连线与重物重心的距离要适宜，尤其是当两吊点间距 C 较小时，更要控制两吊点连线与重心的间距 h，否则当提升不同步会导致吊点抬吊率产生急剧的变化。

2. 双机滑移抬吊塔类设备抬吊力差值计算

双机滑移抬吊塔类设备两侧起重机抬吊率均衡分配的控制是一个突出的一个问题，对于吊点设置于左右两侧、且左右对称的塔类设备，两侧抬吊力之差值计算式经推导为：

$$\Delta S = \frac{2h_0}{C}\sin\beta_0 S$$

或
$$\Delta S = \frac{2h_0}{C}\Delta HS \tag{7-3}$$

式中　h_0——重心至（塔体上两吊点及塔尾在托排上支撑点确定的）吊点平面之间的距离（m）；

　　　C——塔体两侧吊耳之间距（m）；

　　　β_0——两侧提升不同步时塔体吊点连线与水平间所夹锐角；

　　　ΔH——塔体两侧吊点间高差（m）；

ΔS——两侧抬吊力差值（kN）；

S——塔体计算总重力（kN）。

式（7-3）只适用于 $\beta_0 < 30°$ 的情况，在实际吊装中显然吊装指挥者也不会允许 β_0 达到或超过 30°

【例 7-1】　某圆筒形塔类设备，吊耳对称设置于两侧，塔体长 25m，两耳间距 2m，计算总重力 1000kN，塔体重心与吊点平面间距离为 0.3m，塔底放在托排上由卷扬机牵引，两台起重机分设两侧通过吊耳滑移抬吊塔体，试求提升不同步且未脱排，两侧吊耳高差 20cm 时，两侧抬吊力之差值。

【解】　根据题意已知：$h_0 = 0.3\text{m}$，$C = 2\text{m}$，$\Delta H = 0.2\text{m}$，$S = 1000\text{kN}$

按两侧抬吊力之差值公式得：

$$\Delta S = \frac{2h_0}{C}\Delta HS = \frac{2 \times 0.3}{2^2} \times 0.2 \times 1000 = 30\text{kN}$$

答：两侧抬吊力之差值 ΔS 为 30kN。

八、管理知识 设备吊装新工艺及发展方向

(一)班组管理

1. 班组管理的内容

班组是企业最基本的生产单位,企业要完成施工任务,保证施工的质量与安全,实现各项经济指标,提高经济效益以及记录基本生产活动的各项原始统计资料等,都要最后落实到班组,依靠班组贯彻实施。

班组管理的基本内容有以下几个方面

(1)根据企业的方针、目标和工程处、施工队或项目部下达的生产计划,有效地组织生产活动,保证优质、安全、低耗、高效地完成施工任务。

(2)抓好质量和安全管理工作,经常进行质量意识和安全教育,建立健全各项规章制度,并认真执行。

(3)加强班组材料、机具、设备及能源的管理,搞好文明施工,落实岗位经济责任制,做好经济核算工作,努力提高经济效益。

(4)建立健全劳动组织和劳动管理制度,做好班组成员的工资发放和奖金分配工作,解决班组成员实际困难,确保职工劳动积极性的充分发挥。

(5)实行民主管理,发挥职工的主人翁作用,组织班组成员进行政治、业务学习,开展技术革新、劳动竞赛、提合理化建议等活动,不断提高班组综合素质。

2. 班组施工计划管理

班组要完成施工生产任务，计划管理十分重要，要通过加强计划管理来保证施工工期的要求，完成生产任务。

（1）班组施工准备工作

班组施工准备阶段应熟悉施工图纸及相关技术资料，针对工程特点和主要施工工序，掌握工程内容，施工方法，工艺流程，工程量、质量标准及有关技术要求；查看施工现场，了解施工条件，配齐所需的各种施工机具，接受技术交底，包括吊装设备的质量要求和安全交底，搞清楚关键性的施工技术问题，接受施工任务书，做好供货计划安排，提出设备、机具和材料到场的时间顺序，了解加工件的供货时间。

（2）班组施工进度计划的编制

根据上级下达的任务及计划，编制出班组施工计划，把施工任务按天分工落实到每个作业小组和每一个工人，施工项目的综合进度计划目前普遍采用了先进的网络计划，对于班组，虽不强求采用网络计划，但应了解整个施工项目的网络计划，知道本班组在整个工程施工中的地位，在此基础上编制班组的施工进度计划。

班组施工进度计划的编制应尽量满足用户要求，保证整个工程按期配套交付使用，充分发挥人、财、物的潜力，注意施工连续性和均衡性，搞好综合平衡，落实施工方案，材料设备，施工机具、非标设备加工及劳动力，搞好项目排队，保证重点，坚持按客观规律办事，按程序施工的原则，与整个施工项目的网络计划保持协调一致。

（3）班组施工计划的实施和控制

根据班组施工计划向班组和个人下达具体任务，通过具体的施工任务书的形式，把进度、质量、安全、降低成本等各项指标落实到人，保证施工计划的实现。在施工过程中，计划和实际常常出现不一致和不协调的情况，需要通过及时而有效的调整，使施工过程的进展得到全面控制。

3．班组的质量与安全管理

（1）班组质量管理

班组质量管理是企业质量保证体系的基础环节和落脚点，安装企业的班组质量管理一般是现场性质的质量管理。影响工程质量有人、材料、机械、方法和环境 5 个方面，质量管理应从这 5 方面入手，不断提高工程的施工质量。

1）班组质量管理的任务

（A）建立健全班组内部质量责任制，做到班组人人有质量责任，工作项项有质量要求，并严格执行。

（B）坚持标准　即按设计标准及国家、行业质量标准或企业的内控标准严格执行工艺标准要求。

（C）抓好重点，即对影响质量的关键因素进行重点管理。

（D）认真进行质量控制检查。

（E）坚持"五不"施工，即质量标准不明确不施工，工艺方法不符合要求不施工，机具不完好不施工，原材料、零配件不合格不施工，上道工序不合格不施工。

（F）坚持"三不"放过，即质量事故原因未找到不放过，当事人和群众没有受到教育不放过，没有防范措施不放过。

（G）落实经济效益，即质量和工资、奖金分配挂钩。

（H）开展 QC 小组活动，不断提高质量水平。

（I）管理好与质量相关的各种资料，如各种质量检查分析，评比资料及质量责任资料等。

2）全面质量管理知识

对班组要进行全面质量管理的基本知识教育，全面质量管理简称 TQC（Total Quality Control），是一门科学的管理技术，T 表示全面，Q 表示质量，C 表示管理。TQC 是保证企业优质、高效、低耗，取得好的效益的一种科学管理方法，也是加强班组建设的重要方面。

全面质量管理具有全面性、全员性、科学性和服务性等特点，全面性即对产品质量，工序质量和工作质量进行全面管理；

全员性即全面质量管理是全体员工的本职工作，人人有责，科学性指产品质量是干出来的，不是检查出来的，一切用数据说话，按科学程序办事，实事求是，预防为主，防检结合；服务性即质量第一，一切为了用户，树立下道工序即用户的思想，做好每一项工作。

PDCA循环法是全面质量管理必须采用的工作方法之一，是一种提高产品质量的科学管理方法，它一般可分为一个过程、四个阶段和八个步骤。

一个过程即一个管理周期；

四个阶段循环指计划—检查—执行—总结；

（A）计划阶段（P）　　P阶段的内容是分析现状，找出问题，分析产品有什么质量问题，找出影响产品质量的主要因素，针对主要因素制定对策、措施。

（B）执行阶段（D）　　D阶段的工作是执行对策或措施；

（C）检查阶段（C）　　C阶段的工作是检查工作效果；

（D）总结阶段（A）　　A阶段的工作是巩固已取得的成绩，并实现标准化，将遗留问题转入下期循环。

八个步骤：

（A）分析现状，找出问题，分析时要通过数据来说明存在的问题。

（B）分析产品质量问题的各种原因或影响因素，问题和原因都要逐个加以分析；

（C）找出影响质量的主要因素，影响质量的因素有人、材料、设备、工具的因素，也有施工工艺、方法的因素，要找出其中的主要因素。

（D）针对主要影响因素制定对策、措施，解决主要矛盾。

以上四个步骤是P阶段的内容。

（E）执行既定的计划措施，这是D阶段的工作内容；

（F）检查工作效果，这是C阶段的工作内容；

（G）巩固已取得的成绩，并实行标准化；

（H）将遗留问题转入下期循环。

第七、第八步两个步骤是 A 阶段的工作内容。

在 PDCA 循环中，我们不仅要注意计划的布置及执行，更要注重检查与总结，从而将成功的经验、措施、工艺和操作方法形成标准加以巩固和推广，即推动 PACD 循环法一定要抓好总结处理阶段的工作。

PDCA 循环法是一种周期性的管理活动，不能期待只进行 1 个周期循环，问题就解决了，一般要经过 3～5 个周期才能奏效。

（2）班组安全管理

班组安全管理工作是消除施工过程中各有害因素，为防止伤亡事故发生所进行的管理工作，包括安全管理和安全技术两个方面。

安全管理制度指安全生产责任制，安全教育制度、安全检查制度、事故处理制度等，班组必须认真贯彻执行好这些制度。

安全技术指安全技术措施，安全操作规程和安全技术考核等，安全工作是全员工作，人人有责，班组要贯彻执行安全技术，使全体成员真正做到自觉遵守各种安全制度和操作规程，按规章制度合理使用工具，设备和防护用品，注意检查安全生产中的"三宝"，即安全帽、安全带和安全网的使用情况，坚决与违反安全生产制度的不良倾向作斗争，服从统一指挥。

4. 班组材料、机具管理与经济核算

（1）班组材料管理

班组材料管理的任务是有计划按顺序准备好施工材料，保证正常施工，材料的搬运、保管、使用合理，降低消耗；材料码放整齐，品种、规格、数量一目了然，防止材料乱用错用，便于材料核算，提高经济效益。

施工现场各阶段材料管理的内容为：

1）施工前准备阶段的材料管理：（A）了解工程概况，现场条件，材料运输，存放条件，材料储备情况和到货时间，尤其要落实特殊、短缺材料的供应。（B）对施工现场平面图规定的料具存放场地进行平整，做好排水、材料运输道路畅通等工作。

2）施工阶段材料管理：（A）认真办理领料发料手续，保管好领料单、记好台账、做好结算；（B）做好材料验收工作，有材质要求的材料要出具材质证明；（C）做好材料保管工作，材料要分类保管、堆放整齐、账物相符；（D）掌握材料供应与消耗情况，既保证材料及时供应，又防止积压，物尽其用，杜绝浪费。

3）施工收尾阶段材料管理：材料员应控制领料，防止现场剩料过多，及时清理现场，将剩余材料退库，工完场清，办理好各种手续，清理报表，做出材料消耗明细表。

（2）班组机具管理

班组所有机具应由专人负责管理，个人机具由个人负责保管，并做好登记；机具要做好维护、检修及性能鉴定等工作，对特别易于磨损的零件应准备足够的备品件。

机具操作人员必须达到本工种技术标准要求的水平，在实际操作中做到"三好"、"四懂"、"四会"。

1）"三好"即机具要管好、用好、维修好。管好，是要求管好自己使用的机具，保持完整无损，不丢失，不损坏。用好，就是严格遵守操作规程，不超负荷使用等。维修好，就是要求做好机具日常维护和小修工作，及时发现和排除一般性故障、隐患。

2）"四懂"即操作人员在使用本机具时要做到懂原理、懂构造、懂性能、懂用途。

3）"四会"即会操作、会检查、会保养、会排除故障。会操作指熟悉机具的结构原理和性能特点，掌握机具操作规程和安全规程，取得操作证后方能独立操作。会检查指懂得检查要领，能熟悉使用各种检测工具和仪器。会保养指操作者应做到班前润滑、班后清扫，保证机具内外整洁，达到无油污、无碰伤、无四漏（水、电、气、油）。会排除故障指能鉴别机具异常现象的部位，能排除一般故障。

为搞好机械设备的管理，应建立健全一套合理有效的以岗位责任制为中心的规章制度，班组机械设备管理制度主要有以下几项：

1）机械设备"三定"制度 它的核心是落实岗位责任制，即对单机操作的机械实行专机专人负责制，对一机多人操作的机械实行机长负责制，对专用设备实行定人负责制；

2）机械设备交接班制度 交清机械设备运转情况，燃油、润滑油消耗及准备情况，机械在本班使用前后的保养情况，并做好交接班记录；

3）机械设备管理制度如定期保养检查制度等 保养内容为"清洁、润滑、调整、紧固、防腐"即十字方针，检查评比内容有班组人员对机务管理制度的认识，机务规章制度的建立及贯彻执行情况，机械维修保养情况等；

4）机械设备事故分析处理制度 出现设备事故应及时报告，保护现场，以便组织事故分析，提出处理意见，事故处理应坚持"三不"放过原则。

（3）班组经济核算

班组经济核算是以班组为单位对生产中的消耗和成本进行核算，它主要是通过对班组施工活动全过程进行预测、分析、比较和核算，提出改进措施，控制班组生产经营，从而达到降低成本，取得最佳经济效益的目的。

班组经济核算主要有以下内容：1）以进度为核算指标的工程量指标；2）以合格率为指标的工程质量指标；3）规定的材料消耗和机具消耗定额、限额等与实际消耗水平进行对比考核的材料、机具消耗指标；4）以出勤率、工时利用率和劳动生产率进行考核的劳动指标；5）对机械设备的利用率、完好率进行考核的机械设备指标：6）考核班组安全生产的安全指标。

班组经济活动分析

班组经济活动分析是在班组经济核算的基础上进行，通过对班组经济核算的资料进行分析、研究，及时准确地发现施工和管理中存在的问题，找出原因提出改进措施，以取得最大经济效益。

班组经济活动一般有日常分析、定期分析、综合分析和专题分析等形式，其步骤为：提出问题—搜集资料—对比分析—提出解决措施。

班组经济活动分析经常采用比较法、因素分析法和动态分析等方法，其分析内容主要有：1）施工计划完成情况；2）劳动计划完成情况；3）材料供应和消耗情况；4）班组机具使用情况；5）工程质量情况；6）安全问题。

（二）起重施工方案的编制

1. 起重工作级别

在建筑安装工程施工中，起重吊装是一项非常重要的环节，为了科学地组织施工，经济合理的配备机具，优质安全高效地完成吊装任务，应该编制出起重施工方案，以做到心中有数，多快好省地施工。

在起重吊装施工中，起重工作的等级按设备重量划分为三级：

（1）大型起重 $Q > 80t$

（2）中型起重 $80t \geqslant Q \geqslant 40t$

（3）一般起重 $Q < 40t$

对于特殊被吊物，如形状复杂、刚度小、长细比大、精密贵重或危险性大及施工条件特殊和困难等，其类别可相应提高一级，对大型起重施工，根据被吊物是否特殊，施工条件是否特别困难等，又可分为三级，以上三条（$Q > 80t$，被吊物特殊和施工条件特别困难）都具备的称为一级大型吊装，具备二条的称为二级大型吊装，只具备一条的称为三级大型吊装。

大型起重施工要编制吊装施工方案，中型起重施工要编制起重施工措施，一般起重施工也要进行口头的技术及安全交底。

起重施工方案和技术措施中，吊装方法的确定是最主要的，它决定了起重施工方案的科学性和先进性，根据前面几章的介绍，可以归纳分类如下：

按被吊装设备就位形态分散吊装、整体吊装和综合吊装等几类，分散吊装又分为正装（又称顺装法和顶接法）和倒装。分散吊装中的正装，高空作业多、施工工期长、施工管理要求高，但因一次起重量小，所以使用的机索具的规格尺寸小，但起升高度没有降低，分散吊装中的倒装法，高空作业少，安全度高，一次起重量最终没有减少，但起升高度可大大降低；倒装法在分散吊装大型薄壁容器的制作安装中应用较广泛；综合吊装是把能在地面上做的事力求全部做完，以减少高空作业，如化工厂静止塔类设备的安装等，这种吊装方法操作难度加大，安装周期可明显缩短。

按被安装设备的整体竖立形式分类，有滑移法和旋转法，滑移法是将设备尾部装上滚排前牵后溜，随着起吊滑车组的起升设备尾部向前移动，直至脱排就位。这种方法滑车组的最大受力发生在脱排腾空时，旋转法是在设备底部与基础之间用铰链连接，用旋转法竖立设备，这种方法滑车组最大受力发生在设备抬头时，此时铰轴受有较大的水平推力，而地脚螺栓必须预留。

另外按被安装设备的就位方式有正吊、抬吊、夺吊和侧偏吊等，按吊装使用的机械可分为自行式起重机和桅杆式起重机两类。

正确选择吊装方法是制定吊装方案和技术措施的前提。

2. 起重施工方案的编制

为了使起重施工能正常有序地进行，以保证起重工作的安全和更好地完成任务，应根据工程情况编制起重施工方案。

（1）起重施工方案的编制原则

1）应使工程成本为最低：即在考虑施工方案时，在技术上可能的情况下，尽量采用成本最低的施工方法和能降低成本的一切措施来完成项目，以获取最大经济效益。

2）应使施工周期尽量缩短；对建设单位而言，施工的周期缩短，项目建成后即可产生投资效益，对施工单位而言，工期缩短，有利于项目施工成本的降低，效益提高及为企业赢得信誉。

3）技术可靠性；要求技术的可行性、合理性及施工工程质量能够保证及达到安全施工的目的。

（2）起重施工方案的编制依据

1）工程施工图、土建图、工程总平面图及有关设计技术文件；

2）施工工期的计划安排；

3）施工场地的有关地质资料及自然资料；

4）有关的规程、规范、标准；

5）工程合同、施工组织设计及有关起重吊装会议决定及安排。

6）合理化建议和新的施工技术及安装工艺的应用；

另外还应考虑本单位的起重机具情况和技术水平等。

（3）起重施工方案的确定

起重施工方案的确定应根据工程内容、工期要求，工艺配合、施工队伍的素质、现场条件和现有机索具条件及经济效益等方面进行考虑，同时要兼顾安装质量、便于施工、尽量减少高空作业时间和作业量等因素，安全施工是第一位的必须予以保证，先初步拟定几个可行的方案，交有关人员，如技术领导、技术人员和有经验的工人讨论研究，通过论证比较，最终确定一个切实可行的方案，报请有关部门和领导批准。

对于起重施工方案内的施工方法，关键是施工工艺的确定和大型机具的选择。

编制起重施工方案要充分考虑起重工艺及使用机具情况，如在编制吊装方案选用自行式起重机时应注意如下几点：

1）设备的外形尺寸应保证设备在吊装到位过程中四周均有足够的空隙；

2）技术性能表中允许吊装重量是指吊钩重量、吊装设备重量及索具重量；

234

3）起重机回转时四周是否会碰到建筑物。

确定施工工艺时应综合考虑被拖运或吊装设备（或构件）的外形尺寸、重量、结构、类型、特点和数量；施工现场的实际条件；施工企业的自身条件（人员素质、施工机械）；合同规定的工期和其他有关规定；设计文件和施工组织设计等因素，同时应遵循施工方案编制时成本、工期和技术可靠三者相统一的原则。

施工方案确定后，应绘制一张施工工艺流程图，施工工艺流程图指在安装施工中，用以表明生产某种产品的全部生产或过程的图。它一般用逻辑框图表示，矩形框内为各工序的名称，矩形框之间用带箭头的线连接，表达清楚各工序的顺序，如图 8-1 所示为某回转窑体组装吊装的工艺流程图。

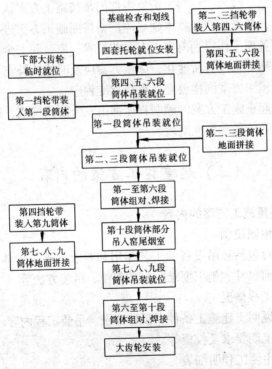

图 8-1　某回转窑窑体组装吊装工艺流程图

大型机具的选择同样也应根据设备的特点，本企业已有的机具情况；施工现场的实际情况，以及技术经济效果等因素进行考虑。

施工工艺的确定和大型机具的选择，二者往往是联系在一起的，编制方案时要同时考虑。

（4）起重施工方案的贯彻执行

通过审核批准的施工方案，在施工前必须逐级进行交底，要求参与施工的有关人员，人人皆知，做到有目的、有步骤地施工。施工方案交底方法可分为口述方式和书面形式，无论用何种方式，均应填写施工交底记录，双方签名以明确各自的责任。

施工方案由工地负责人（或项目经理）具体领导班组贯彻执行，而计划、技术、材料、劳资等部门须按施工方案认真安排好各自工作，各级生产和技术领导应严格按照施工方案进行检查和督促，使各项工作得到落实，有关的技术、质量和安全部门负责监督，如施工条件有所变化，施工方案应及时修改补充，若要修改或补充施工方案同样要经过审核批准程序。

任何起重施工方案的编制程序都由三个阶段构成，即：准备阶段、编写阶段和批准阶段。

（三）起重施工方案的内容

1．起重施工方案的内容

（1）编制说明

其内容包括被吊设备的工艺作用和要求，被吊物体的重量、重心、几何尺寸、施工要求、安装部位、吊装方法等。

（2）工程概况

主要说明土建施工条件、设计要求、吊装工程内容、主要技术参数、工期要求及投资等。

（3）主要工程明细表

（4）施工平面布置图等的绘制

1）按平面图画出已有构筑物的情况，建筑物及设备的基础、地沟、电线电缆和吊装位置。

2）设备搬运路线，设备拼装位置和吊装位置，设备吊装进度和吊装顺序。

3）当采用桅杆吊装时，桅杆的搬运路线，组装位置和竖立方法，移动路线等，当采用运行式起重机吊装时应标出起重机进出路线，站位和吊装顺序；

4）卷扬机等机具的规格型号、位置、地锚和缆风绳的位置；

5）吊装指挥人员位置及吊装警戒区域；

6）按比例画出吊装过程中几个关键状态的立面图并标明尺寸。

起重吊装前，施工场地应做到"三通一平"，即路通、电通、水通和施工场平整，施工场地布置可从如下方面进行考虑，即首先按照安装总平面图考虑到土建及安装工程的综合进度，清理好设备拖运线路和设备吊装作业场地，做好各项施工前准备，吊装场地布置主要根据被吊装设备的重量，体积和高度以及施工方法等进行准备。

（5）施工方法及施工程序

说明施工的具体步骤，吊装顺序和质量要求，在吊装施工步骤中，要把全过程分解为工序及说明每个工序中的工作内容和具体做法。

（6）吊装受力分析及核算

根据平面图和立面图，把吊装过程中复杂的受力情况简化为力学模型，进行受力计算，包括桅杆竖立时的受力大小，桅杆的强度、稳定性计算、机索具的规格型号的选择计算及对被吊设备的关键部位的强度和稳定性验算。起重计算一般需要工程设计资料、所用材料的许用应力和力学特性等基本计算资料。

（7）编制起重施工所需机索具、材料计划

计划可分为两种，一是按分部分项分工种编制明细表，如有串用和兼用可在备注中说明，这种明细表供施工人员选用；二是按品种、规格编制计划汇总表，这种汇总表便于供应部门为施工准备和采购之用。

（8）锚点工作图等

根据受力分析确定各地锚的受力大小，特别是大吨位的坑锚和活动地锚等，绘制出地锚结构图供施工时使用；对一些主要的特殊的机具和索具连接，如平衡装置、花穿滑车组、测力指示装置等的连接方法，也应绘制施工详图。

（9）劳动组织与进度安排

劳动力计划是根据工程量和劳动定额计算计划用工等进行编制，劳动力优化配置的目的是保证施工项目进度计划的实现，

具体施工项目劳动力分配的总量应按建筑安装工程劳动生产率进行控制，并注意尽量使作业层正在使用的劳动力和劳动组织保持稳定，防止频繁调动，当在用劳动组织不适应任务要求时，应进行劳动组织调整，并敢于打破原建制进行优化组合，为保证作业需要，工人的技术水平及各工种人员比例应适当，配套，尽量使劳动力均衡配置，以便于管理，使劳动资源强度适当，达到节约的目的。

施工进度计划的编制要先进科学，切实可行，同时应留有余地。

（10）安全措施

根据工程的具体情况编制详尽的安全技术措施和安全组织措施。

2. 施工进度计划的图形表示

施工进度计划可以用表格图线形式，也可采用网络图。

表格图线中的横道图是施工进度图表中最简便的一种表示方法。某桥式起重机安装施工横道图如图 8-2 所示，它以全部工程项目（或工序）为对象，以线的长度表明施工工期限，线的所在位置表明工程（工序内容）。这种表示方法简单，各种活动持续时间清楚，容易监控，不足之处是不能全面而准确地反映出各项工作之间相互制约、相互依赖、相互影响的关系，不能反映整个计

划（或工程）中的主次部分，即其中的关键工作，难以对计划做出准确评价及不便使用计算机处理，对一般起重方案来说，横道图是可以满足要求的。

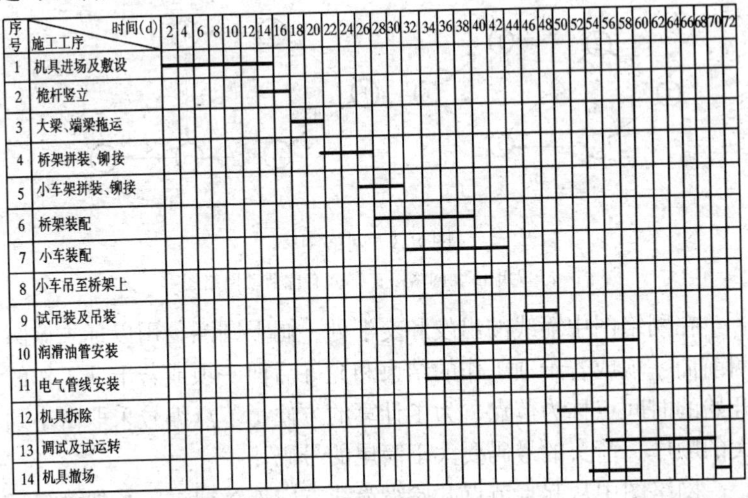

序号	施工工序	时间(d) 2 4 6 8 10 12 14 16 18 20 22 24 26 28 30 32 34 36 38 40 42 44 46 48 50 52 54 56 58 60 62 64 66 68 70 72
1	机具进场及敷设	
2	桅杆竖立	
3	大梁、端梁拖运	
4	桥架拼装、铆接	
5	小车架拼装、铆接	
6	桥架装配	
7	小车装配	
8	小车吊至桥架上	
9	试吊装及吊装	
10	润滑油管安装	
11	电气管线安装	
12	机具拆除	
13	调试及试运转	
14	机具撤场	

图 8-2 某桥式起重机安装施工横道图

网络图是把所有的施工过程按照施工顺序和相互之间的关系用规定的符号从左向右绘制成箭头图，网络图是计划的图解模型，它综合反映了工程项目及其组成部分的内在逻辑关系，是进行计划和计算的基础，网络图有多种类型，下面简单介绍双代号网络图。

双代号网络图如图 8-3 所示，它由工作（工序）、节点、线路三个基本要素组成，工序用一根箭线和两个圆圈表示，工序名称写在箭线上面，所需时间写在箭线下面，也即每个箭杆符号代表一道工序，圆圈中的两个号码代表这项工作的名称，由于是两个号表示一项工作，故称为双代号表示法，工序通常分为三种：（1）需要消耗时间和资源（如设备刷油）；（2）只消耗时间而不消耗资源（如混凝土的养护）；（3）既不消耗时间，也不消耗资源，后一种是人为的虚设工作，只表示相邻前后工作之间的逻辑关系，通常称其为"虚工作"或"虚活动"，以虚箭线或在实箭线下标以"0"，如图 8-3（b）所示，其作用是把前后的工作连接起来，表明它们之间的逻辑关系，指明活动的前进方向。

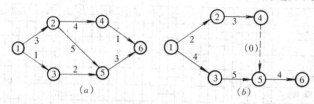

图 8-3　网络图
（a）无虚活动网络图；（b）有虚活动网络图

在网络图中箭线的出发和交汇处，画上圆圈，用以标志该圆圈前面一项或若干项工作的结束和允许后面一项或若干项工作的开始的时间点称为节点，为了计算的方便，节点编号采取由小到大的顺序，箭头的号码要大于箭尾的号码。

网络图中从起点节点开始沿箭线方向连续通过一系列箭线与节点，最后到达终点节点的通路称为线路，每一条线路都有自己确定的完成时间，它等于该线路上各项工作持续时间的总和，也是完成这条线路上所有工作的计划工期，工期最长的线路称为关键线路（或称主要矛盾线），关键线路直接影响整个施工工期。在一张网络图中，只能有一个开始结点和一个结束结点。

网络图与横道图比较，不仅能反映施工进度情况，更能清楚地反映出各个工序间错综复杂、互相联系、互相制约的生产和协作关系，有强烈的时间观念，任何一个工序的时间均可推算，并推算出对下一道工序（工作）的影响时间，及对总工期的影响，有明确的工艺流程重点（关键线路）便于挖掘潜力，并可应用计算机进行网络时间的计算，网络图对于大中型项目编制施工进度十分有效。

3. 施工安全措施

安全生产的意义在于"安全生产是全国一切经济部门和生产企业的头等大事"。建筑安装企业起重工是一种经常性、长期性从事各种形式起重作业和高空作业的工种，安全生产对此工种显得更为重要，忽略安全生产会对设备及人身安全带来不可估量的损失。同时安全生产对于企业实现高效益也十分有益。

安全措施一般包括安全技术措施和安全组织措施两个方面的内容。它的编制依据是国家有关安全法规，安全生产大检查中发现的不安全因素及尚未解决的问题，易造成工伤等主要原因中应采取的安全技术措施，施工生产设备及操作方法的改变及新材料、新技术的应用而应采取的技术措施，以及广大职工提出的关于安全生产的合理化建议等。

对于一项具体工程，一定要根据上述原则进行全面分析，考虑施工中可能出现的各种问题，制定出周密的安全措施，如利用滑移法吊装重型设备的措施为：

（1）地锚设置要有专人检查、并做好记录，必要时进行试拉；

（2）卷扬机等机具应处于完好状况，吊装时应配有专业维修人员；

（3）主要受力的缆风绳、滑车组、吊耳等应设专人观测监视；

（4）吊装过程应统一指挥，所有作业人员不得擅离岗位；

（5）应注意天气情况及电力供应。

安全技术措施主要是对施工技术措施中提出的加工制作件，要明确制作技术条件及符合相关行业和国家的技术标准；对尚未使用过或长久未使用的某些起重机具提出试验项目、试验方法和合格标准；对起重吊装提出必要的监测项目和要求，如重型设备吊装时，桅杆垂直度和挠度的监测、主缆风绳受力大小的监测等；安全施工和安全技术要求涉及的内容多、范围广，对具体工程应提出有针对性的安全技术要求。

安全组织措施主要有建立安全保证责任体系，要明确包括领导在内的各个岗位的安全生产责任制，明确管理安全的专职（或兼职）人员，贯彻执行安全技术管理制度，包括严格遵守施工方案的制度，施工方案的审批制度，逐级进行安全技术交底制度，起重工持证上岗制度等，其关键是要有明确的检查制度，对某些大型、特殊起重施工项目制定一些特殊的安全组织措施。

为了防止施工过程中发生人身和设备事故，应针对施工方案中选用的各种机械、设备和变配电设施可能出现的不安全因素，采取相应措施，对施工现场及周围环境给施工人员或周围居民带来的危害，对材料、设备运输带来的困难和危害采取措施加以解决，对施工平面图中运输线路、吊装位置、地锚、缆风绳的布置等进行综合考虑，确保安全施工；安全技术措施和安全组织措施的编制应全面而具体，防止口号化。

（四）起重吊装作业技术规程

设备的起重运输及吊装作业中，保证安全可靠是最重要的，既要无人身事故，也要无设备事故，才能达到多快好省的完成施工任务的目的，因此在施工过程中必须严格按照操作规程进行施工。

安装施工过程中的事故原因主要有两个方面：一是施工不安全因素和劳动保护方面的问题；二是作业者本人的"不安全行为"，后者还受到疲劳、紧张、心态和环境等因素的支配。

针对施工不安全因素，应抓好施工环境的安全条件，尽可能排除不安全因素，确保起重机械、机具和索具等的安全使用，进一步完善防护用品和防护措施，针对作业者本人的"不安全行为"。则应提高其执行安全技术规程、规则的自觉性和习惯性，使作业者对安装规程有充分了解，养成正确操作的习惯。

起重吊装作业安全技术规程是为了防止和消除设备起重施工过程中的各类事故，保护劳动者的安全而制订的，它包括通用起重安全技术和设备吊装安全等。

1. 通用起重安全技术

（1）起重施工前参与施工人员须熟悉工程内容，使施工人员做到四明确：工作任务明确；施工方法明确；起重重量明确；安全事项及技术措施明确。

（2）施工准备中应认真检查，维护好所需的全部起重机械、机具和工具，确保其性能良好，使用可靠；准备好符合要求的劳动保护用品，严禁使用有质量问题的安全防护用品。

（3）凡离地面2m以上的操作均称为登高作业，高空作业前应检查和维护所使用的安全带、梯子、跳板、脚手架或操作平台，安全帽、安全网等登高工具和安全用具。

（4）使用梯子登高，梯子中间不得缺档（层），梯脚要有防滑措施，梯子与地面倾斜度夹角应在$60°\sim75°$之间，使用人字梯时下部必须挂牢，其张开角一般在$45°\sim60°$范围内。

（5）在高空动火作业（如电焊、气割、烘烤等），必须事先移开操作面下方的易燃易爆品，并有足够的安全距离，现场须有监护人员。

（6）多层作业时，操作者的位置应相互错开，传递工具应放入工具包（袋内）用吊绳 操作，严禁上下抛掷工具或器材，进行交叉作业时，必须设置安全网或其他隔离措施。

（7）凡在高空平台作业，必须装设围栏，栏杆高度不应低于1.2m。大雨及六级以上大风时，严禁登高作业，若因抢修，必须采取有效的高空作业安全措施。

（8）采用"吊篮、吊框"登高作业时，必须有专人指挥升降，传递信号应准确，卷扬机操作者应为责任心强的熟练工人，所有起重机具及吊篮、吊框的性能良好可靠。起吊时要平衡，不得中途发生碰挂，且应有保险装置，对载人的索具及承力部件必须按构件（设备）吊装时所取的安全系数值再加大$1\sim2$倍安全系数选用。

（9）吊装易燃易爆和其他危险品时，应有可靠的安全措施和隔离措施。

（10）当输电线路电压为$V=1\sim35kV$时，输电线路与设备和起重机具间的最小距离为3m。

（11）装卸货物使用的跳板应坚固，搭设跳板的坡度不得大于1:3，跳板下端应顶牢，防止发生事故。

（12）施工现场气焊、气割作业要用到乙炔（C_2H_2）气体，乙炔是易燃易爆气体，在温度300℃以上或压力在0.5MPa以上遇火就会爆炸，起重作业中要注意到这些特性，注意使用安全。

2. 设备起重作业的安全技术

（1）设备吊装前必须详细检查被吊设备或构件的状况，如捆绑点是否牢固，重心是否找准，滑车组穿法是否正确等。各类设备及构件吊装前均须试吊，确认其可靠性。设备受力后还需检查地锚、桅杆、缆风绳、滑车组、卷扬机及各受力部件的受力变化情况。起重机索具的安全检查包括外部检查，使用正确性检查，即起重机具的规格、型号和布置以及使用方法是否正确及验证检查和性能试验等。如发现问题应及时通报和处理，不得马虎凑合。

（2）严禁在六级以上大风时吊装设备，大型设备的吊装，风速不得超过五级。设备吊装应在白天进行，如必须夜间吊装作业时，必须有充足的照明，并经安全和技术部门同意和检查认可才能施工。拆移起重机及吊装设备不得在大雾、大雨或大雪天进行。在设备吊装过程中，如因故中断时，必须及时采取可靠的安全措施，不得使设备悬空过夜。

（3）吊装设备时，在施工范围内应设警戒线和明显的警戒标志，严禁非工作人员入内。

（4）起重作业中要做到"五不吊"：指挥手势或信号不清不吊；重量、重心不明不吊；超载荷不吊；视线不明不吊；捆绑不牢或挂钩方法不对不吊。

（5）禁止用大直径的绳索凑合捆扎较小的构件进行吊装。对薄壁圆柱形设备捆扎时必须有防止绳扣滑脱的措施，且应沿圆周方向垫入等厚的木板，以增加其间的摩擦力和分散绳索对筒壁的挤压力。同时对捆绑处容器的局部稳定性进行核查，必要时，须在容器内采取补强措施。

（6）设备吊装中，无论什么岗位发生故障，均应立即报告指挥者，没有命令不准擅自离开工作岗位。大型设备吊装应用旗语或手势配合口哨指挥，有时须用无线电话进行联系及指挥。

（7）按起重吊装要求进行试吊。试吊高度一般为 200mm 左右，试吊时间控制在 10min 左右。自行式起重机试吊时应复查机身水平和支腿的受力变位情况，是否有沉陷，并衡量实际荷重。

（五）电气常识及用电安全

1. 电流、电压、电阻

电路中的自由电子在电场力的作用下按一定方向移动即形成电流，通过导线的电流强度与导线两端的电压成正比，与导线电阻成反比：

$$I = \frac{U}{R}$$

式中 I——电流强度（A）；

$\quad U$——电压（V）；

$\quad R$——电阻（Ω）。

当电压为定值时，线路中电阻越大，则电流强度越小，反之亦反。

2. 直流电和交流电

直流电流在导体中流动的方向始终不变，而交流电则电流强度和方向随时间均呈周期性的变化，在一秒钟内交流电变化的次数称交流电的频率，用 f 表示，单位为赫兹，用符号 Hz 表示，我国通常应用的交流电每秒钟交变 50 次，一般称作工频交流电，频率为 50 赫兹。

3. 单相电和三相电

工频交流电有三相和单相两种，三相和单相电源及其电气设备连接法如图 8-4 所示，图中 A、B、C 三线称为相线或火线，O 线称为中性线或零线，相线间电压为 380V，相线与零线间电压

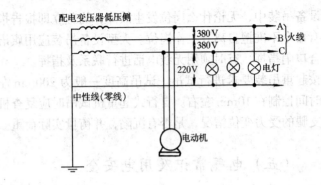

图 8-4 三相、单相及电气设备接线图

为 220V。

4.防触电常识

(1)电气事故

电气事故包括:人身触电、设备烧毁,电气引起火灾、爆炸,产品质量下降及电击引起二次人身事故等。

(2)人体伤害

触电伤害主要分为电击和电伤两类,电击是指电流通过人体造成人体内部伤害,使人发生痉挛,呼吸窒息、颤抖、心跳停止以至死亡;电伤是指电对人体外部造成局部伤害,如电弧烧伤、电烙印等。

触电伤害的危险程度与人体的电阻变化、通过人体的电流大小、种类、频率、持续时间和路径、电压的高低、人的身体健康状况均有关,女性比男性敏感度高,小孩较大人严重,体弱者易受电伤。

(3)防止触电安全措施

1)安全低电压 我国规定安全电压一般为 36V 和 12V,凡手提照明灯、工作台照明灯、危险环境的携带式电动工具等,如无特殊安全结构和安全措施,其电压应采用 36V 安全电压;凡工作场地狭窄、行动困难以及周围有较大面积接地导体(如金属容器内,隧道、地沟内等)和周围地面潮湿处的手提照明灯,其

246

安全电压应采用 12V。

2）对于经常带电设备的防护　对于裸导线或母线应采用封闭高挂或设置罩盖等进行绝缘、屏护遮挡，保证有一定安全距离，对 1000V 以下电气设备其熔断器和闸刀开关应装有绝缘罩盖。

3）作业安全距离　设备电压 600V 以下时大于 0.35m，10～35kV时大于 0.6m，缆风绳、吊臂和起重设备等在没有特殊要求时，其与高压输电线路的安全距离应符合表 8-1 的规定，如不能符合时，应设置隔离架，严禁与电线接触以免发生触电事故。

缆风绳、吊臂、起重设备与
高压输电线路的安全距离　　　　　　表 8-1

输电线路电压（kV）	1 以下	1～20	35～110	154	200
最小距离（m）	1.5	2	4	5	6

4）保护接地与保护接零　保护接地与保护接零是电气装置与电气设备最常用的保护措施，保护接地是把在故障情况下可能出现危险的对地电压的导电部分和"大地"连接起来，保护接零是把电气设备正常情况下不带电的金属部分与电网中的中性线（零线）连接起来，以防止发生人身触电事故，保护接零措施要与其他熔断器、断路器等配合才能起到保护作用，如电气设备金属外壳、钢筋混凝土、金属体等由于绝缘可能破坏而带电，用保护接地可以防止触电。

5）熔断及其他保护　漏电保护即人体接触时迅速跳闸断开电路，常用自动脱扣开关。

6）安全标志　导电母线应标以规定颜色，电气设备还应标明电压、电流、容量及设备防爆类型。

7）遵守电气操作规程　根据具体情况电气设备和机械设备标志牌上应有"禁止合闸，有人工作"，"止步"，"高压危险"，禁止攀登，高压危险等字样，并规定标牌的尺寸，颜色及悬挂位置。

5．触电急救

（1）迅速切断电源：有人触电时，迅速用绝缘体如干木棒、塑料棒等移开电源线或带电设备。用手拉开电源开关或用绝缘钳断开电源线。

（2）现场急救：触电人脱离电源后，一方面向医务部门呼救，另一方面迅速解开触电人衣领，松开上衣和紧身衣、围巾等，使胸部能自由扩张。

如触电人神志清醒，解开腰带，取出口中假牙等物。

如触电人失去知觉，无呼吸，但心脏有跳动，用口对口做人工呼吸法抢救，或用每分钟口对口做人工呼吸二次和心脏挤压15次进行抢救。

（六）几项吊装新工艺简介及
起重吊装的发展方向

1．吊装新工艺简介

（1）吊推法吊装立式设备

如图 8-5 所示，吊推法是在门架的横梁上，拴有前挂滑车组与后挂滑车组，分别与设备的前后吊点相连；在门架两立柱下部拴有推举滑车组，另一端与设备底部相连，设备用铰链与基础相连结。

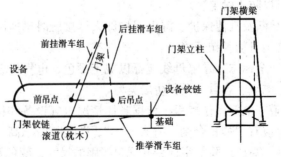

图 8-5　吊推法吊装系统图

起吊时先由前滑车组将设备头部抬起，然后由后挂滑车组将门架扳倒，再由推举滑车组拉着门架向基础移动，即可推举设备就位，使原来平卧在地面的设备，绕着底部铰链由水平位置回转到铅垂位置。

"吊推法"吊装过程由竖立门架、起吊设备、扳倒门架、推举就位、放下门架五道工序组成，其工作原理及过程如图 8-6 所示。

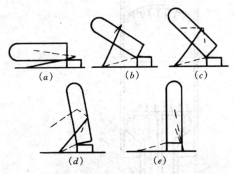

图 8-6　吊推法工作原理及过程示意图

由于吊推法的门架不用缆风绳和地锚，它的工作过程主要由"吊"和"推"两种动作组成，故又称为无锚点吊推法。

无锚点法不用较多的锚桩和其他机具，安装场地面积小，吊具简单，但无锚点法的桅杆因无缆风绳，故承受的弯矩大，受力后易产生桅杆底座沉陷，将使整个吊装系统稳定性受到影响，因此吊装重量超过 2500kN 时，桅杆底座应进行处理，安装高度超过 60m 的设备不适宜采用此种方法，此方法操作要求较高，不能疏忽，吊装施工中应充分注意到这些方面。

(2) 气顶法倒装立式设备

如图 8-7 所示，大型等径钢制筒体结构气顶倒装法是利用筒体自身再加上顶部的上封盖、内底座及附近的外部气源等，使已组装的上部一段筒体和内底座构成一个套筒状伸缩体。对筒体底部加气后，根据在密封容器内气体压强处处相等的原理，作用在筒壁四周压力相互平衡，对筒体顶升不发生影响，而作用在封盖的合力对筒体构成一个向上的顶升力，倘若此顶升力超过筒身和上封盖的重量及筒内部与内底座上密封环之间的摩擦力之和，则筒体便向上滑升，当滑升到一定高度后锁定，把已经准备好的后续筒体合围焊接，筒身即被接长一节，如此不断反复直至筒体达到设计高度，最后拆除上封盖和内底座等施工附件，顶升完成。

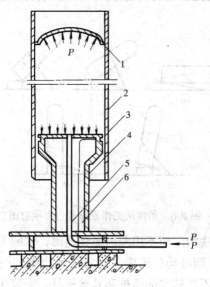

图 8-7　气顶倒装法原理图

1—上封盖；2—筒体；3—密封环；4—内底座；

5—筒体进气管；6—密封环进气管

气顶法钢筒内只需增加上封头、内底座等几个附件，其余采用常规施工机具，可节省大型起重机具的投入，节省大量的人力和物力，故施工成本低，经济效益明显，气顶法把大量高空作业改为地面和低空作业，提高了工效，缩短了工期，利于安全施工；气顶法直升方式节省作业场地，利于在建筑密集场地施工。

（3）液压顶升法倒装立式设备

以安装某发电厂 240m 高等直径烟囱为例介绍液压顶升法工

艺原理。

如图 8-8 所示，顶升设备采用液压爬升式结构，爬升动作由主液压缸伸缩和上、下销插拔协调动作，同步爬升，在顶升过程中，当顶升至一定高度（36m）时，爬行结构下降（原理相同），周而复始，直至整个烟囱安装完毕。

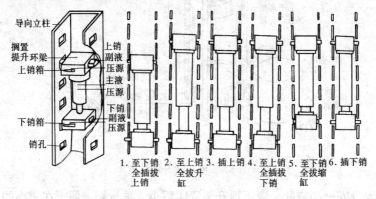

1. 至下销全插拔上销　2. 至上销全拔升缸　3. 插上销　4. 至上销全插拔下销　5. 至下销全拔缩缸　6. 插下销

图 8-8　自爬原理示意图

液压顶升法设备如图 8-9 所示，主要由液压系统、电气控制系统和金属结构三大部分组成，液压系统包括三只同步主液压顶升缸、十二只插销液压缸和十二只环梁活动支托驱动液压缸，用一只定量泵供油，电气控制系统，包括供电电源、控制装置、显示装置、报警及安全保护装置。金属结构系统主要包括三根导向立柱和一个提升环梁等。

液压顶升倒装顺序为：1）一节钢筒与上钢筒对口；2）钢筒环缝焊接及焊缝检验合格；3）倒牛腿组装；4）液压顶升设备启动，顶升设备；5）重复 1）～4）过程至爬行结构于 36m；6）爬行结构下降到下一道倒牛腿下；7）倒牛腿组装；8）液压顶升启动，钢筒顶升；9）下节钢筒运入，重复上述步骤直至整个钢内筒倒装完毕。

液压顶升倒装法可以把超高空的悬空作业全部变成在地面进行，或者在相对固定的作业区内完成，从而消除了超高空作业对

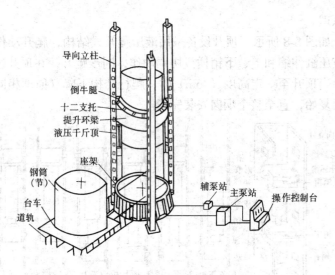

图 8-9　液压顶升示意图

人身安全的威胁，液压顶升装置体积小、重量轻，便于在狭小的施工场地应用，劳动强度低，工效高。

液压顶升法对设备和构件的制造精度及液压系统密封性要求很高，对控制系统的安全性、可靠性要求严格，另外对无扶持结构自立式高耸立式设备安装因需要缆风绳、地锚等，上述优点不能完全发挥。

利用液压传动原理安装塔类设备，还有跨步式液压提升装置起重工艺，如图 8-10 所示，它通过提升装置和塔底的回转铰链，使塔类设备旋转竖直，它与无锚点安装工艺一样是近年来使用的新工艺，此吊装方法适宜于高度不超过 50m 的设备。跨步式液压提升机构分别安装在两副支承桅杆上，并由两根横梁连接起来，被吊设备枕靠在横梁上的"支撑铰链"上。桅杆为特制的金属结构桅杆，截面上有许多凹形的槽，提升机构的卡爪卡在凹形槽内，只能上，不能下。两桅杆立于被起吊设备的两侧，桅杆底座位于离设备基础 1～2m 的地方，它下面由铰链柱基支承。两桅杆的柱基用钢丝绳与起吊设备回转铰链的固定底盘连接起来。

252

这个系统由设备—承重桅杆—钢丝拉绳—回转铰链构成一个封闭的三角连环结构，该结构只有内力在起作用。

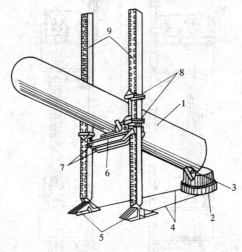

图 8-10 跨步式液压提升机构起吊塔类设备
1—塔体；2—设备基础；3—回转铰链；4—钢丝绳；5—支撑
柱基；6—支撑铰链；7—横梁；8—液压提升装置；9—桅杆

跨步式液压提升装置结构如图 8-11 所示由两个托架组成。托架间由 4 个液压动力筒连接，托架用 4 个弹簧卡爪固定于桅杆的凹槽内，卡爪两个一对，对称布置。液压动力筒的工作液体由设在基础附近的两个型号相同的油泵供给。

油泵启动，压力油进入液压提升机构液压筒的空腔，靠着下托架的拉杆，液压筒将上托架提起来，上托架的卡爪斜面进入桅杆上的凹槽边缘，绕自身轴转动后，沿杆滑动。由于自身的重量和弹簧的作用，卡爪在凹槽中回到原来的位置，而将上托架固定在桅杆上，把给油站调到工作行程，使液压筒的孔腔与排油器连通，油进入空腔Ⅱ，这时液压筒的拉杆将下托架、横梁以及所起吊的设备向上提一个跨步，一直到下托架的卡爪进入上一凹槽为止。当空转行程和工作行程结束后，提升机构的下托架在桅杆上正好移动一个步距，而起重的设备和桅杆跟着各自的铰链回转。

253

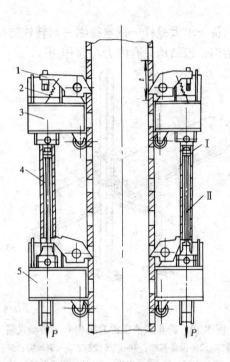

图 8-11 跨步式液压提升装置结构图
1—支撑卡爪；2—弹簧；3—上托架；4—液
压筒；5—下托架；Ⅰ—活塞；Ⅱ—油腔

油泵阀门交替开闭，提升机构沿着桅杆不断地跨步上升，被吊设备则顺着铰链转动。当被吊设备的重心与转动铰链的垂直轴线重合时，制动拉杆进行工作，起吊设备靠自身的重量继续偏转，直到设计要求就位的位置。用液压提升装置起吊设备的升移图如图8-12所示。

液压提升装置的优点：（1）装配较简单，维修方便；（2）不需笨重的起重滑车组；（3）该装置体积较小，重量轻，可产生很大的推力，便于用在施工场地狭小的地方；（4）随着被吊设备的升高，桅杆承受的力越来越小。

缺点是：（1）液压机构本身结构较复杂，要求油密封性能高，故成本较高；（2）操作技术要求较高；（3）施工准备时需要

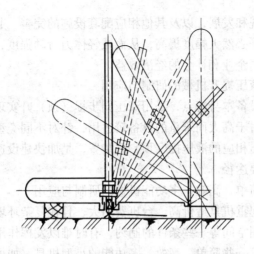

图 8-12　液压提升装置起吊设备时的升移图

较大起重能力的起重机配合。

2. 我国起重吊装的几个发展方向

（1）扩大预装配程度，减少高空作业

在条件许可的情况下，应尽量扩大地面组装程度，包括设备的附件，如平台、扶梯以及设备上的电、气、水、管道、防腐、保温等。因地面组焊对保证质量和效益具有重要意义，提高被吊设备和构件组合率，可减少高空作业，是实现优质、高效、安全作业的重要手段。

（2）吊装机具大型化

随着现代建筑安装规模的扩大，为了满足高层建筑和大型设备的吊装等，起重机械也朝着高和大的方向发展，主要表现在大起重量和大起升高度，从客观上讲，一些工程施工需要大型机械，但对一般企业而言，其利用率可能不高，长途转移调度不便，故各个城市和地区建立起重机械租赁市场，特别是重型机械租赁势在必行，机具大型化将是我国起重施工发展的必然结果。

（3）提高机械化水平

随着生产的发展，人工费的提高，机械台班费的降低，租赁业务的出现和发展，以及其他相应配套设施的完善，起重吊装的机械化水平必然大幅度提高，从而减轻体力劳动强度，加快工程进度，提高企业和社会的经济效益。

（4）液压提升机械的研制与应用

利用设备本身特点，采用液压同步提（顶）升实现吊装与安全作业，对于高大而笨重的设备较适用，针对不同类型的重型设备，研制出相应的液压提（顶）升装置，是加快建设速度，提高效益的重要途径。

（5）简单、高效、多功能机械的研制与应用

大型起重机具造价高、台班费用大，且在复杂环境下吊装时因受到周围空间等一些条件的制约，有时难以发挥作用，因而因地制宜开发一些简单、高效、多功能的小型机具，如根据环境和设备本身特点研制一些实用灵巧的机具，以达到好的吊装效果，与此同时，改进吊装工艺势在必行。

（6）推广吊装应力测试与微机在起重吊装中的应用

吊装中机具和设备受力复杂，为了准确掌握吊装中力的变化，同时为了深化对机具设备应力应变的认识，开展应力测试，建立应力监控系统使用微机分析、计算控制等十分必要，以进一步达到安全作业的目的。

附　录

安装起重工职业技能岗位鉴定习题集

第一章　初级安装起重工

一、理论部分

（一）是非题（对的打"√"，错的打"×"，答案写在每题括号内）

1. 滑动摩擦系数是随着相对运动速度和单位面积上的压力的变化而变化的。（√）

2. 力对物体的作用效果决定于力的大小和力的方向。（×）

3. 人字桅杆，两腿夹角不得大于60°。（×）

4. 稳固的脚手架上可以设置起重量不大的起重桅杆。（×）

5. 物体的重量是物体各点重力的合力。（√）

6. 移动式起重机，在起重吊装时需要试吊，试吊高度一般为200mm，试吊时间控制在10min左右。（√）

7. 起重作业中，可以用大直径的钢丝绳凑合捆扎较小的构件，不可用小直径钢丝绳捆扎大物体进行吊装。（×）

8. 使用人字梯时，下部必须挂牢，其张开夹角一般不应大于60°或小于45°。（√）

9. 扣件式钢管脚手架用的钢管，一般采用焊接钢管，规格为$\phi51 \times 3.5$。（×）

10. 脚手架搭完后，经全面检查后，方可使用。（×）

11. 滑轮组能达到用较小的力起吊较重的重物，仅用$0.5 \sim 15t$的卷扬机牵引滑车组的出绳端头，就能吊起$3 \sim 500t$重的设备。（√）

12. 设备挂绳的要求，吊索（千斤绳）之间的夹角不应太大，一般不超过60°，对薄壁及精密设备夹角应更小。（√）

13．滚杠运输设备、滚杠的数量和间距应根据设备的重量来决定。（√）

14．手拉葫芦，当吊钩磨损量超过20%，必须更换新钩。（×）

15．地锚拉绳与地面的水平夹角在30°左右，否则会使地锚承受过大的竖向拉力，而影响正常使用。（√）

16．6根缆风绳的布置，缆风绳之间夹角应为70°。（×）

17．油压千斤顶禁止作永久支撑。（√）

18．导向滑轮所受力的大小与牵引绳夹角有关。（√）

19．动滑车可分为省时和省力两种。（√）

20．使用绳卡时，严禁代用（大代小、小代大），但可在绳夹中加垫料。（×）

21．内力与杆件的强度无关。（×）

22．合理确定安全系数，是解决安全与经济矛盾的关键。（√）

23．求两力的合力可用力的平行四边形或三角形法则。（√）

24．除特点吊装外，不得使用横销无螺纹的卸扣。（√）

25．多层作业时，操作者的位置应相互错开。（√）

26．合力等于分力的矢量和，因此合力一定比分力大。（×）

27．作用力与反作用力是一对平衡力，且作用在同一物体上。（×）

28．剖面图就是假想用一剖切平面将机件的某部分切断，仅画出被剖面表面的图形，并画上剖面符号。（√）

29．钢丝绳的允许拉力 p，破断拉力 S_b，安全系数 k 之间关系可用公式表示为 $S_b = \dfrac{p}{k}$。（√）

30．麻绳用于手动起重机时，卷筒或滑轮的直径应小于麻绳直径的10倍。（×）

31．钢丝绳发生麻心挤出的应报废，而钢丝绳出现2~3根断丝的也应报废。（×）

32．起重机的起升、变幅机构不得使用编结接长的钢丝绳。（√）

33．滑轮直径与钢丝绳直径之比一般不得小于9倍。（√）

34．在受力方向变化较大的地方或高空作业中，应用吊钩型滑车。（×）

35．齿条式千斤顶放松时，不能突然下降。（√）

36．如增加卷扬机的稳定性，跑绳应在卷筒的下方绕入。（√）

258

37．地锚不能超载使用，但地锚可承受各个不同方向受力。（×）

38．放置滚杠时，滚杠的根数是由设备外形尺寸确定的。（×）

39．脚手架扣件安装时，直角扣件开口应向下。（√）

40．缆风绳跨越公路或其他障碍时，距路面的高度不得低于 6m。（√）

41．大型设备吊装应用旗语或手势配合哨声指挥。（√）

42．我国规定安全电压为 72V。（×）

43．缆风绳的安全系数一般 1.5。（×）

44．绞磨的工作原理是利用了斜面原理（×）

45．大型设备的吊装，可以在 8 级大风中进行。（×）

46．作用力与反作用力是一对平衡力。（√）

47．为保证物体能够安全正常地工作，对每一种材料必须规定它所能容许承受的最大应力，称许用应力（√）

48．三视图都是用中心投影法画出来的。（×）

49．看基础平面图时要了解设备基础标高、尺寸、地脚螺栓位置、数量以及尺寸距离。（√）

50．麻绳的允许拉力 p，破断拉力 S_b，安全系数 k 之间关系可用公式表示为 $S_b = \dfrac{p}{k}$。（√）

51．麻绳用于手动起重机时，卷筒或滑轮的直径应大于麻绳直径的 10 倍。（√）

52．钢丝绳出现拧扭死结，部分变形严重，发生麻心挤出的应报废，而钢丝绳内出现一股损坏的不应报废。（×）

53．使用绳夹时，一般绳夹间距为钢丝绳直径的 8 倍左右，最后一个绳夹离绳头的距离不得少于 150mm。（√）

54．平衡梁一般与吊索配合使用，吊索与平衡的水平夹角以 15° 为宜。（×）

55．在受力方向变化较大的地方或高空作业中，应用吊钩型滑车。（×）

56．手拉葫芦在倾斜或水平方向使用时，拉链方向应与链轮方向一致，以防卡链或掉链。（√）

57．齿条式千斤顶松放时，不能突然下降。（√）

58．为增加卷扬机的稳定性，跑绳应从卷筒的上方绕入。（×）

59．放置滚杠时，滚杠两端应伸出托排（或设备）外面 300mm 左右，

以免压伤手脚。（√）

60．脚手架扣件安装时，直角扣件其开口不得向下。（×）

61．缆风绳跨越公路或其他障碍时，距路面高度不得低于6m。（√）

62．滚杠运输设备，滚杠的规格是按设备的尺寸大小来决定的。（×）

63．地锚引出线露出地面位置及地锚两侧2m范围内不应有沟洞、地下管道或地下电缆。（√）

64．选择缆风绳的大小依据为将总拉力用力的分解方法分到每根缆风绳上，取其中单根缆风绳最小拉力为依据。（×）

65．钢丝绳绳夹有压板式、拳握式、骑马式三种，其中以压板式绳夹连接力最强，应用最广。（×）

66．作用力与反作用力是作用在同一物体上。（×）

67．三视图的投影规律简称"长对正"、"高平齐"、"宽相等"。（√）

68．为保证物体能够安全正常地工作，对每一种材料必须规定它所能容许承受的最大应力，称为许用应力。（√）

69．钢丝绳如出现断丝现象都应报废，不准使用。（×）

70．每个绳夹夹紧钢丝绳的程度，以压扁钢丝绳直径1/3左右为宜。（√）

71．一般机动起重机用的钢丝绳的安全系数为3.5。（×）

72．我国规定安全电压为220V。（×）

73．用托排搬运设备时，设备重心应放在排子的中心稍前一点。（×）

74．为增加卷扬机的稳定性，跑绳应从卷筒的下方绕入。（√）

75．扣件安装时，直角扣件其开口不得向下。（×）

76．齿条式千斤顶松放时，可以突然下降，加快操作速度。（×）

77．地锚不得超载使用，但可以承受各个方向受力。（×）

78．手拉葫芦在倾斜或水平方向使用时，拉链方向应与链轮方向一致，以防卡链或掉链。（√）

79．一般独脚桅杆的缆风绳根数不少于3根。（×）

80．作用力与反作用力组成一力偶。（×）

81．三视图的投影规律简称"长对正"、"高平齐"、"宽相等"。（√）

82．剖面图就是假想用剖切平面将机件的某部分切断，后画出全视图。（√）

83．为保证物体能够安全正常地工作，对每一种材料必须规定它所能容许承受的最大应力，称为许用应力。（√）

84.钢丝绳内出现一股损坏仍可用于起重作业，而发生拧扭死结，则应报废。(×)

85.一般机动起重机用的钢丝绳的安全系数为10。(×)

86.在受力方向变化较大的地方或高作业中，应用吊环型滑车。(×)

87.我国规定安全电压为110V。(×)

88.缆风绳跨越公路或其他障碍时，距路面高度不得低于5m。(×)

89.放置滚杠时，滚杠两端应伸出托排（或设备）外面300mm左右，以免压伤手脚。(√)

90.齿条式千斤顶松放时，不能突然下降。(√)

91.手拉葫芦在倾斜或水平方向使用时，拉链方向应与链轮方向相反，以防卡链或掉链。(√)

92.起重机的起升，变幅机构不得使用编接长的钢丝绳。(√)

93.使用绳夹时，一般绳夹间距为钢丝绳直径的16倍左右。(×)

94.扣件安装时，直角扣件其开口不得向下。(×)

95.一般独脚桅杆的缆风绳根数不少于5根。(√)

96.代号为H5×4D型的滑车表示额定起重量为4t，滑轮门数为5门。(×)

97.稳固的脚手架上可以设置起重量不大的起重桅杆。(×)

98.当卸扣的横销损坏或遗失后，可选用与弯环材质相同的材料再加工一只。(×)

99.摩擦力的大小与物体对接触面上的垂直压力成正比。(√)

100.从三视图的投影尺寸来看，主视图反映的长与俯视图反映的长是不一样的。(×)

101.起重作业中，使用平衡梁可以减少吊装高度。(√)

102.知道钢丝绳的许用拉力和安全系数，就可以知道钢丝绳的破断拉力。(√)

（二）选择题（把正确答案的序号填在各题横线上）

1.电动卷扬机的定期维护保养分为 __A__ 。

A.一级维护和二级维护　　　　B.小修和大修

C.保养和维修　　　　　　　　D.中修和大修

2.工程制图中，被广泛应用的是 __C__ 投影法。

A.中心投影法　　　　　　　　B.平行投影法

C.正投影法　　　　　　　　　D.水平投影法

3．麻绳可以承受的拉力 S（负荷能力）估算公式是　B　。

A．$S = p \cdot k$ B．$S = 25 \pi d$ ［σ］

C．$S =$（16～25）d D．$S = F \cdot \sigma$

4．脚手架用的扣件，其材质是　D　。

A．炭钢   B．低合金钢

C．铸铁   D．可锻铸铁

5．安全网每平方米应能承受　A　kN 以上的荷重。

A．1600   B．1500   C．1400   D．1300

6．桅杆底部铺垫枕木是为了　D　。

A．缓冲   B．垫高   C．稳定   D．加大承压面积

7．长期设置在室外，且桅杆高度在　B　m 以上，应设置避雷装置。

A．15   B．20   C．25   D．30

8．外径为 D，内径为 d 的无缝钢管的断面积 S 计算公式是　C　。

A．$S = \dfrac{1}{2}$（$D + d$）   B．$S = \dfrac{1}{2} Dd$

C．$S = \dfrac{\pi}{4}$（$D^2 - d^2$）   D．$S = \dfrac{\pi}{4} Dd$

9．力的法定计量单位是　D　。

A．千克力（kgf）   B．达因（dyn）

C．吨（t）   D．牛顿（N）

10．国产钢丝绳现已标准化，它规定了钢丝的抗拉强度分为　A　等级。

A．4 个   B．5 个   C．6 个   D．7 个

11．滑车组的计算公式中的工作绳数 n 是表示　C　。

A．使用的钢丝绳根数

B．滑车组中定滑轮上的绳数

C．滑车组中动滑轮上的绳数

D．滑车组中定滑轮和动滑轮上的绳数之和。

12．起重作业中计算荷载时，经常要用动载荷系数，其目的是为了　B　。

A．增加安全性   B．补偿惯性力

C．克服摩擦力   D．克服冲击载荷

13．在起重及运输作业中，可使用的材料，一般都是　B　材料。

A．刚性   B．塑性   C．脆性   D．韧性

14. 当杆件受大小相等、方向相反、作用线相距很近的一对横向力作用时，杆件上两力之间的部分沿外力方向发生相对错位，杆件的这种变形称为 C 变形。

   A. 弯曲　　　B. 扭转　　　C. 剪切　　　D. 压缩

15. 材料力学的首要任务，就是研究构件的强度、刚度和 A 问题。

   A. 稳定性　　B. 变形　　C. 承载力　　D. 破坏性

16. 设备安装中依靠建筑物定位、放线的重要依据是建筑图上的 B 线。

   A. 基准线　　B. 轴线　　C. 中心线　　D. 对称线

17. 当一个物体受到两个以上的力共同作用时，可用 C 力代替上述力，这个力就叫做原有各力的合力。

   A. 总力　　　B. 分力　　C. 等效力　　D. 大的力

18. 起重的基本操作方法主要有：撬、顶与落、转、拨、提和 B 等7种。

   A. 水平运输与扳　　　　B. 滑与滚和扳
   C. 滑与扳　　　　　　　D. 滚与扳

19. 麻绳一般用于 A kg以内的重物的绑扎与吊装。

   A. 500　　　B. 600　　　C. 800　　　D. 1000

20. 平衡梁（又称铁扁担），可以负担 D 力。

   A. 垂直分力　　　　　　B. 轴向拉力
   C. 侧向分力　　　　　　D. 水平分力

21. 用 C 原理，可以证明动滑轮省力的道理。

   A. 摩擦　　　B. 数学公式　　C. 杠杆　　　D. 斜面

22. 布置缆风绳时，应尽量使受力缆风绳与缆风绳总数比例较大为好，一般为 D 。

   A. 20%　　　B. 30%　　　C. 40%　　　D. 50%

23. 桅杆的缆风绳数量，独脚桅杆一般不少于5根，回转式桅杆不得少于6根，人字桅杆不得少于 C 根。

   A. 6　　　B. 5　　　C. 4　　　D. 3

24. 地锚的水平向前的分力是依靠 A 来承担的。

   A. 土壤的耐压力　　　　B. 回填土的重力
   C. 锚碇与土壤的摩擦力　D. 依靠锚桩

25. 起重工作级别，按重量划分为 D 级。

A.6   B.5   C.4   D.3

26. 有一块钢板，长 4m，宽 1.5m，厚度为 50mm，钢的密度为 7.85 t/m³,这块钢的重量为 __C__ t。

A.0.45   B.2   C.2.345   D.4

27. 有两个共点力，力的大小分别为 9N、12N，两力的夹角为 90°，则此两个力的合力为 __B__ N。

A.3   B.15   C.21   D.30

28. 在起重吊装中，钢丝绳捆绑点的选择主要依据是设备的 __C__ 。

A. 重量   B. 外形尺寸 C. 重心   D. 用途

29. 绞磨的工作原理是利用了 __B__ 。

A. 斜面原理 B. 杠杆原理

C. 摩擦原理 D. 液压原理

30. 用剖切平面将机件的局部剖切，并移去前面部分，留下部分向正面进行投影所得的剖视图，称为 __A__ 。

A. 局部剖视图   B. 全剖视图

C. 剖面图   D. 三视图

31. 每个绳夹夹紧钢丝绳的程度，以压扁钢丝绳直径 __C__ 左右为宜。

A. $\frac{1}{5}$ B. $\frac{1}{4}$ C. $\frac{1}{3}$ D. $\frac{1}{2}$

32. 绳卡使用的数量应根据钢丝绳直径而定，但最少使用数量不得少于 __B__ 。

A.1 个   B.2 个   C.3 个   D.4 个。

33. 一般机动起重机用的钢丝绳的安全系数取 __B__ 。

A.3   B.5.5   C.20   D.14

34. 起重作业中，千斤绳与铅垂线的夹角一般不应大于 __C__ 。

A.15°   B.30°   C.45°   D.60°

35. 可以省力，又可以改变力的方向的是 __D__ 。

A. 定滑车   B. 动滑车   C. 导向滑车 D. 滑车组

36. 代号为 H5×4D 型滑车表示的是 __B__ 。

A. 额定起重量为 4t，滑轮数是 4 门

B. 额定起重量为 5t，滑轮数是 4 门

C. 额定起重量为 20t，滑轮数是 1 门

D. 额定起重量为 1t，滑轮数 20 门

37. 使用绞磨时，鼓轮上钢丝绳始终保持　C　。

A.1～2 圈　　B.2～3 圈　　C.3～5 圈　　D.10 圈以上

38. 为了使钢丝绳在卷扬机卷筒上能顺序排列，导向滑轮与卷筒轴线间距离应大于卷筒长度的　D　倍。

A.5　　　　B.10　　　　C.15　　　　D.20

39. 我国规定安全电压为　A　V。

A.36　　　　B.72　　　　C.110　　　　D.220

40. 凡倾斜使用的桅杆（除系缆式桅杆外），其倾角最大不大于　A　。

A.15°　　　B.20°　　　C.30°　　　D.45°

41. 起重工作级别按重量划分为　D　级。

A.6　　　　B.5　　　　C.4　　　　D.3

42. 使用手拉葫芦过程中，已吊起设备，需停留时间较长时，必须　A　，以防止时间过久而自锁失灵。

A. 将手拉链拴在起重链上　　B. 用人拉住手拉链

C. 将重物放回地面　　　　　D. 将手拉链固定住

43. 手摇卷扬机的升降速度快慢是通过改变齿轮传动比来实现的，随着起重量增加，齿轮传动比应　D　。

A. 减小　　　　　　　　　B. 保持不变

C. 加快手摇速度　　　　　D. 增大

44. 使用梯登高，梯子与地面夹角不应小于　B　。

A.65°　　　B.60°　　　C.70°　　　D.75°

45. 手拉葫芦，当吊钩磨损超过　A　时，必须更换新钩。

A.10%　　　B.15%　　　C.20%　　　D.25%

46. 卷扬机的操作者须是　C　。

A. 熟练的起重工

B. 具有技术等级的起重工

C. 经专业考试合格，持证上岗

D. 高级起重工

47. 为保证物体能够安全正常地工作，对每一种材料必须规定它所能容许承受的最大应力，这个应力称　B　。

A. 刚度　　　　　　　　　B. 许用应力

C. 极限应力　　　　　　　D. 强度极限

48. 在起重吊装中，钢丝绳捆绑点的选择主要依据是设备的　C　。

A. 重量　　　B. 外形尺寸　C. 重心　　　D. 用途

49. 缆风绳与地面夹角最大不超过　C　。

A.15°　　　B.30°　　　C.45°　　　D.60°

50. 一般独脚桅杆的缆风绳根数不少于　D　。

A.2 根　　　B.3 根　　　C.4 根　　　D.5 根

51. 可以省力，而不能改变力的方向的滑车是　B　。

A. 定滑车　　　　　　　B. 动滑车

C. 导向滑车　　　　　　D. 平衡滑车

52. 液压千斤顶工作原理是利用了　D　。

A. 杠杆原理　　　　　　B. 摩擦原理

C. 斜面原理　　　　　　D. 液压原理

53. 钢管脚手架的立杆垂直度偏差不得大于脚手架高度的　D　。

A. $\dfrac{1}{10}$　　　B. $\dfrac{1}{20}$　　　C. $\dfrac{1}{100}$　　　D. $\dfrac{1}{200}$

54. 采用滚杠运输设备时，设备的重心应放在托排中心的　B　位置。

A. 稍前一点　　　　　　B. 稍后一点

C. 正中　　　　　　　　D. 稍前 2m

55. 凡倾斜使用的桅杆（除系缆式桅杆外），其倾角最大不大于　A　。

A.15°　　　B.20°　　　C.30°　　　D.45°

56. 一般机动起重机用的钢丝绳的安全系数取　B　。

A.3.5　　　B.5.5　　　C.10　　　D.14

57. 安全网每平方米应能承受　D　kN 以上的荷重。

A.1300　　　B.1400　　　C.1500　　　D.1600

58. 对卷扬机卷筒直径 D 和钢丝绳直径 d 要求为　D　。

A.$D = 9d$　　　　　　　B.$D \geqslant$ （16~25）d

C.$D = 12d$　　　　　　　D.$D = 60d$

59. 牵引钢丝绳进入滑轮偏角 α 不能超过　A　。

A.4°　　　B.8°　　　C.20°　　　D.30°

60. 登高作业是指离地面　D　以上的操作。

A.0.5m　　　B.1m　　　C.1.5m　　　D.2m

61. 缆风绳跨越公路时，距路面的高度不得低于　D　。

A.1m　　　B.3m　　　C.5m　　　D.6m

62. 凡倾斜使用的桅杆（除系缆式桅杆外），其倾角最大不大于　A　。

266

A.15°   B.20°   C.30°   D.45°

63．使用卷扬机时，卷筒上钢丝绳始终保持　C　。

A.1~2 圈   B.2~3 圈   C.3~5 圈   D.10 圈以上

64．可以省力，不可以改变力的方向是　B　。

A. 定滑车   B. 动滑车

C. 导向滑车   D. 平衡滑车

65．起重作业中，千斤绳与铅垂线的夹角一般不应大于　C　。

A.15°   B.30°   C.45°   D.60°

66．撬棍使设备翘起是利用了　B　。

A. 斜面原理   B. 杠杆原理

C. 摩擦原理   D. 液压原理

67．起重作业中，千斤绳与铅垂线的夹角一般不应大于　C　。

A.15°   B.30°   C.45°   D.60°

68．缆风绳跨越公路时，距路面的高度不得低于　D　m。

A.1   B.3   C.5   D.6

69．起重工作级别，按重量划分为　D　级。

A.6   B.5   C.4   D.3

（三）计算题

1．在坡度为 20°的钢轨上滑运一设备，设备与钢轨间的摩擦系数为 0.25，设备重 0.2t，问需多大的牵引力才能使设备沿钢轨移动？

【解】　已知设备重 $Q=200$kg；坡度为 20°；摩擦系数 $\mu=0.25$。

设备的正压力 $N=Q\cos20°=200\times0.9397$

$$=188\text{kg}$$

设备在斜面上的分力 $p'=Q\sin20°$

$$=200\times0.342$$

$$=68.4\text{kg}$$

则牵引力 $p=\mu N+p'$

$$=0.25\times188+68.4$$

$$=115.4\text{kg}$$

答：需要 115.4kg 的牵引力才能使设备沿钢轨移动。

2．如图 1 所示的滑车组，其滑轮的直径为 500mm，挂在高为 12m 的桅杆上，把一设备从地面提升到高为 8m 的地方，试计算起重钢丝绳的长度？

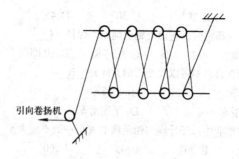

引向卷扬机

图 1

【解】　根据题已知，滑轮直径 $d=500\text{mm}$；工作绳数 $n=8$；

提升高度 $h=12\text{m}$；

滑轮组至卷扬机之间距离 $I=12\text{m}$。

则根据公式 $L=n\,(h+3d)+I+10$

将已知数代入公式

起重绳长 $L=8\times(12+3\times0.5)+12+10$

$=130\text{m}$

答：起重绳长度为 130m。

3. 某一施工现场，采用一根直径为 24mm 的钢丝绳，其规格为 6×37 $+1-24-170$，其破断拉力为 35800kg，作起重绳用，吊 8t 重设备，问使用此规格的钢丝绳是否安全？

【解】　已知 $\phi24$ 钢丝绳的破断拉力 $S_{\text{b}}=35800\text{kg}$。

起重设备重 $Q=8000\text{kg}$

根据许用拉力公式 $p=\dfrac{S_{\text{b}}}{k}$

一般机动起重机用的钢丝绳安全系数 $k=5.5$。

则 $\phi24$ 钢丝绳的允许拉力

$$p=\frac{S_{\text{b}}}{k}=\frac{35800}{5.5}=6509\text{kg}$$

可知 $p<8000\text{kg}$。

答：使用此规格的钢丝绳不安全。

4. 如图 2 所示的滑车组，用来吊装计算重量 $Q=40\text{t}$ 的设备，此滑车组的总效率 $\eta=0.84$，向引向卷扬机的出绳头拉力 S 为多少？

【解】　已知吊装重量 $Q=40\text{t}$，滑车组总效率 $\eta=0.84$，工作绳数 n

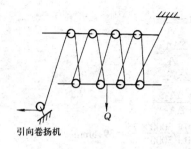

引向卷扬机

图 2

$=8$。

根据公式 $S = \dfrac{Q}{n \cdot \eta} = \dfrac{40}{8 \times 0.84} = 5.95\text{t}$

答：引向卷扬机出绳头拉力 $S = 5.95\text{t}$。

5. 直角钢板截面如图 3 所示，试求其重心位置。

【解】 取 oxy 轴坐标系。如图 4 所示。将直角形钢板分割为两个矩形。两矩形的形心位置 C_1 和 C_2 较易求得，其面积 ΔA_1 和 ΔA_2 及重心坐标分别为：

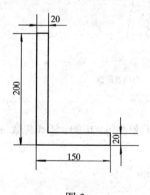

图 3

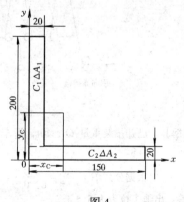

图 4

$\Delta A_1 = (200 - 20) \times 20 = 3600\text{mm}^2$

$\Delta A_2 = 150 \times 20 = 3000\text{mm}^2$

$x_1 = 10\text{mm} \qquad y_1 = 20 + \dfrac{200 - 20}{2} = 110\text{mm}$

$x_2 = 75\text{mm} \qquad y_2 = 10\text{mm}$

根据公式 $x_C = \dfrac{\Sigma \Delta A_i x_i}{A}$

$$y_C = \dfrac{\Sigma \Delta A_i y_i}{A}$$

将数字代入以上公式：

则 $x_C = \dfrac{\Delta A_1 x_1 + \Delta A_2 x_2}{\Delta A_1 + \Delta A_2}$

$\qquad = \dfrac{3600 \times 10 + 3000 \times 75}{3600 + 3000} = 39.5\text{mm}$

$y_C = \dfrac{\Delta A_1 y_1 + \Delta A_2 y_2}{\Delta A_1 + \Delta A_2}$

$\qquad = \dfrac{3600 \times 110 + 3000 \times 10}{3600 + 3000} = 64.5\text{mm}$

答：直角钢板截面的重心 C 坐标位置在 $x_C = 39.5\text{mm}$，$y_C = 64.5\text{mm}$ 处。

6. 如图 5 所示滑车组，用来吊装计算重量 $Q = 40\text{t}$ 的设备，此滑车组的总效率为 0.9，问引向卷扬机的出绳头拉力 S 为多少？

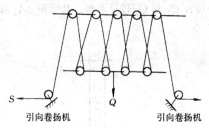

图 5

【解】 已知吊装重量 $Q = 40\text{t}$，滑车组总效率 $\eta = 0.90$，工作绳数 $n = 8$。

根据公式 $S = \dfrac{Q}{n \cdot \eta} = \dfrac{40}{8 \times 0.9} = 5.56\text{t}$

答：出绳头拉力为 5.56t。

7. 有一单梁起重机，梁长 18m，在梁中间吊 1 个 2t 的重物，如图 6 试求梁中间截面上的内力？

【解】 画出梁的受力计算图，如图 7。

由于荷载 p 作用在梁的中点。故支座反力为：

$$R_A = R_B = \frac{p}{2} = \frac{20}{2} = 10\text{kN}$$

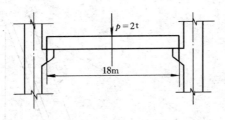

图 6

在 C 点处截面上的弯矩：

$$M_C = \frac{p}{2} \times \frac{L}{2} = \frac{20}{2}$$

$$\times \frac{18}{2}$$

$$= 90 \text{ (kN·m)}$$

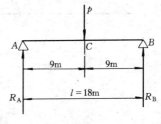

图 7

答：在梁中间截面上的内力为 90kN·m。

8. 有一直径 21.5mm 的钢丝绳（6×19+1），钢丝绳的破断拉力为 298kN，用它来吊装一台设备（其使用性能为一般机动），试求钢丝绳的允许拉力？

【解】 已知钢丝绳的破断力 $S_b = 298$kN。

根据题意。为一般机动起动机用的钢丝绳安全系数 $k = 5.5$（可查表）

则允许拉力 $p = \frac{S_b}{k} = \frac{298}{5.5} = 54.2$kN

答：21.5mm 钢丝绳的允许拉力为 54.2kN。

9. 一独脚桅杆起重机，它的长度为 36m，桅杆与地面夹角 α 为 80°，试求桅杆的垂直高度 H 和水平距离 a，如图 8。

【解】 已知 $h = 36$m，$\alpha = 80°$

根据正弦定义 $H = h \cdot \sin\alpha = 36 \times \sin 80° = 35.45$m

根据余弦定义 $a = h \cdot \cos\alpha = 36 \times \cos 80° = 6.25$m

答：桅杆的垂直高度 $H = 35.45$m，水平距离 $a = 6.25$m。

10. 如图 9，把重量为 500kN 的重物放在木拖排上沿坡度为 10°的斜坡向上拖运，拖排下为滚杠，滚杠下垫放枕木运道。试问要使重物沿斜坡向上移动，需要多大牵引力？

(1) 滚杠重量忽略不计；

271

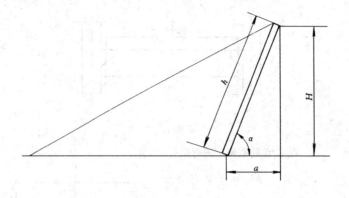

图 8

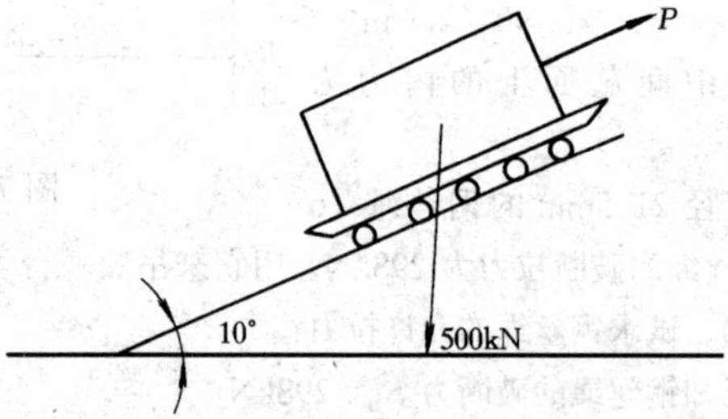

图 9

（2）滚杠与拖排间、滚杠与枕木间的摩擦系数 $f_1 = f_2 = 0.1$

（3）滚杠为 $\phi108$ 无缝钢管。

【解】 已知 $f_1 = f_2 = 0.1$

滚杠总重忽略不计，

坡度为 $10°$

由公式 $p = \left(\dfrac{f_1 + f_2}{D} + \text{tg}\alpha \right) Q\cos\alpha$

将已知数代入上式

则所需牵引力 $p = \left(\dfrac{0.1 + 0.1}{10.8} + \text{tg}10° \right) \times 500$

$\times \cos10° = 96\text{kN}$

答：需要 96kN 的牵引力。

11. 有一根钢丝绳，其总截面积为 0.725cm^2，受到 3000N 的拉力，试求这根钢丝绳的应力是多少？

272

【解】 因为 $p = 3000N$

$$F = 0.725cm^2 = 0.725 \times 10^{-4}m^2$$

所以 $\sigma = \dfrac{p}{F} = \dfrac{3000}{0.725 \times 10^{-4}} = 4.138 \times 10^7 Pa$

$$= 41.38MPa$$

答：钢丝绳单位截面上的应力为 41.38MPa。

12. 有一个 $d = 25mm$ 的钢球，试求其体积？

【解】 根据圆球体积计算公式

$$V = \frac{1}{6}\pi d^3 = \frac{1}{6} \times 3.14 \times 25^2$$

$$= 8187.5mm^3$$

答：球体积为 8187.5mm^3。

（四）简答题

1. 普通钢丝绳 $6 \times 19 + 1$ 各数字的含义是什么？

答：普通钢丝绳 $6 \times 19 + 1$ 的含义是第一个数 6 表示 6 股，第二个数 19 表示每股钢丝绳数。第三个数 1 表示一根绳芯。

2. 简述"五不吊"的内容。

答："五不吊"的内容是指挥手势或信号不清不吊；重量、重心不明不吊；超载荷不吊；视线不明不吊；捆绑不牢或挂钩方法不对不吊。

3. 怎样埋设坑锚？

答：坑锚在埋设前，根据锚碇的长短挖一个锚坑，将钢丝绳系结在锚碇中间一点或对称结在锚锭两点，横放坑底，并将钢丝绳在坑前部倾斜引出地面，倾斜角度一般在 $30° \sim 45°$ 之间，然后用干土或碎石回填夯实。

4. 什么叫安全系数？

答：为弥补材料的不均匀性及残余应力，并考虑到外力性质，外力计算的不正确性，机件制作时的不精确度和施工作业的安全性等，一般要求材料在实际工作时其单位面积上的应力只是强度极限的几分之一，将强度极限除以一个大于 1 的系数，这个系数就是安全系数。

5. 使用平衡梁的注意事项是什么？

答：平衡梁一般与吊索配合使用，使用时吊索与平衡梁的水平夹角不能太小，以避免平衡梁产生变形。一般吊索的水平夹角以 $45° \sim 60°$ 为宜。如夹角较小，则应用卸扣将挂在吊钩上两绳扣锁在一起，防止吊索脱扣。同时，应对横梁和绳索进行复核验算。

6. 起重施工前，施工人员要做到"四明确"，其具体内容是什么？

答：四明确是工作任务明确；施工方法明确；起重重量明确；安全事项及技术措施明确。

7. 普通钢丝绳 6×37＋1 各数字的含义？

答：普通钢丝绳 6×37＋1 的含义是第一个数 6 表示钢丝绳为 6 股。第二个数表示每股 37 根钢丝。第三个数 1 表示一根绳芯。

8. 简述一般构件及设备吊点的选择原则？

答：一般构件及设备吊点的选择原则是（1）有起重吊（挂）耳的构件，应尽量使用吊点；（2）没有规定吊点时，要使吊点或吊点连线与重心铅垂线的交点在重心之上，绑扎点还要针对构件的形状选择。

9. 简述滑移法竖立桅杆的步骤？

答：滑移法竖立桅杆的步骤是：在桅杆安装处先竖立辅助桅杆，其高度为桅杆长度的一半加 3.5m；在桅杆重心以上 1～1.5m 处系结吊索；并把它挂在辅助桅杆的起吊钩上，仔细检查后，开动卷扬机，逐步起吊桅杆，桅杆下端沿地面滑移，直至桅杆底部滑移到安装点为止，桅杆基本竖直后，收紧缆风绳，使桅杆达到垂直位置固定缆风稳定桅杆。

10. 什么叫三视图，三视图位置关系是什么？

答：三视图即主视图、俯视图、左视图，三个视图所在的三个投影面是相互垂直的。

11. 起重作业中所用的吊具包括哪些？

答：在起重作业中所用的吊具包括：卸扣、吊钩与吊环平衡梁等。

12. 试述滑轮组的作用？

答：滑车组不仅具有定滑车和动滑车的优点，而且还可以组成多门滑车组，达到用较小的力起吊较重的重物。

13. 什么叫许用应力？

答：为保证物体能够安全正常地工作，对每一种材料必须规定它所能容许承受的最大应力，这个应力就叫许用应力。

14. 起重机械的选择原则是什么？

答：起重机械的选择原则：

（1）首先是劳动生产率、施工成本和作业周期；

（2）根据施工场地的条件来选择；

（3）最后是根据被起重物的重量、外形尺寸、安装要求尽量选用已有的机械设备。

15. 简述扳倒法竖立桅杆的步骤

答：扳倒法竖立桅杆的步骤是将辅助桅杆安放在桅杆的基座上，并将两桅杆下端成直角扎结；在桅杆重心以上适当位置用绳索系紧，然后与辅助桅杆用千斤绳连接起来并收紧；用起重滑车组将辅助桅杆与地锚连结起来；仔细检查后，开动卷扬机，利用起重滑车组将辅助桅杆由垂直位置扳倒，则桅杆由水平位置围绕下支点旋转，逐步升起；随着桅杆逐步竖起，缆风绳也相应收紧放松，防止桅杆左右摆动，当桅杆与地面夹角大于 $60°\sim70°$ 时，即可利用桅杆上的缆风绳将桅杆竖直并固定。

16. 试述动滑轮省力的原理。

答：动滑轮省力的原理是，设备的重力 Q 同时被两根绳索所分担。每根绳分担的力，只是设备重力的一半。另外，根据杠杆原理（如图 10）可得，设备重力×支距＝力×力矩。

$$即：Q \times r = p \times 2r$$

$$p = \frac{Q}{2}$$

17. 选用人字桅杆吊装时应注意哪些方面？

答：人字桅杆一般搭成 $25°\sim35°$（在交叉处）夹角。在交叉地方捆绑两根缆风，并在交叉处挂上滑车，在其中一根桅杆的根部设置一个导向滑车，使起重滑车组引出端经导向滑车引向卷扬机。桅杆下部两脚之间，用钢丝绳连接固定。如桅杆需倾斜起吊重物时，应注意在倾斜方向前方的桅杆根部用钢丝绳固定两脚，以免桅杆受力后根部向后滑移。

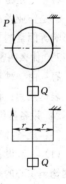

图 10

18. 设备吊装前应做哪些检查工作？

答：吊装前必须详细检查被吊设备或构件的捆绑点是否牢固，是否找准重心，滑车组穿法是否正确等。各类设备及构件吊装前均须试吊，确认其可靠性。设备受力后还需检查地锚、桅杆、缆风绳、滑车组、卷扬机及各受力部件的受力变化情况。

19. 如何确定设备或构件的重心。

答：对构件和设备的找重心方法是：

(1) 简单规则体的重心可查表求得。

(2) 组合规则体由简单规则体组成，先求出每个简单规则体的重心位置，然后按各部分重量比例求出整体重心。

（3）不规则体，工程上常用实验方法测定其重心位置。如悬挂法和称重法等。

20．简述旋转法竖立桅杆的步骤。

答：旋转法竖立桅杆的步骤是在桅杆安装处竖立辅助桅杆，其高度为桅杆长的 $\frac{1}{3} \sim \frac{1}{4}$；桅杆下端放在辅助桅杆近旁，用绳索系结或绞接的方法把它固定在安装点上；在桅杆重心以上适当位置系紧吊索，并把它挂到辅助桅杆起重钩上；仔细检查后，开动卷扬机进行起吊，桅杆以下端为支点转动；当桅杆转到与地面成 60°～70°角时，开始拉动缆风绳并将桅杆竖直；固定缆风，稳定桅杆。

21．按桅杆起重机的结构形式可分为哪几种桅杆？

答：按桅杆起重机的结构形式可分为独脚式桅杆、人字桅杆、系缆式桅杆和龙门桅杆。

22．安装施工过程中的事故原因主要有哪两个方面？

答：一是施工不安全因素和劳动保护方面的问题；

二是作业者本人的"不安全行为"，后者还受到疲劳、紧张、心态和环境影响等因素的支配。

23．什么叫密度？并写出物体重量的表达式。

答：由一种物质组成的质量与它的体积之比，叫做这种物质的密度。

表达式为：物体的质量＝物体的体积×物体的密度。

24．设备挂绳的要求有哪些？

答：设备挂绳的要求是：

（1）一般设备用单钩起吊时，吊钩必须通过设备重心。若双钩起吊，则两钩至重心的距离与其承受的重量成反比。

（2）设备在吊运过程中始终保持平稳，不得产生歪斜，绳索不允许在吊钩上滑动；

（3）吊索之间夹角不应太大，一般不超过 60°，对薄壁及精密设备，夹角应更小；

（4）对于精加工后的工件或完成油漆工序后的设备，在吊装时不得擦伤工件表面或造成漆皮脱落。

25．什么叫重心？

答：地球上任何物体都受到地球的引力，使物体内部各点受到重力的作用，各点重力的合力就是物体的重量，合力的作用点就是物体的重心。

26. 何谓惯性?

答:从牛顿第一定律我们知道,任何物体在没有受到别的物体的作用都具有保持原来运动状态的性质,这种性质在力学中称为物体的惯性。

27. 起重机械选择原则是什么?

答:起重机选择应根据起重作业的具体情况来确定,可按下列因素来考虑。

(1) 首先是劳动生产率、施工成本和作业周期。应选择施工效率高、劳动强度低的起重机械;

(2) 根据施工现场的条件来选择;

(3) 最后是根据被起重物的重量、外形尺寸、安装要求,尽量选择已有的机械和机具,以节约施工成本和利用已成熟的施工经验。

28. 对扣件式钢管脚手架的钢管在质量上有什么要求?

答:钢管质量应有出厂合格证,凡有严重锈蚀、弯曲、压扁或有裂纹的管材均不得使用。

29. 对高空动火作业有什么要求?

答:必须事先移开操作面下面的易燃易爆物品,并有足够的安全距离,现场监护人员不得擅自离开岗位。

30. 采用"吊篮、吊框"登高时,有哪些注意事项?

答:必须有专人指挥升降,传递信号应准确,卷扬机操作者为责任心强的熟练工人。所有起重机具及吊篮、吊框的性能良好可靠。起吊时要平稳,不得中途发生碰挂,且应有保险装置,对载人的索具及承力部件必须加大 1~2 倍安全系数选用。

二、实际操作部分

1. 试题:利用行车翻转重量在 3t 以下大型封头

考核内容及评分标准

序号	测定项目	评分标准	标准分	检 测 点			得分
1	方案制定	确定施工方法、明确工艺程序符合实际,具有可操作性	20				
2	施工准备	根据方案选配吊索机具、设计吊点,明确捆绑要求,清理现场障碍物	20				

序号	测定项目	评 分 标 准	标准分	检 测 点				得分
3	起吊翻转	指挥、操作人员到岗，按程序操作，平稳起吊、翻转动作准确到位，一次成功	35					
4	工完场清	工具收好，场地整洁	5					
5	安全	无安全事故	10					
6	工效	完成劳动定额90%以下者无分，在90%～100%酌情扣分；超额完成酌情加1～3分	10					

2. 试题：利用系缆桅杆翻转带锥体容器

考核内容及评分标准

序号	测定项目	评 分 标 准	标准分	检 测 点				得分
1	方案制定	选定施工方法，明确工艺程序，符合实际	20					
2	施工准备	选配吊索机具，吊点设计合理，要求捆绑索能够调节，布置翻转场地	20					
3	起吊翻转	岗位职责明确，起吊步骤符合要求，起吊平稳、动作准确、协调，一次成功	30					
4	工完场清	工具收好、场地整洁、堆物有序	5					
5	安全	无安全事故	10					
6	工效	完成劳动定额90%以下者无分；在90%～100%酌情扣分；超过劳动定额酌情加1～3分	15					

3. 试题：利用单轨吊进行煤磨机单级人字齿轮减速器的拆装

考核内容及评分标准

序号	测定项目	评分标准	标准分	检测点			得分
1	制定吊装方案	确定吊装方法及吊装工艺程序，因地制宜，具有可操作性	25				
2	施工准备	选配吊索机具，设置设备堆放地点，检查吊环，做到牢靠，清理吊件上的杂物	10				
3	吊装	吊绳夹角小于90°，设法减少初始起吊力，保持吊装平衡，防止碰伤设备零件，掌握重心，吊点正确，绑扎处加垫，防止滑动，不得左右摇摆	35				
4	工完场清	工具收好、地面整洁、堆放有序	5				
5	安全	无安全事故	10				
6	工效	达到劳动定额90%以下者无分；完成90%～100%酌情扣分；超额劳动定额酌情加1～3分	15				

4. 试题：利用行车吊装 1.2 万 kW 汽轮机缸盖

考核内容及评分标准

序号	测定项目	评分标准	标准分	检测点			得分
1	制定吊装方案	确定吊装方法，明确吊装工艺程序，符合实际，具有可操作性	20				
2	施工准备	检查吊耳，选配吊索机具及所需辅助用具	10				
3	吊装	捆绑符合要求，操作顺序无误，调整吊索保证均衡平稳，消除摩擦，卡涩、咬死及别劲等不正常情况，采取防止晃动措施	40				

序号	测定项目	评 分 标 准	标准分	检 测 点				得分
4	工完场清	工具等拾掇干净,场地清洁,零件、设备堆放有序	5					
5	安全	无人身事故和设备事故	10					
6	工效	完成劳动定额90%以下者无分,达到90%~100%酌情扣分;超过劳动定额酌情加分	15					

5. 试题:用一进三插按方法插接一根 5/8″ 绳扣(共 100 分)

考核内容及评分标准

序号	测定项目	评 分 标 准	标准分	检 测 点				得分
1	工具准备	备齐	10 分					
2	插接要领	(1) 工具使用方法正确 (2) 让开麻芯 (3) 绳头插入位置正确 (4) 绳股拉紧 (5) 绳股顺直、密贴,接头表面平整光滑	20 分					
3	决定绳扣各部尺寸	(1) 破头长度 (2) 绳扣长度 (3) 插接长度 (4) 钢丝绳总长	20 分					
4	绳扣插接过程	(1) 起头插接次数插入、穿出位置正确 (2) 中间插接次数正确;插入、穿出位置正确 (3) 收尾插接次数正确;插入、穿出位置对 (4) 最后每股留头 3cm 多余部分割掉	12 分 12 分 12 分 4 分					
5	符合要求	(1) 尺寸正确 (2) 坚固实用	5 分 5 分					

第二章 中级安装起重工

一、理论部分

（一）是非题（对的打"√"，错的打"×"，答案写在每题括号内）

1. 零件图与装配图中，所注尺寸以厘米为单位。（×）

2. 设备的中心线是设备的对称中心轴线。（√）

3. 光滑接触表面不能形成约束反力。（×）

4. 所谓强度是指构件抵抗变形的能力。（×）

5. 脆性材料通常取屈服极限作为材料的破坏依据。（×）

6. 卷扬机的卷筒轴在工作时主要产生扭转变形。（√）

7. 通过导线的电流强度与导线两端的电压成反比。（×）

8. 独脚管式桅杆采用双侧对称起吊要比单侧起吊受力状况好。（√）

9. 缆风绳与地面的夹角一般控制在 60° 左右。（×）

10. 起重机在规定的使用范围内，当吊臂长度一定时，吊臂的角度越大，则起重量越小。（×）

11. 一个物体无论处在什么地方，不论怎样安放，重心在物体的位置是不变的。（√）

12. 定滑轮与动滑轮的效率是一样的。（×）

13. 构件产生剪切变形的外力条件是该构件受到一对大小相等方向相反，作用线与构件轴心线重合的力的作用。（×）

14. 电气装置和用电设备最常用的保护措施有保护接地和接零两种。（√）

15. PDCA 循环法是提高产品质量的一种科学管理方法。（√）

16. 人、材料、机械、方法和环境是影响工程质量的 5 个方面。（√）

17. 凡离地面 2.5m 以上的一切登高作业，均应执行登高作业的有关规定。（×）

18. 使用人字梯时，下部必须挂牢，张开的夹角一般不应大于 60°。（√）

19. 滑动摩擦力计算公式 $F = \mu N$，正压力 N 是一个物体压在另一个物体上的重力。（×）

20. 卷扬机的主要工作参数是它的牵引力，钢丝绳的速度和钢丝绳的容量。（√）

21. 缆风绳在地面上的位置应距拔杆越远越好。（√）

22. 钳工的基本操作方法是起重机设备拆卸、装配、安装、检修等工作的基础。(√)

23. 工程上对压杆的稳定性校核，多采用折减系数法、折减系数可直接查表而取得，不必再知道压杆的细长比。(×)

24. 起重机随着幅度增大、起重量将降低。(√)

25. 传动机构的效率总是大于1。(×)

26. 机械图上用于可见轮廓线是细实线。(×)

27. 确定合力的过程就叫力的合成。(√)

28. 二力杆件的杆上无外力作用。(√)

29. 构件维持其原有平衡状态的能力叫做稳定性。(√)

30. 许用应力是我们在实践中用公式求出来的。(×)

31. 悬臂梁是一端为固定端支座，另一端为自由端的梁。(√)

32. 过盈配合是指孔的公差带大于轴公差带。(×)

33. 风管式金属人字桅杆受力只与两杆的夹角和起重量有关。(×)

34. 物体开始破坏时的应力叫做许用应力。(×)

35. 装卸货物用的跳板的坡度不应大于1:3。(√)

36. 建筑施工图与机械设备安装施工图尺寸线标注是相同的。(×)

37. 起重机械是一种间歇动作的机械，它的工作特征是周期性的。(√)

38. 约束作用于非自由体上而限制某运动的这种力叫约束反力。(√)

39. 所谓内力就是构件内部产生抵抗外力使构件变形的力。(√)

40. 电气中保护接地和接零是一回事。(×)

41. TQC含义是全面质量管理的意思。(√)

42. 起重绑扎绳应取4~6倍安全系数。(×)

43. 使用梯子登高，梯子的倾斜度（与地面夹角）不应小于45°。(×)

44. 高空作业、平台作业，必须装有围护栏杆，栏杆的高度不低于1.2m。(√)

45. 力偶对物体的作用与力偶在其作用面内的位置无关。(√)

46. 起重机机构的工作类型是表示起重机械工作的繁重程度和工作条件的参数。(√)

47. 在起吊与运输设备过程中，卷扬机安装好坏将直接影响到设备安全，可靠的吊装与运输。(√)

48. 三通一平是指水、电、路通，材料场地平。(×)

49. 攻螺纹时钻孔直径与螺纹外径相等。（×）

50. 地面承载能力的计算是以土壤的容许承载力为依据的。（√）

51. 机械图中双点划线用于断裂线、中断线等。（×）

52. 求合力的方法有图解法和公式计算法两种。（√）

53. 力偶不可能用一个力等效替换。（√）

54. 单位面积上的内力称为应力。（√）

55. 凡是以弯曲为主要变形的直杆通常称为梁。（√）

56. 直立独脚桅杆属于细长压杆。（√）

57. 啮合的一对齿轮，其速比 i 等于从动轮与主动轮转速之比。（×）

58. 吊装工艺的正确选择即吊装方法的确定。（×）

59. 如果用两根吊索吊装一个 1t 重的设备，每根吊索受力肯定是 0.5t 力。（×）

60. 凡系缆式起重机（灵机抱子）起重杆都能在 360°范围内移动。（×）

61. 起重机的基本参数是选用和使用起重机的主要技术依据。（√）

62. 拉伸（压缩）变形其横截面上的应力垂直于横截面，且在横截面上均匀分布，叫做正应力。（√）

63. 所谓交流电，就是电流强度和方向都作周期性变化的电流。（√）

64. 液压千斤顶的起重能力只与液压有关（×）

65. PDCA 是 TQC 必须采用的工作方法。（√）

66. 吊装绳应取 5 倍安全系数。（√）

67. 桅杆的缆风绳应合理布置、松紧均匀，缆风绳数是应按规定选用，独脚桅杆应不少于 5 根，回转桅杆应不少于 5 根。（√）

68. 传动机构的效率总是大于 1。（×）

69. 卷扬机距最近一个导向滑轮的距离，与钢丝绳在卷筒上缠绕时的摆动角有关。（√）

70. 施工图中如发现错误或自相矛盾时，可自行处理。（×）

71. 欧拉公式中 λ 称为压杆的柔度或细长比。（√）

72. 地面容许承载力的大小与地面受压面积成正比。（×）

73. 起重机随着幅度增大，起升高度也相应升高。（×）

74. 竖立桅杆的三种方法中，以旋转法的受力状况最好。（×）

75. 滑轮组绕出两端的拉力只与提升载荷和阻力系数有关。（×）

76. 常用的两种机械图有零件图和装配图。（√）

77. 约束与约束反力不等。（×）

78. 材料的强度和刚度是一个概念。（×）

79. 滑车在工作时其中央框轴主要产生剪切变形。（√）

80. 欧拉公式是用来求临界力的。（√）

81. 起重机械的基本参数是证明起重工作性能的指数，也是设计的依据。（√）

82. 吊装场地主要根据被吊装设备的重量和高度及施工方法布置。（√）

83. 导向滑轮的受力大小只与牵引绳的拉力有关。（×）

84. 金属管子桅杆，它的截面属于一种经济压杆截面。（√）

85. 实践证明，钢丝绳多次弯曲造成的弯曲疲劳是钢丝绳破坏的主要矛盾。（√）

86. 圆轴扭转变形，其横断面上的应力也是正应力。（×）

87. 液压千斤顶的起重能力不仅与工作压力有关，还与活塞直径有关。（√）

88. TQC 和 PDCA 都属于管理技术范畴。（×）

89. 缆风绳应取 5 倍安全系数。（×）

90. 滚杠运输设备时，重物轻的一头应放后。（×）

91. 竖立桅杆的三种方法中，以旋转法中的辅助杆最短。（×）

92. 卷扬机卷筒的直径主要由所用钢丝绳的拉力所决定。（×）

93. 桅杆式起重机由起重系统和稳定系统两个部分组成。（√）

94. 一般公制螺纹如 M10×1.5 表示螺纹内径 10mm，螺距 1.5mm。（×）

95. 使用欧拉公式计算临界力的案件是 50～60<λ<100 时。（×）

96. 地面容许承受力与对地垂直压力成反比。（×）

97. 起重机随着幅度增大，起重量将降低。（√）

98. 装卸货物用的跳板坡度不应大于 1:3。（√）

99. 定滑轮和动滑轮效率一样。（×）

100. 物体开始破坏时的应力叫许用应力。（×）

101. 零件图与装配图中，所注尺寸的厘米为单位。（×）

102. 力偶不可以用一个力来等效替换。（√）

103. 脆性材料没有屈服现象。（√）

104. 许用应力是我们在实践中用公式求出来的。（×）

105. 卷扬机的卷筒轴在工作时主要产生扭转变形。（√）

106. 过盈配合是指孔的公差带大于轴的公差带。（×）

107. 吊装工艺的正确选择即吊装方法的确定。（√）

108. 缆风绳与地面的夹角一般控制在60°左右。（×）

109. 导向滑车的受力大小只与牵引绳的拉力有关。（×）

110. 起重机是一种间歇动作的机械，它的工作特征是周期性的。（√）

111. 构件产生剪切变形的外力条件是该构件受到一对大小相等，方向相反，作用线与构件轴心线重合的力的作用。（×）

112. 电气中保护接地与接零是一回事。（×）

113. 液压千斤顶的起重能力只与液压有关。（×）

(二) 选择题（把正确答案的序号填在各题横线上）

1. 表示表面粗糙度是用去除材料的方法获得，可用符号是　B　。

A.$\vee$　　　B.$\sqrt{}$　　　C.$\diamondsuit$　　　D.$\triangledown$

2. 单位面积上的内力称为　B　。

A. 集中力　　B. 应力　　C. 重力　　D. 约束力

3. 制图中的"三视图"是指　D　。

A. 零件图、部件图、装配图

B. 剖面图、剖视图、断面图

C. 平面图、立面图、系统图

D. 正视图、俯视图、侧视图

4. 起线滑子，承重缆索下挠度一般应为跨度的　A　。

A.$\frac{1}{15} \sim \frac{1}{20}$；　　　　　B.$\frac{1}{5} \sim \frac{1}{10}$

C.$\frac{1}{20} \sim \frac{1}{25}$　　　　　D.$\frac{1}{25} \sim \frac{1}{30}$

5. 大型设备吊装时，风速不能超过　D　级。

A.3　　　B.4　　　C.5　　　D.6

6. 重物在400～500kN时，可选用　C　无缝钢管作滚杠。

A.$\phi57 \times 8$；　B.$\phi76 \times 10$；　C.$\phi108 \times 12$；　D.$\phi159 \times 12$

7. 物体相互直接接触时，因抵抗变形发生的称为　A　。

A. 弹力　　B. 重力　　C. 作用力　　D. 摩擦力

8. 如尺寸$20^{-0.002}_{-0.041}$其公差δ为　D　。

A.$19.998 - 20 = -0.002$

B.$19.959 - 20 = -0.041$

C. -0.002 + (-0.041) = -0.043

D. 19.998 - 19.959 = 0.039

9. 孔的不偏差大于轴的上偏差的配合，叫做__C__配合。

A. 过盈　　　B. 过渡　　　C. 间隙　　　D. 普通

10. 计算螺旋千斤顶起重能力的公式为 $Q = p \dfrac{2\pi L}{t} \cdot \eta$，其中 t 表示__D__。

A. 加于手柄上的力　　　　　B. 手柄长度

C. 千斤顶效率　　　　　　　D. 螺纹节距

11. 约束反力的方向总是与该约束所限制的运动方向__B__。

A. 相同　　　B. 相反　　　C. 垂直　　　D. 平行

12. 考虑到起升机构起动或制动时产生的速度变化，将使设备和吊具产生惯性力，所以我们在计算载荷时要考虑一个__C__系数。

A. 稳定系数　　　　　　　　B. 机械效益系数

C. 动载系数　　　　　　　　D. 不均衡系数

13. 桅杆自重和起重能力的比例一般为__B__。

A. 1:6～1:10　　　　　　　　B. 1:4～1:6

C. 1:10～1:15　　　　　　　　D. 1:15～1:20

14. 吊装时用平衡梁的目的是__D__。

A. 吊装方便　　　　　　　　B. 便于捆绑

C. 受力均匀　　　　　　　　D. 承受纵向水平分力

15. 卷扬机在使用时，卷筒上的钢丝绳不能全部放出，至少保留__D__圈。

A. 半圈　　　B. 1圈　　　C. 1.5圈　　　D. 3圈

16. 缆风绳、吊臂、起重设备与高压输电线路的安全距离，当输电线路电压为35～110kV时，其最小安全距离为__C__。

A. 1.5m　　　B. 2m　　　C. 4m　　　D. 5m

17. 长期设置在室外，且桅杆高度在__C__m以上，应设置避雷装置。

A. 10　　　B. 15　　　C. 20　　　D. 25

18. PDCA循环工作方法中的四个阶段是__D__。

A. "P"计划，"D"检查，"C"实施，"A"处理

B. "P"检查，"D"计划，"C"处理，"A"实施

C. "P"处理，"D"实施，"C"计划，"A"检查

D. "P"计划，"D"实施，"C"检查，"A"处理

19. 在吊装薄壁重物时，应对它进行__B__处理。

A. 捆绑　　　B. 加固　　　　C. 重心计算　　D. 吊点设计

20. 进行交叉作业时，必须设置__B__或其他隔离措施。

A. 警牌　　　B. 安全网　　　C. 安全带　　　D. 红线警戒区

21. 活动地锚的压重，应比其所受拉力大__D__倍。

A. 4～5　　　B. 3～4　　　C. 4～5　　　D. 2～2.5

22. 大型设备若采用两台或两台以上吊车抬吊时，应按吊车额定起重能力的__D__，计算和分配负荷。

A. 95%　　　B. 90%　　　C. 85%　　　D. 80%

23. 格构式桅杆的固定式吊耳，工作时是处在__B__三种受力状态下。

A. 拉伸、弯曲和剪切

B. 弯曲、剪切和扭转

C. 压缩、扭转和剪切

D. 弯曲、压缩和剪切

24. 梁的支撑情况常见有简支梁，外伸梁和__C__梁三种形式。

A. 杆形梁　　B. 承重梁　　　C. 悬臂梁　　　D. 起吊梁

25. 撬棍的使用原理__A__。

A. 杠杆原理　　　　　　　B. 斜面原理

C. 摩擦原理　　　　　　　D. 力学原理

26. 表示粗牙普通螺纹的螺纹代号是__A__。

A. M24　　　B. M24×1.5　　　C. φ24　　　D. M24×1.5－6H

27. 梁弯曲时，横截面上的正应力与到中性轴的距离成__C__。

A. 反比　　　B. 无关　　　C. 正比　　　D. 平方关系

28. 设备的吊装、翻身，吊装用钢丝绳的受力分配都要考虑__A__。

A. 设备的重心位置　　　　B. 设备的重量

C. 设备的形状　　　　　　D. 设备的宽度和高度

29. 班组管理中，机械设备的"三定"制度是指__C__。

A. 定人、定量、定时间

B. 定期保养、定期维修、定期大修

C. 专人专机制、机长负责制，定人负责制

D. 定人员、定产量、定责任

30. 起吊钢丝绳，应选取适当的长度，绳索间的夹角应在__C__左右。

A.30°   B.45°   C.60°   D.90°

31. 滚杠在运输中应做到长短一致,端部露头以　C　mm 为宜。

A.100   B.200   C.300   D.400

32. 在国际单位制与我国的法定计量单位制中,力的单位及符号是　B　。

A. 公斤力(kgf)   B. 牛顿(N)

C. 兆帕(MPa)   D. 牛顿米(N·m)

33. 钢丝绳破断拉力的近似计算公式为 $S_b = nF\varphi\sigma$,其中 F 代表　C　。

A. 钢丝绳每根钢丝直径

B. 钢丝绳钢丝总根数

C. 钢丝绳每根钢丝的断面积

D. 钢丝挠捻而引起的受载不均匀系数

34. 将部件、组件、零件连接组合成为整台机器的操作过程,称为　A　。

A. 总装配   B. 组件装配   C. 部件装配   D. 整体装配

35. 计算电动卷扬机牵引力的公式是　B　。

A.$P = (Q + q)k$ B.$S = 1020\dfrac{N}{n}\eta$

C.$S = \dfrac{P}{k}$ D.$Q = P\dfrac{2\pi L}{t}\eta$

36. 柔性约束,只能受拉,不能　D　。

A. 受弯   B. 受挤   C. 受剪   D. 受压

37. 对于立式静止设备,在安装时还必须保持垂直度,一般使用经纬仪校正。垂直度不大于　C　,总误差不得超过 15mm。

A.1/100   B.1/500   C.1/1000   D.1/2000

38. 缆风绳与地面夹角一般控制在　D　之间。

A.45°~55°   B.50°~70°   C.55°~65°   D.25°~45°

39. 使用平衡梁吊装设备,吊索与平衡梁的水平夹角不能太小,否则会使平衡梁　A　,

A. 变形   B. 受力不均   C. 磨损加大   D. 失去作用

40. 人字扒杆,两杆夹角应控制在 25°~35°,目的是　B　。

A. 绑扎方便   B. 受力合理   C. 便于吊装   D. 牢固

41. 起重吊装时要进行试吊,试吊高度一般为 200mm 左右,试吊时间应控制在　B　min 左右。

A.10　　　　B.20　　　　C.15　　　　D.5

42．我国规定的安全电压为　D　。

A.50V 和 25V　　　　　　B.60V 和 50V

C.40V 和 24V　　　　　　D.36V 和 12V

43．安全生产中"三宝"，是指　B　。

A. 安全教育、管理、检查

B. 安全帽、安全带、安全网

C. 机具的防漏、防尘、防事故

D. 安全的布置、检查、总结

44．梁的支承情况，常见的有简支梁、外伸梁和　C　三种形式。

A. 直杆梁　　B. 承重梁　　　C. 悬臂梁　　　D. 起重梁

45．对承重量不明或新安装的缆索起重机，要经过超负荷　B　的动载
运行方可使用。

A.5%　　　　B.10%　　　　C.15%　　　　D.20%

46．履带式起重机应尽可能避免吊起重物行驶，若迫不得已时，应将
起重臂旋转到与履带平行方向，缓慢行驶，被吊重物离地面不得超过
　A　mm。

A.500　　　　B.600　　　　C.800　　　　D.1000

47．起重机在沟边或坡边作业时，应与坑坡边沿保持必要的安全距离，
一般要求为坑深的　C　倍。

A.0.5～0.7　　　　　　B.0.8～1

C.1.1～1.2　　　　　　D.1.3～1.4

48．采用滑移法竖立桅杆，应在主桅杆重心以上的　C　m 处系结吊
索。

A.0.6～0.8　　B.0.8～1　　　C.1～1.5　　　D.1.5～2

49．力偶对物体的作用与力偶在其作用面内的　C　无关。

A. 方向　　B. 作用点　　　C. 位置　　　D. 大小

50．力的分解有两种方法，即　A　。

A. 平行四边形和三角形法则

B. 平行四边形和投影法则

C. 三角形和三角函数法则

D. 四边形和图解法则

51. 要想保证构件的安全，构件横截面上的承受的最大应力，必须小于或等于材料的　C　。

　　A. 正应力等　B. 剪应力　　　　C. 许用应力　　D. 极限应力

52. 拉伸（压缩）变形的强度条件为　B　。

　　A. $\tau = \dfrac{\varphi}{A} \leqslant [\tau]$　　　　　　　　B. $\sigma = \dfrac{N}{A} \leqslant [\sigma]$

　　C. $M = 0$　　　　　　　　　　D. $\sigma_{max} = \dfrac{M}{W}$

53. 绞磨推力的大小是根据　C　原理计算的。

　　A. 力的合成　　　　　　　　　B. 力的分解

　　C. 杠杆　　　　　　　　　　　D. 作用力与反作用力

54. 严禁在　D　级以上大风吊装重物。

　　A.3　　　　　　B.4　　　　　　C.5　　　　　　D.6

55. 300kN 以下重物运输，可选用　D　规格的无缝管作滚杠。

　　A.$\phi 32 \times 4$　　B.$\phi 51 \times 6$　　　C.$\phi 57 \times 8$　　　D.$\phi 76 \times 10$

56. 滚杠在运输中，每两根滚杠中心距离，应保持在　C　mm。

　　A.100~200　　B.200~300　　C.300~500　　D.400~500

57. 当缺少麻绳破断拉力的数据时，计算麻绳的允许拉力的经验公式是　C　。

　　A.$P \leqslant \dfrac{S}{k}$；　　　　　　　B.$d = \sqrt{\dfrac{4P}{\pi [\sigma]}}$；

　　C.$P = 25\pi d^2 [\sigma]$　　　　　D.$P = (Q + q) k$

58. 最小极限尺寸与基本尺寸的代数差，叫　C　。

　　A. 极限偏差；B. 上偏差；　　C. 下偏差；　　D. 公差；

59. 选配滑轮和卷扬机的依据是　C　。

　　A. 起重的类型和设备重量

　　B. 设备重量及提升高度

　　C. 设备重量及起吊速度

　　D. 设备重量及设备高度

60. 下列哪种起重机不设置缆风绳　C　。

　　A. 缆索式起重机　　　　　　B. 系缆式桅杆起重机

　　C. 塔式起重机　　　　　　　D. 管式桅杆

61. 我们把两端铰接，杆上无外力作用，且杆的自重可忽略不计杆件，称为　A　。

A. 二力杆件　B. 简支梁　　　　C. 悬臂梁　　　D. 外伸梁

62. 管式人字桅杆，顶部夹角一般搭成　A　。

A.25°～30°　B.30°～45°　　　C.15°～25°　　　D.45°～60°

63. 机械制图的标准中，详图常用的比例为　D　。

A.1:50、1:100　　　　　　B.1:150、1:200

C.1:500、1:1000　　　　　D.1:2、1:5

64. 牵引绳进入滑轮偏角不能超过　B　。

A.5°　　　　B.4°　　　　C.6°　　　　D.8°

65. 缆风绳跨越公路或其他障碍时，距离路面的高度，不得低于　D　
m。

A.2　　　　B.3　　　　C.5　　　　D.6

66. 凡倾斜使用桅杆（除系缆式桅杆外），其倾角（与铅垂线的夹角）
一般不应大于　A　。

A.10°　　　　B.15°　　　　C.20°　　　　D.25°

67. 电气设备的金属外壳、钢筋混凝土、金属体等由于绝缘可能破坏
而带电，用　D　办法，可以防止触电。

A. 扩大间距　　　　　　　B. 接零线

C. 防护用品　　　　　　　D. 保护接地

68. 劳动力计划是根据　A　计算计划用工等进行编制。

A. 工程量和劳动定额　　　B. 施工组织设计

C. 施工图预算　　　　　　D. 劳动生产率

69. 吊装易燃易爆和其他危险品时，应有可靠的安全措施和　B　措
施。

A. 防范　　　B. 隔离　　　C. 管理　　　D. 消防

70. 桅杆的组对应以总装图及桅杆的方位编号顺序进行，并要求桅杆
的中心线偏差小于长度的1/1000，全长组装偏差不超过　C　mm。

A.10　　　　B.15　　　　C.20　　　　D.25

71. 桅杆用的缆风绳与地面夹角最大不超过45°，因夹角太大会造成
　D　。

A. 拉力过大　　　　　　　B. 钢丝绳直径加大

C. 设置困难　　　　　　　D. 桅杆轴向力加大

72. 汽车式、轮胎式和履带起重机使用中，要注意被吊物的重量，在
接近额定负荷工况时，与实际重量的出入不得大于　A　。

A.3%　　　B.5%　　　　C.8%　　　　D.10%

73．缆风绳与桅杆的夹角不小于　D　。

A.25°　　　B.30°　　　　C.40°　　　　D.45°

74．力在作用时和作用物之间　C　叫力臂，力臂和力的乘积叫力矩。

A．间距　　　B．平行距离　　　C．垂直距离　　　D．直线尺寸

75．滑轮绳索一端的拉力与被吊重物的重力是　B　。

A．相等　　　　　　　　　B．拉力大于重力

C．重力大于拉力　　　　　D．倍数关系

76．力偶对物体的作用与力偶在其作用面内的　C　无关。

A．方向　　　B．作用点　　　C．位置　　　D．大小

77．大型设备若采用两台或两台以上吊车抬吊时，应按吊车额定起重能力的　D　计算和分配负荷。

A.95%　　　B.90%　　　　C.85%　　　　D.80%

78．活动地锚的压重比拉力大　D　倍，比较合理。

A.4~5　　　B.3~4　　　　C.2~3　　　　D.2~2.5

79．起重机在沟边或坡边作业时，应与坑坡边沿保持必要的安全距离，一般要求为坑深的　C　倍。

A.0.5~0.7　B.0.8~1　　　C.1.2~1.1　　D.1.3~1.4

80．桅杆用的缆风绳与地面夹角，最大不超过45°，因夹角太大会造成　D　。

A．拉力过大　　　　　　　B．钢丝绳直径加大

C．设置困难　　　　　　　D．桅杆轴向力加大

81．进行交叉作业时，必须设置　B　或其他隔离措施。

A．警示牌　　　B．安全网　　　C．安全带　　　D．隔离警戒区

82．对承重量不明或新安装的缆索起重机，要经过超负荷　B　的动载运行试验方可使用。

A.5%　　　B.10%　　　　C.15%　　　　D.20%

83．格构式桅杆的固定式吊耳工作时，是处在　B　等三种受力状态下。

A．拉伸、变曲和剪切

B．弯曲、剪切和扭转

C．压缩、剪切和扭转

D．弯曲、压缩和剪切

292

84. 钢丝绳破断拉力的近似计算公式为 $S_b = nF\varphi\sigma$，其中 F 代表的是 __C__ 。

A. 钢丝绳每根钢丝直径

B. 钢丝绳钢丝总根数

C. 钢丝绳每根钢丝的断面积

D. 钢丝挠捻而引起的受载不均匀系数

85. 一对等值、反向而不共线的平行力称为 __A__ 。

A. 力偶　　　B. 力矩　　　　C. 剪力　　　　D. 扭力

86. 构件抵抗变形的能力，称为 __B__ 。

A. 强度　　　B. 刚度　　　　C. 稳定性　　　D. 柔度

87. 拉伸与压缩、剪切、弯曲、扭转是杆件 __C__ 四种基本形式。

A. 受力的　　B. 稳定性的　　C. 变形的　　　D. 强度的

88. 在工程中，杆件的变形是沿着轴线方向的伸长或缩短，称作 __D__ 。

A. 剪切　　　B. 弯曲　　　　C. 扭转　　　　D. 拉伸与压缩

89. 应力的单位一般为 __A__ 。

A. Pa 或 MPa　　B. kg　　　　C. N　　　　　D. t

90. 要保证工程结构的安全可靠，一般需要限制材料中的应力 __B__ 许用应力。

A. 大于　　　B. 小于　　　　C. 等于　　　　D. 加倍于

91. 材料的许用应力是 __C__ 确定的。

A. 由经过计算　　　　　　B. 由使用者试验

C. 由国家有关部门经试验研究

D. 由生产厂家提供

92. 构件局部受到压力作用叫 __D__ 。

A. 压缩　　　B. 承压　　　　C. 正压　　　　D. 挤压

93. 在起重吊装时，连接起重吊钩与链环的销钉，所受力是 __A__ 。

A. 剪力　　　B. 扭力　　　　C. 压缩力　　　D. 拉伸力

94. 卷扬机滚筒轴在工作时主要产生 __B__ 变形。

A. 压缩　　　B. 扭转　　　　C. 弯曲　　　　D. 剪力

95. 梁的一端为固定铰支座，另一端为活动铰支座，这种梁称作 __C__ 。

A. 悬臂梁　　B. 外伸梁　　　C. 简支梁　　　D. 承重梁

96. 梁的内力是 __D__ 。

A. 压缩和扭矩　　　　　　　　B. 剪力和拉力

C. 剪力和扭曲　　　　　　　　D. 剪力和弯矩

97. 对细而长的压杆，除了满足强度条件外，还要满足 __D__ 条件。

A. 刚度　　　B. 柔度　　　C. 受力　　　D. 稳定

98. 对于常用低炭钢制造的压杆，理论计算原则是当 λ __C__ 时，才可使用欧拉公式计算临界力和临界应力。

A. $\lambda \leqslant 50 \sim 60$　　　　　　　　B. $50 \sim 60 < \lambda < 100$

C. $\lambda \geqslant 100$　　　　　　　　　　D. $\lambda = 20$

99. 机械制图中的虚线，表示 __B__ 。

A. 可见轮廓线与可见过渡线

B. 不可见轮廓线与不可见过渡线

C. 轴线及对称中心线

D. 断裂线和中断线

100. 某一尺寸减去它的基本尺寸的代数差称为 __A__ 。

A. 尺寸偏差　　　　　　　　B. 极限尺寸

C. 实际尺寸　　　　　　　　D. 尺寸公差

101. 钢丝绳的破断拉力与钢丝质量的好坏和 __A__ 有关。

A. 绕捻结构　B. 起重量；　　C. 绑扎　　　D. 钢丝根数

102. 手摇卷扬机的升降快慢是通过改变齿轮传动比来实现，随着起重量增加，齿轮传动总传动比应 __B__ 。

A. 减少　　　B. 增大　　　C. 保持不变　　D. 加快手摇

103. 电动卷扬牵引力的大小除与电动机功率和总效率有关外，还与 __C__ 有关。

A. 卷扬结构　　　　　　　　B. 起重量

C. 钢丝绳速度　　　　　　　D. 钢丝绳直径

104. 在竖立桅杆的三种方法中，受力状况较好的是 __D__ 法。

A. 旋转法　B. 扳倒法　　C. 三种差不多　D. 滑移法

105. 旋转法竖立桅杆时，需要设置辅助桅杆，其高度为主杆的 __A__ 。

A. $\dfrac{1}{3} \sim \dfrac{2}{3}$　　　　　　　　B. $\dfrac{1}{2} \sim \dfrac{2}{2}$

C. $\dfrac{1}{4} \sim \dfrac{3}{4}$　　　　　　　　D. $\dfrac{1}{5} \sim \dfrac{3}{5}$

106. PDCA 循环法分为一个过程，四个阶段和 D 。

A.5 个步骤　B.6 个步骤　　C.7 个步骤　　D.8 个步骤

107. 推动 PDCA 循环法一定要抓好 B 等两个阶段。

A. 计划和处理　　　　　　B. 总结和处理

C. 执行和总结　　　　　　D. 计划和执行

108. TQC 是一门科学管理技术，其中 Q 表示 C 。

A. 全面　　　　B. 管理　　　C. 质量　　　D. 技术

109. 在质量管理中要坚持"三不"放过，即质量事故原因找不出来不放过，当事人和群众没有受到教育不放过； D 不放过。

A. 责任不清　　　　　　　B. 损失不查清

C. 领导责任不查清　　　　D. 没有防范措施

110. 在起重施工方案和技术措施中， A 的确定是主要的。

A. 吊装方法　　　　　　　B. 所需机具

C. 所需劳力　　　　　　　D. 技术力量

111. 活动地锚，压重应比拉力大 B 倍。

A.1～1.5　　　　　　　　B.2～2.5

C.3～3.5　　　　　　　　D.4～4.5

112. 桩式地锚，桩的长度一般为 1.5～2m，入土深度为 C m。

A.0.5～0.8　　　　　　　B.0.8～1

C.1.2～1.5　　　　　　　D.1.6～2

113. 起重机在沟边或坡边作业时，应与坑坡边沿保持必要的安全距离，一般要求为坑深的 D 倍。

A.2～3　　　B.1.5～2　　　C.1.3～1.5　　D.1.1～1.2

114. 卷扬机，卷筒上的钢丝绳直径不能大于卷筒直径的 A 。

A. $\frac{1}{16} \sim \frac{1}{20}$　　　　　　B. $\frac{1}{21} \sim \frac{1}{25}$

C. $\frac{1}{26} \sim \frac{1}{30}$　　　　　　D. $\frac{1}{35} \sim \frac{1}{40}$

115. 在选用滑车时应考虑滑轮直径，滑轮直径应为钢丝绳直径的 B 倍。

A.10～15　　B.16～20　　　C.25～30　　　D.35～40

116. 一般塔体就位后，要进行垂直度的检查，这种检查方法有两种，一是铅垂线法，一是 C 法。

A. 尺寸丈量　B. 目测　　　C. 经纬仪测量　D. 垫铁找正

117. 无垫铁安装法的设备底座与基础之间没有垫铁，设备重量完全由 __A__ 承担，并传给基础。

A. 二次灌浆层　　　　　　B. 临时垫铁

C. 临时支架　　　　　　　D. 调节螺钉

118. 跨步式液压提升装置是利用 __D__ 原理，通过提升装置和塔底的回转铰链，使塔类设备旋转竖立的起重工艺，它与无锚点安装工艺一样，是近年来使用的新工艺。

A. 摩擦　　　　B. 机械传动　　　　C. 杠杆　　　　D. 液压传动

119. 用双桅杆旋转法吊装设备，桅杆的高度可以低于设备的高度，当塔类设备旋转到其吊点与桅杆高度水平时，塔类设备的轴线与地面成 __B__ 以上的夹角为宜。

A.90°　　　　B.60°　　　　C.45°　　　　D.30°

120. 合理确定安全系数，是解决安全与 __C__ 矛盾的关键。

A. 技术　　　　B. 质量　　　　C. 经济　　　　D. 进度

121. 采用多门滑车组时，钢丝绳的穿绕方法，对起吊的 __A__ 有很大影响。

A. 安全和就位　　　　　　B. 受力和吊装

C. 速度和质量　　　　　　D. 阻力和平稳

122. 用滑轮组起吊时，当重物提升到最高点时，定滑车与动滑车的间距要大于安全距离，并且钢丝绳的偏角不能大于 __C__ 度。

A.1°~2°　　　B.3°~5°　　　C.4°~6°　　　D.5°~8°

123. 当滑车轴磨损超过轴径的 __B__ 时，应报废，予以更换。

A.1%　　　　B.2%　　　　C.3%　　　　D.4%

124. 当滑车的轴套磨损超过轴套壁厚的 __D__ 时，应更换。

A. $\frac{1}{2}$　　　B. $\frac{1}{3}$　　　C. $\frac{1}{4}$　　　D. $\frac{1}{5}$

125. 用千斤顶顶升较大和较重的卧式物时，可先抬起一端，但斜度不得超过 __A__ 。

A.3°　　　　B.4°　　　　C.5°　　　　D.6°

126. 如选用两台以上千斤顶同时工作时，每台的起重能力不得小于其计算载荷的 __C__ 倍。

A.2　　　　B.1.5　　　　C.1.2　　　　D.1

127. 用卷扬机配合桅杆工作，安装位置应距离桅杆高度的 __D__ 倍以外。

A.5　　　　　B.4　　　　　C.3　　　　　D.2

128．用旋转法采用辅助桅杆竖立桅杆时，应当主桅杆升到　C　时，方可用主桅杆顶部缆风绳收紧使其竖立。

A.30°～40°　　B.40°～50°　　C.60°～70°　　D.80°～90°

129．独立桅杆的竖立，采用辅助桅杆竖立主桅杆常用滑移法，旋转法和扳倒法三种，此三种方法比较，用　B　最安全。

A．扳倒法　　B．滑移法　　C．旋转法　　D．都一样

（三）计算题

1．如图 11 所示，用两根垂直吊索抬吊一重量为 Q 的设备，两根绳索距设备重心的距离分别为 a_1 和 a_2，假设两根吊索力大小分别为 p_1，p_2 试求 p_1，p_2 力的大小。

（要求分别列出 p_1，p_2 两力的关系等式即可）

解： $p_1 = \dfrac{a_2}{(a_1 + a_2)} \cdot Q$

$p_2 = \dfrac{a_1}{(a_1 + a_2)} \cdot Q$

2．用两根斜吊索吊装一重量为 $Q = 10000$N，两绑点到重心的距离分别为 $a_1 = 1$m，$a_2 = 1.5$m，吊点到绑点的高度 $h_1 = 2.5$m，请计算出吊索 p_1，p_2 受力，如图12。

（提示：运用平行四边形法则）

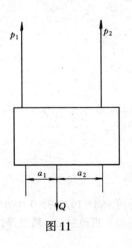

图 11

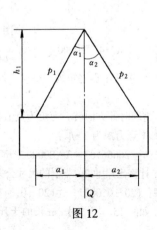

图 12

297

解： $p_1 = \dfrac{\sin\alpha_2}{\sin\alpha_3} \cdot Q = \dfrac{0.51}{0.796} \times 10000 = 6407N$

$p_2 = \dfrac{\sin\alpha_1}{\sin\alpha_3} \cdot Q = \dfrac{0.37}{0.796} \times 10000 = 4648N$

3. 试计算图 13 中力 F 对点 B 的力矩，设 $F = 50N$，$a = 0.6m$；$\alpha = 30°$

解： F 力对 B 点的力矩为 F 的垂直分力乘以垂直距离。

即：$43.3N \times 0.6m = 25.98N\cdot m$

$p_1 = 6407N$

$p_2 = 4.648N$

4. 如图 14 所示一台摇臂吊起吊重物 $Q = 20000N$，若不计梁的自重，试计算力 Q 和 T 对 A 点之矩。

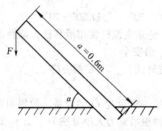

图 13

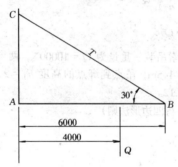

图 14

解： $T = \dfrac{Q \cdot 4}{h} = \dfrac{20000 \times 4}{3} = 26666.67$（N）

重力 Q 对 A 点之矩为 $-Q \cdot 4 = 20000 \times 4$

$= -80000N\cdot m$

因为顺时针方向转，力矩为负值。

对 A 点力矩为 $T \cdot h$

$T \cdot h = 26666.67 \times 3 = 80000N\cdot m$

5. 计算出尺寸 $20^{-0.002}_{-0.041}$ 的尺寸公差。

解： $(20 - 0.002) - (20 - 0.041) = 19.998 - 19.959 = 0.039mm$

6. 如图 15，用一对 8m 长的千斤绳吊装一根预制梁，两根绑扎点 B、

298

C 相距 8m，梁重 $Q = 98000$N，求两根千斤绳的受力大小。

（提示：用平行四边形法则）

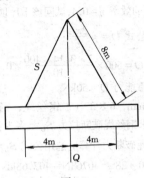

图 15

解：$S = 56585.2$N

7. 用一根白棕绳起吊 4000N 的重物，需选用棕绳的直径是多少？已知许用应力 $[\sigma] = 10$N/mm^2

解：棕绳直径 $d = \sqrt{\dfrac{4p}{\pi[\sigma]}} = \sqrt{\dfrac{4 \times 4000}{3.14 \times 10}}$

$= 22.57$mm

答：选用直径 $d = 22.57$mm 的白棕绳，可查麻绳许用拉力表中等于或大于 22.57 最接近的一种规格。

8. 有一直径为 28mm，$6 \times 37 + 1$ 的钢丝绳，其破断拉力 $S_b = 446.5$kN，用它来吊装一设备，其使用性质为一般机动，按中载荷工作条件，试求钢丝绳的允许吊装重量。

解：根据题意首先确定安全系数 k 值。

$k = 5.5$

则其许用拉力 $p = \dfrac{S_b}{k} = \dfrac{446.5}{5.5} = 81.18$kN

答：被吊设备的重量不能大于 81.18kN

9. 一台电动卷扬机，电动机功率 $N_H = 5$kW（千瓦），钢丝绳速度 $v = 0.2$m/s（米/秒），总效率 η 为 0.65，试求卷扬机的牵引力 S 为多大？

解：将已知数代入公式 $S = 1020\dfrac{N_H}{v} \cdot \eta$

$S = 1020 \cdot \dfrac{5}{0.2} \cdot 0.65 = 16575$N $= 16.58$kN

答：牵引力为 16.58kN。

10. 一台螺旋千斤顶,其螺纹节距 $t = 10$mm,手柄长 $L = 400$mm 加于手柄上的力 $p = 500$N,千斤顶的效率 $\eta = 0.4$,试问该千斤顶的起重能力是多少?

解：将已知数代入公式 $Q = p\dfrac{2\pi L}{t} \cdot \eta$

则千斤顶起重能力 $Q = 500 \times \dfrac{2 \times 3.14 \times 400}{10} \times 0.4 = 50240$N $= 50$kN

答：该千斤顶的起重能力 $Q = 50$kN。

11. 有一直径为 28mm, $6 \times 37 + 1$ 钢丝绳, 钢丝绳的抗拉强度 $\sigma = 1700$MPa, 用经验公式求钢丝绳破断拉力 S_b 是多少?

解：根据题意钢丝绳破断力计算应选用公式 $S_b = 520d^2$

将数字代入 $S_b = 520 \times 28^2 = 40768$N $= 407.68$kN

答：用经验公式求得破断拉力为 407.68kN。

(四) 简答题

1. 什么叫强度极限?

答：物体在受到外力作用时,其单位面积上的内力达到最大限度,当外力超过这个限度时,物体就开始破坏,物体开始破坏时的应力叫作强度极限。

2. 为什么要进行力的合成?

答：将几个力合成的目的是为了便于考察原来各力对物体共同作用的总效果。

3. 起重机械有哪些基本参数? 各代表什么内容?

答：起重机的基本参数是说明起重工作性能的指标,也是设计的依据。它有起重量。起重高度、跨度、幅度和各机构的工作速度。

4. 起重吊装场地布置应从哪些方面考虑?

答：首先必须根据安装总平面图,考虑到土建及安装工程的综合进度,清理好设备拖运线路和设备吊装作业场地,作好各项施工前准备。吊装场地主要根据被吊设备的重量,体积和高度以及施工方法等。

5. 试述安全生产的意义。

答："安全生产是全国一切经济部门和生产企业的头等大事"。建筑安装企业起重工是一种经常性、长期性从事各种形式起重作业和高空作业工种,安全生产对此工种显得更为重要,忽略安全生产会对设备及人身安全带来不可估量的损失。同时安全生产对于企业实现高效益、高效率也是很有益的。

6. 在公差配合的基本知识中，基本尺寸和实际尺寸应怎样理解？

答：基本尺寸是设计给定的尺寸，实际尺寸是通过测量得到的尺寸。

7. 什么叫安全系数？

答：为了弥补材料的不均匀性及残余应力，并考虑到外力性质，外力计算的不正确性，机件制作时的不精确度和施工作业的安全性，一般要求材料在实际工作时其单位面积上的应力只是强度极限的几分之一，将强度极限除以一个大于1的系数，这就是安全系数。

8. 多机抬吊作业，操作上考虑哪些因素？

答：多机抬吊作业是指三台或四台起重机联合吊装，要按载荷分配来选用吊车，同步要求很高，还要采用平衡装置，如平衡滑车、平衡梁来分配载荷，作业时要进行统一指挥。

9. 多缆式桅杆起重机有几种形式？

答：有管式动臂桅杆、回转动臂桅杆、半腰动臂桅杆等3种。

10. 桅杆竖立方法有几种，其中利用辅助桅杆竖立有几种方法？

答：树立桅杆的方法，除采用移动式起重机和利用结构架的竖立方法外，还采用辅助桅杆来竖立，其方法一般有滑移法、旋转法和扳倒法三种。

11. 编制起重施工方案的依据是什么？

答：依据包括：（1）工程施工图、土建图、工程总平面图以及有关设计技术文件；（2）施工工期的计划安排；（3）施工场地的有关地质资料；（4）有关的规程、规范和标准；（5）工程合同，施工组织设计；（6）合理化建议和新的施工技术等。

12. 什么叫配合？

答：配合是由结构和使用要求决定的，它表示基本尺寸相同，相互结合的孔和轴公差之间的关系。

13. 什么是许用应力？

答：为保证物体能够安全正常地工作，对每一种材料必须规定它所能容许承受的最大应力，这个应力就叫做许用应力。

14. 构件的稳定性是何含义？

答：构件的稳定性是指构件抵抗变形的能力。

15. 履带式起重机有哪些优点？

答：其特点是操作灵活，使用方便，在一般坚实的道路上均可行驶和吊装作业；起重量较大，可达 1000kN 是目前安装工程中一种主要起重机械。

16. 如何确定起重机的起重高度？

答：起重机的起吊高度的决定，是根据起吊设备与构件的高度决定的，包括设备高度、索具高度、设备吊装到位后悬吊的工作间隙，基础高度，以上诸项之和即为起吊高度。

17. 起重施工方案由哪些内容组成？

答：包括编制说明、工程概况、工程量明细表、施工平面布置、施工方法及施工程序、吊装受力分析及核算，编制起重施工所需机具、索具、材料计划、锚点施工图、劳动组织与进度安排、安全技术措施等。

18. 什么叫配合公差？

答：配合公差是轴、孔配合允许的间隙或过盈的最大变动量。

19. 为什么要进行力的分解？

答：为了考察力在某一特定的方向上的作用效果，就必须将力沿这一方向进行分解，以求得在这一方向上的分力。

20. 起重计算一般需要哪些基本计算资料？

答：基本计算资料有设计资料、许用应力和力学特性等。

21. 如何选用移动式起重机？

答：选用的依据是（1）起重机在所用臂长时的最大起重量应大于设备重量；（2）起重机的吊钩升起的最大高度能满足设备进位的需要；（3）起重机吊装位置满足现场条件；（4）在设备起升到所需要就位的最高位置时不能碰撞起重吊臂。

22. 如何选择起重吊装工艺？

答：选择吊装工艺应从以下几点考虑：（1）设备外形尺寸，结合现场情况；（2）本单位现有机械；（3）起重能力；（4）经济角度和进度要求；（5）安全角度。

23. 怎样确定起重施工方案？

答：应首先根据工程内容、工期要求、工艺配合以及施工队伍的素质和现场条件、现有的机具和索具等综合情况进行考虑。还要考虑安装质量，便于施工、尽量减少高空作业时间和作业量等。当然安全施工是首要的。

24. 力偶的三要素是什么？

答：力偶矩的大小、力偶转向、力偶作用面的方位。

25. 约束有哪几种类型？

答：有柔性约束、光滑接触面约束和铰链约束3种。

26. 什么叫做力系？

答：力学中把作用在物体的两个以上若干力称为力系。

27．何谓平面汇交力系？

答：所谓平面汇交力系，就是各力的作用线在一个平面内且汇交于一点的力系。

28．什么叫力偶？

答：一对等值、反向而不共线的平行力称为力偶。

29．欧拉公式的作用是什么？

答：当已知压杆材料、尺寸和支座形式时，可由欧拉公式来求临界力。临界力值很重要，找到了它，我们就能够充分了解压杆在什么时候由稳定状态转变到不稳定状态。

30．全面质量管理具有全面性、全员性、科学性和服务性，其中全面性的含义是什么？

答：全面性，即对产品质量、工序质量和工作质量进行全面管理。

二、实际操作部分

1．架设 100m 跨度，起重能力 3t 的双支点，固定式缆索起重机。

考核内容及评分标准

序号	测定项目	评分标准	标准分	检测点		得分
1	制定架设方案	确定施工方法及工艺程序，合理选定各项参数受力分析及计算（可查阅资料）	25			
2	架设准备	选配吊索机具，合理布局场地，提出辅助机械和材料规格数量	15			
3	架设工作	按程序作业，统一指挥，岗位职责明确，人员到位，协调进度试吊一次成功	30			
4	工完场清	及时清场、场地整洁	5			
5	安全	无安全事故	10			
6	工效	完成劳动定额 90% 以下者无分；完成 90%～100% 酌情扣分；超额完成酌情加 1～3 分	15			

2. 根据命题，编制分项工程起重施工方案和技术安全措施
考核内容及评分标准

序号	测定项目	评分标准	标准分	检测点			得分
1	制定方案	考虑充分、全面，重点突出，经过优选	20				
2	编制依据	资料收集齐备	10				
3	编制内容	有针对性、全面突出重点，具有实用性，可操作性强，施工方法有一定先进性，平面布置合理	35				
4	技术措施	符合实际，切实可行，职责明确，内容具体	15				
5	文字要求	条理清晰、通俗易懂、书面整洁、书写工整	5				
6	工效	在限定时间内完成，达不到扣分，超额者酌情加分	15				

3. 用旋转法竖立 50m 高，起重能力 30t 的系缆式桅杆
考核办法及评分标准

序号	测定项目	评分标准	标准分	检测点			得分
1	受力分析计算	查阅资料、计算起吊索具拉力和被竖桅杆的水平推力、方法正确，数据可靠	20				
2	施工准备	制定操作工艺程序，并做到符合实际，可行，选配吊索机具及辅杆，做好场地布置，辅助工作齐备	20				
3	竖立工作	按工艺程序施工，指挥、操作、检查人员职责明确到位及时，操作无误、检查及时、进行试吊起吊平稳一次成功	30				
4	工完场清	清理场地现场整洁	5				
5	安全	无安全事故	10				
6	工效	完成劳动定额90%以下者无分；完成90%~100%酌情扣分；超额完成酌情加1~3分	15				

4. 拆卸 Z3080 型摇臂钻床主轴箱和翻转 90°
考核内容及评分标准

序号	测定项目	评分标准	标准分	检测点			得分
1	制定方案	确定吊装方法，明确工艺程序	10				
2	实施准备	查明必要数据，弄懂装配情况，确定绑扎方法，用图解法算出吊索拉力和吊索的破断力；选配吊索机具准备场地及垫木	25				
3	吊装、翻身	选好吊装和翻身绑扎点；吊装顺序正确，及时检查调整绳索长度保持平稳吊装消除摩擦、别劲等不正常情况。吊装、翻身一次成功	35				
4	工完场清	拾掇工具、清理场地、现场整洁	5				
5	安全	无安全事故	10				
6	工效	完成劳动定额90%以下者无分；完成90%~100%酌情扣分；超额完成酌情加1~3分	15				

5. 用桥式起重机，为加工需要将重量为 103kN 的铸钢钻座翻转 180°
考核内容及评分标准

序号	测定项目	评分标准	标准分	检测点			得分
1	受力计算	选用安全系数，根据吊装重量计算吊索破断力选好钢索规格及长度	25				
2	准备工作	确定绑扎方式设置翻身场地及所需枕木，明确操作岗位及职责	15				
3	吊装翻身	按工艺程序吊装翻身，指挥正确无误操作到位，检查工作及时全面，一次成功	30				

序号	测定项目	评分标准	标准分	检测点			得分
4	工完场清	现场清理，场地整洁，工件堆放有序	5				
5	安全	无安全事故	10				
6	工效	完成劳动定额90%以下者无分；完成90%～100%酌情扣分；超额完成酌情加1～3分	15				

第三章 高级安装起重工

一、理论部分

（一）是非题（对的打"√"，错的打"×"，答案写在每题括号内）

1.施工现场在吊重不大的情况下可用3号钢筋冷弯吊钩进行吊装。（×）

2.使用液压千斤顶应注意气温对油的要求，一般气温在-5℃以上时使用10号机油，在-5～35℃气温时加专用锭子油或仪表油。（√）

3.计算滑车效率的有用功指所吊重量与被提升高度的乘积。（√）

4.材料受拉伸或压缩时，当应力增加，应变也增大，但不成正比关系，且应变增加速度较快的阶段称为强化阶段。（√）

5.电石遇水会产生乙炔气。（√）

6.复杂形状物体的重心是通过计算每一组成各部分体积的重心求得。（×）

7.平面力偶系达到平衡状态时，合力偶矩等于零。（√）

8.双机抬吊设备，单机抬吊力发生变化，但两侧抬吊力的总和不变。（√）

9.人字桅杆根开越大，受力不均匀系数越小，对桅杆受力有利。（×）

10.起重滑车在使用中，随着轮轴的倾斜，滑车的效率急剧降低。（√）

11.起重机起重量特性曲线是由起重臂的强度及起重机稳定性决定的。（√）

12. 起重机作业时严禁斜吊，吊装中由于斜吊所产生的倾翻力矩了通过力矩监视或保护装置中反映出来。（×）

13. 根据力偶的等效条件，只要保持力偶矩的大小和力偶的转向不变，可同时改变力偶中力的大小和力偶臂的长短，而不改变力偶对物体的作用。（√）

14. 拉（压）杆的强度条件为 $\sigma_{max} = \dfrac{N_{max}}{A} \leqslant [\sigma]$。（√）

15. 卷扬机的传动速比等于主动轮与从动轮的速度之比，主动齿轮与从动齿轮的齿数比。（×）

16. 电动卷扬机的牵引力与钢丝绳的速度成正比。（×）

17. 液压千斤顶的起重能力与油缸活塞直径无关。（×）

18. 压杆的细长比 $\lambda \leqslant 50 \sim 60$ 时，压杆材料破坏为丧失稳定性。（×）

19. 交流电的频率是在一秒钟内交流电变化的次数。（√）

20. 触电伤害的危险程度与人体的电阻变化，通过人体电流的大小、种类、频率、持续时间和路径、电压的高低、人的身心健康状况均有关。（√）

21. 机械图用的图纸幅面有 $A_0 \sim A_6$ 7 种，其中常用的 A_2 幅面尺寸为 420mm×594mm。（×）

22. 视图的"三等规律"是主、左视图高平齐，主、俯视图。长相等，俯、左视图宽相等。（√）

23. 钢丝绳使用中应严禁超载，在不超过破断拉力情况下使用是安全的。（×）

24. 走线滑车承载索同时受到拉力和弯曲应力。（√）

25. 起重机的起重量指起重机容许起吊的最大重量。（×）

26. 稳定性是指构件抵抗变形的能力。（×）

27. 通常建筑总平面图中尺寸是以米为单位的。（√）

28. 在有高低差的短距离场所搬运设备，宜选用滑移法。（×）

29. 计算吊装力的大小取决于受力的方向。（×）

30. 两机抬吊其抬吊率与抬吊力成正比，与重物计算总重力成反比。（√）

31. 直线的斜率等于其与水平线夹角的正切。（√）

32. 起重机吊装时，提升钢丝绳与铅垂线的夹角一般不允许超过 3°。（√）

33. 吊机的稳定性包括行驶状态稳定性和载重稳定性。（×）

34. 钢丝绳在绕过卷筒和滑轮时主要受拉伸、弯曲、挤压、摩擦力。（√）

35. 钢丝绳绳夹使用时最后一个距绳端应有 15～20cm 距离。（√）

36. 锻造吊钩一般使用 20 号优质碳素钢或 16 锰钢，在吊重不大的情况下可用铸造吊钩。（×）

37. 确定锚坑的承载力主要考虑桩本身强度、桩的抗拔力和抗拉力这三个因素。（√）

38. 球墨铸铁由于强度高，具有一定韧性所以常用作滑轮制造。（√）

39. H 系列滑轮符合国标系列，以 H 为代号，H20×2G 表示额定起重量为 20t 的单轮吊钩型滑轮。（×）

40. 滑车效率是指有用功和为完成工作所施加的外力所做的功之比。（√）

41. 汽车式起重机吊装一般不准负重行走，轮胎式吊车可以在短杆情况下负重行走，但吊重负荷在 75% 以内，且臂杆对准正纵向轴线。（√）

42. 材料在受拉伸或压缩时，当力增加到一定强度时，出现了应力不再增加但应变却急剧增加的阶段为流动阶段。（√）

43. 乙炔是易爆炸气体，在温度 300℃ 以上，或压力在 0.5MPa 以上遇火就会爆炸。（√）

44. 物体不论处在什么地方，不论怎样放置，其重心位置是不变的。（√）

45. 双机抬吊混凝土柱子可将两吊点设在一点或分开两点。（√）

46. 全面质量管理 PDCA 循环指计划—检查—执行——总结。（×）

47. 起重机的静稳定性指起重机在自身重力作用下的稳定性。（×）

48. 利用构筑物进行吊装时应注意，构筑物一般水平方向承载能力比重直方向承载能力强。（×）

49. 在一张网络图中只能有一个开始节点和一个结束节点。（√）

50. 吊钩在工作时所承受的力是剪切和拉伸。（×）

51. 建筑施工图包括结构施工图和设备施工图。（×）

52. 工艺流程图指在安装施工中，用以表明生产某种产品的全部生产或过程的图。（√）

53. 物体受拉力或压力时产生的应力为拉伸或压缩应力。（×）

54. 圆环形截面的抗弯截面模量计算公式为：$\frac{\pi}{32}D^3\left[1-\left(\frac{d}{D}\right)^4\right]$。（✓）

55. $6\times37+1$ 钢丝绳在一个捻距内断丝达到 20 根即应报废。（✓）

56. 起重吊装立面图应反映起重吊装过程中一个或几个有代表意义的瞬间立面状态。（✓）

57. 用焊接补强法修补后的吊钩、吊环及吊装使用前应送做有关试验。（×）

58. 拖拉绳跨过道路时，距路面高度不得低于 5m，并加醒目标志。（✓）

59. 力的三要素指力的大小、方向和作用点。（✓）

60. 国际单位制（SI）中，力的大小用公斤（kg）或吨（t）表示。（×）

61. 自行式起重机重量特性曲线由起重量、起升高度、起升幅度确定。（✓）

62. 确定起重机站位域的原则是起重机应尽量靠近被吊设备，负载最大时，幅度应尽量大，动臂应位于有利于起重机稳定的地形和方位。（×）

63. 采用滑移法吊装时基础不受水平推力。（✓）

64. 为防发生"跳绳"现象，要求卷扬机卷筒与第一个导向轮间距要大于卷筒宽度的 20 倍，且导向轮应位于卷筒的中垂线上。（✓）

65. 扳转法扳吊过程中，最大起扳力发生在扳吊的开始时刻，当扳至 $60°\sim75°$ 时（设备重心越过旋转支点时）设备会发生自动回转。（✓）

66. 卷扬机距吊物地点应超过 15m 以上，用于桅杆作业时，距离应大于桅杆的高度。（✓）

67. 钢丝绳的强度试验是以其两倍的允许拉力进行静载负荷检验，在 20min 内钢丝绳保持完好为合格。（✓）

68. 起重机具使用正确性检查包括规格、型号和布置以及使用方法是否正确。（✓）

69. 桅杆缆风绳与地面夹角最好为 45°，但不得大于 60°。（×）

70. 桅杆竖立后垂直度允差不大于 $H/500$（H 为桅杆的高度），并要求顶部偏量不大于 20mm。（×）

71. 桅杆受力不均衡系数可以用来度量扳起塔类设备时人字桅杆或吊装系统的稳定程度。（✓）

72. 滑车的效率是在轮轴量水平状态时测定的（✓）

73. 在多缆风绳的受力系统中，缆风绳的受力分配是由缆风绳的空间角度和方位确定的。（×）

74. 地锚的出绳角与缆风绳的角度不一致将使缆风绳出现非弹性伸长。（√）

75. 起重机的起重特性线表明，其起重量在大幅度时，由动臂强度决定，在小幅度时，由整机的稳定性决定。（×）

76. 同轴滑车轮轴的斜率与滑车组的综合效率成反比，与作用于轮轴中点的偏心矩相对值成正比。（√）

77. 起重机抬吊重物时，提升速度快的一侧抬吊力增加，提升速度慢的一侧抬吊力越小。（√）

78. 施工图中的相对标高是以青岛附近黄海的平均海平面为基准进行标准的。（×）

79. 液压式汽车起重机主要功能是变幅、回转、提升。（×）

80. 桅杆的稳定是由缆风绳及座底实现的。（×）

81. 起重吊装受力计算中，采用受力不均衡系数，将不均衡受力化成均衡受力计算，采用动力系数将动载荷化成静载荷计算。（√）

82. 桅杆吊装时允许提升钢丝绳与铅垂面有较大的角度，而起重机则不允许。（√）

83. 单桅杆滑移法吊装塔体时，被吊塔体底部作水平运动，头部同时作水平和竖直运动。（√）

84. 设置地锚时可以用灌水的办法使回填土密实，以增加地锚抗拔力。（√）

85. 桥式起重机的两次基本参数是起重量与跨度。（×）

86. 在一张网络图中，只能有一个开始节点和一个结束节点。（√）

87. 搬运设备时土壤的实际承压力与搬运的设备成正比，与路面的总接触面积成反比。（√）

88. 采用平衡梁吊装是大型金属结构和组合件的补强方法之一。（√）

89. 变形的基本形式有拉伸、压缩、弯曲和剪切。（×）

90. 甲类、乙类及特类钢分别是按机械性能、化学成分以及机械性能和化学成分供应的钢材。（√）

91. 吊装时滑车组与铅垂方向有相当的夹角是单桅杆滑移法吊装的特点之一。（×）

92. 无绞链双转法扳吊使用的人字桅杆高度一般为塔高度的 $\frac{1}{2} \sim \frac{1}{3}$。

设备较矮小时，桅杆高度可以等于或超过设备高度。（✓）

93．物体的重量是物体重力的合力，等于物体的体积与该物体比重的乘积。（✓）

94．强度极限是使物体开始破坏时的应力。（✓）

95．千斤顶使用气温在 $-5℃$ 以上时用锭子油或变压器油，在 $-5℃$ 以下时用 10 号机油。（×）

96．在机械驱动的起重机具中使用麻绳必须经过计算和拉力试验。（×）

97．当采用两台吊车抬吊时，每台吊车只能按在该工况的 75% 承载能力使用。（✓）

98．移动桅杆时的前倾幅度，当采用间歇法时，不应超过桅杆高度的 $\frac{1}{5}$；当采用连续法时，为桅杆高度的 $\frac{1}{20} \sim \frac{1}{15}$。（✓）

99．二力平衡的条件是力的大小相等、方向相反。（×）

100．滑轮 H20×20G 表示额定起重量为 20t 的双轮吊环形式的滑轮。（×）

101．计算滑车效率时，其有用功指所吊重量与被提升高度之积。（✓）

102．施工现场在吊重不大的情况下可用 3 号钢筋冷弯吊沟进行吊装。（×）

103．人字桅杆根升越大，受力不均匀系数越小，对桅杆受力越有力。（×）

104．起重机起重量特性曲线是由起重臂的强度及起重机稳定性决定的。（✓）

105．根据力偶的等效条件，只要保持力偶矩的大小和力偶的转向不变，可同时改变力偶中力的大小和力偶臂的长短，而不改变力偶对物体的作用。（✓）

106．压杆的细长比，$\lambda \leqslant 50 \sim 60$ 时，压杆材料破坏，如丧失稳定性。（×）

107．钢丝绳使用时严禁超载，但只要不超过破断拉力情况下使用是安全的。（×）

108．6×37＋1 钢丝绳在一个捻距内断丝达到 20 根即应报废。（✓）

109．起重吊装立面图应反映起重吊装过程中一个或几个有代表意义的瞬间立面状态。（✓）

110. 卷扬机距吊物地点应超过 15m 以上，配套用于桅杆作业时，距离应大于桅杆的高度。（✓）

111. 地锚的出绳角与缆风绳的角度不一致将使缆风绳出现非弹性伸长。（✓）

112. 单桅杆滑移法吊装塔体时，被吊塔体底部作水平运动，头部同时作水平和竖直运动。（✓）

113. 设置地锚时可以用灌水的办法使回填土密实，以增加地锚的抗拔力。（✓）

114. 在机械驱动的起重机具中使用麻绳必须经过计算和拉力试验。（×）

115. 二力平衡的条件是力的大小相等、方向相反。（×）

116. 无铰链双转法扳吊使用的人字桅杆高度一般为塔高度的 $\frac{1}{2} \sim \frac{1}{3}$，设备较矮小时，桅杆高度可以等于或超过设备高度（✓）

117. 球墨铸铁由于强度高，具有一定韧性，所以常用作滑轮制造。（✓）

118. 乙炔是易燃易爆气体，在温度 300℃ 以上或压力在 0.5MPa 以上遇火就会爆炸。（✓）

119. 一物体不论处在什么地方，不论放置方位怎样变化，其重心位置是不变化的。（✓）

120. 稳定性是指构件抵抗变形的能力。（×）

121. 通常建筑总平面图中尺寸是以米为单位的。（✓）

122. 两机抬吊其抬吊率与抬吊力成正比，与重物计算总重量成反比。（✓）

123. 钢丝绳在绕过卷筒和滑轮时主要受拉伸、弯曲、挤压、摩擦力。（✓）

124. 起重机的静稳定性指起重机在自身重力作用下的稳定性。（×）

125. 吊钩在工作时所承受的力是剪切和拉伸。（×）

（二）选择题（把正确答案的序号填在括号内）

1. 总平面图中符号 ⊕ 表示 A 。

A. 指北针　　　B. 指南针　　　C. 指方向　　　D. 风向频率玫瑰图

2. 非工作状态下塔式起重机最易翻倒的状态 A 。

A. 处于最小幅度，臂架垂直于轨道且风向自前向后

B. 处于最大幅度、且风向自后向前

C. 稳定力矩大于倾翻力矩

D. 稳定力矩等于倾翻力矩

3. 构件抵抗变形的能力称为 __A__ 。

A. 刚度　　　B. 强度　　　C. 稳定性　　　D. 应力

4. 电源电压为定值时，线路中的电阻越大，电流强度 __A__ 。

A. 越小　　　B. 越大　　　C. 不变　　　D. 越强

5. 柔性约束的特点是 __B__ 。

A. 只能限制物体沿接触面法线方向运动

B. 只能受拉、不能受压

C. 只能承受压缩和弯曲

D. 只能受弯曲不能受压

6. 平面力偶系平衡条件是 __B__ 。

A. 力偶系中各力偶矩的代数和是一个常量

B. 力偶系中各力偶矩的代数和等于零

C. 力偶系中各力偶方向相同

D. 力偶系中各力偶方向相反

7. 高强度螺栓的传力方式 __A__ 。

A. 靠钢板间接触面的摩擦

B. 靠螺杆自身强度

C. 靠螺杆的抗剪和承压

D. 靠螺杆的材质

8. 使用卸扣时应注意 __C__ 。

A. 不准超载使用和纵向受力

B. 根据钢丝绳直径选择

C. 不准超载使用和横向受力

D. 根据被吊装物体的重量来定

9. 机动卷扬机跑绳安全系数通常取 __A__ 。

A.≥5　　　B.≥3.5　　　C.≥3　　　D.≥2

10. 大写字母中不得用于轴线编号的三个字母是 __B__ 。

A.A.O.X　　　B.I.O.Z　　　C.B.C.E　　　D.G.H.K

11. 500kN 的 5 门滑车，当只用三门时，起重量为 __B__ 。

A.500kN　　　B.300kN　　　C.100kN　　　D.250kN

12. 使用卷扬机时，导向滑车与卷筒应保持一定距离，使钢丝绳最大偏角不超过　B　。

A.5° 　　　　B.2° 　　　　C.1° 　　　　D.3°

13. 两台同型号起重机抬吊设备时，每台吊机的起重量应控制在额定负荷的　C　。

A.85%以内 　　B.90%以内 　　C.80%以内 　　D.70%以内

14. 自行式起重机技术性能表中起重机的允许吊装重量指　B　。

A. 设备吊装重量

B. 吊钩重量、设备吊装重量及吊具索具重量之和

C. 产品指明的重量

D. 设备重量加上动载重量

15. 编制网络图有具体的规定，在同一张网络图中开始点和结束点的规定是　A　。

A. 仅有一个开始点和一个结束点

B. 可以有许多开始点，但结束点仅有一个

C. 可以有一个开始点和多个结束点

D. 可以有多个开始点和多个结束点

16. 用多台型号规格相同的千斤顶同时作业时，每台千斤顶的额定起重量不得小于其计算荷载的　B　。

A.1.1倍 　　　B.1.2倍 　　　C.1.25倍 　　　D.1.5倍

17. 全面质量管理的 PDCA 循环法是提高产品质量的一种科学管理方法，其中C表示　B　。

A. 计划 　　　B. 检查 　　　C. 执行 　　　D. 总结

18. 滑车效率测定时，轮轴状态是　C　。

A. 垂直 　　B. 垂直或水平 　　C. 水平 　　D. 任意状态

19. 当输电线路电压为 $V = 1 \sim 35\text{kV}$ 时，输电线路与设备和起重机具间的最小距离　B　m。

A.1.5 　　　B.3 　　　C.0.01（$v-50$）+3.0 　　　D.5

20. 桥式起重机的静载荷试验负荷是额定载荷的　B　。

A.1.1倍 　　　B.1.25倍 　　　C.1.3倍 　　　D.1.4倍

21. 直径等于 80mm 的圆形截面抗弯截面模量等于　A　cm^3。

A.16π 　　　B.32π 　　　C.64π 　　　D.76π

22. 双桅杆滑移法抬吊塔类设备，塔体脱排前，按　B　受力考虑。

314

A. 一点　　　　B. 三点　　　　C. 二点　　　　D. 多点

23．电动卷扬机安全性能试验项目是　A、C　。

A. 外部检查及空载试验、载荷试验

B. 强度试验及超载试验

C. 空载试验及载荷试验

D. 外部检查及材质试验

24．卷扬机传动速比 i 的计算是　B　。

A. $i = \dfrac{n_主}{n_从} = \dfrac{Z_主}{Z_从}$　　　　　C. $i = \dfrac{n_马达}{n_从} = \dfrac{Z_主}{Z_从}$

B. $i = \dfrac{n_主}{n_从} = \dfrac{Z_从}{Z_主}$　　　　　D. $i = \dfrac{n_从}{n_主} = \dfrac{Z_从}{Z_主}$

25．拉杆临界力计算的欧拉公式 $p_k = \dfrac{\pi EA}{\pi^2}$ 的适用范围是　A　。

A. $\lambda \geqslant 100$　　　　　　　B. $\lambda \leqslant 50 \sim 60$

C. $50 \sim 60 < \lambda < 100$　　　　D. $\lambda \leqslant 100$

26．构件抵抗变形的能力称为　D　。

A. 应力　　　B. 强度　　　C. 稳定性　　　D. 刚度

27．在压杆的稳定性计算中，要进行强度或稳定性计算，对　A　中柔度杆（$50 \sim 60 < \lambda < 100$ 时）应进行。

A. 稳定性计算　　B. 强度计算　　　C. 正压力计算　　D. 动载荷计算

28．力偶的三要素是力的　C　。

A. 大小、方向、作用点

B. 力偶矩、作用点、平面移动

C. 大小、转向、作用面方位

D. 力偶相等、作用力、平面汇交

29．建筑施工图有关规定明确尺寸单位用米表示的图是　C　。

A. 按比例绘制的机械零件图

B. 管线图

C. 建筑总平面图

D. 装配图

30．在总平面图中表示露天桥式起重机的符号是　A　。

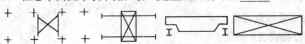

　　　A　　　　　　　B　　　　　　　C　　　　　　　D

31. 柔性约束的特点是 A 。

A. 只能受拉，不能受压。

B. 只能限制物体沿接触面法线方向运动

C. 只能受压缩和弯曲

D. 只能受弯曲不能受压

32. 较适宜采用滑移法搬运的情况 C 。

A. 需运一定坡度的重型设备

B. 设备直径大、长度短的设备

C. 设备高而底座较大只需平面运输

D. 网架结构的塔类，如火炬

33. 人字桅杆受力不均匀系数等于2，表示 B 。

A. 桅杆两侧受力相等   C. 与桅杆的夹角有关

B. 桅杆完全单侧受力   D. 与桅杆绑扎点有关

34. 滑车使用中，轮轴的倾斜对滑车效率的影响 B 。

A. 提高   B. 降低   C. 基本不变   D. 没有

35. 由起重机起重特性曲线可知，一定臂长的起重机在小幅度时，其起重量决定因素是 A 。

A. 动臂强度   B. 整机的稳定性

C. 操作水平   D. 指挥得当与否

36. 汽车、轮胎式起重机稳定性包括 C 。

A. 纵向稳定性、横向稳定性

B. 静稳定性、动稳定性

C. 行驶状态稳定性、作业状态载重稳定性及非工作状态自动稳定性

D. 变幅和旋转时的稳定性

37. 平面力偶系平衡条件是 B 。

A. 力偶系中各力偶矩的代数和是一个常量

B. 力偶系中各力偶矩的代数和等于零

C. 力偶系中各力偶方向相同

D. 力偶系中各力偶方向相反

38. 稳定性的概念是 D 。

A. 构件抵抗变形的能力

B. 构件强度的大小

C. 构件维持其原有平衡状态的能力

316

D. 构件抵抗破坏的能力

39. 塑性材料通常作为破坏的依据是 __A__ 。

A. 屈服极限　　　　　　　　B. 强度极限

C. 疲劳极限　　　　　　　　D. 比例极限

40. 轮轴工作时受到扭转力，要保证扭转情况下正常工作，应校验 __C__ 。

A. 强度条件及稳定性条件

B. 弯曲变形又扭转变形条件

C. 强度条件及刚度条件

D. 剪切弯形及扭转变形条件

41. 桅杆采用间歇法移动时，桅杆倾斜幅度不得超过桅杆高度的 __A__ 。

A. 1/5　　　　B. 1/7　　　　C. 1/9　　　　D. 1/10

42. 桅杆在输电线路附近作业，桅杆各部分与线路的安全距离，当电压 $V < 1000V$ 时为 __B__ 。

A. 4.5~5　　　B. 2~2.5　　　C. 3~3.5m　　　D. 3.5~4m

43. 高空平台作业的围护栏杆高度 __C__ 。

A. 不低于 1m　　　　　　　C. 不低于 1.2m

B. 不低于 1.5m　　　　　　C. 不低于 1.6m

44. 两共点力 p_1、p_2 分别等于 10t、30t，夹角 90°，合力为 __C__ 。

A. 40t　　　　B. 20t　　　　C. 31.6t　　　　D. 50t

45. 起重施工方案图绘制的依据 __C__ 。

A. 土建施工图　　　　　　　B. 工艺流程图

C. 实测　　　　　　　　　　D. 建筑立面图

46. "牛顿"（N）与"公斤"（kg）的换算关系 __A__ 。

A. 1kgf = 9.8N　　　　　　　B. 1tf = 9.8N

C. 1tf = 9.8×10^3N　　　　　D. 1kgf = 0.098N

47. 双桅杆滑移法抬吊塔设备，塔体脱排前，按几点受力看待 __A__ 。

A. 三点　　　　B. 二点　　　　C. 一点　　　　D. 多点

48. 扳吊塔设备时，塔设备的中心线，桅杆中心线、基础中心线和主扳及制动滑车组的合力作用线都应处在 __C__ 。

A. 同一直线上　　　　　　　B. 均应与地面垂直

C. 垂直于地面的同一平面内　　D. 相互平行

49.使用卸扣时，应注意　B　。

A.不准超载使用和纵向受力

B.不准超载使用和横向受力

C.根据钢丝绳直径选择

D.根据被吊装物件的重量来定

50.起重机索具的安全检查包括：　A、C　。

A.外部检查、使用正确性检查

B.性能试验和外部检查

C.验证检查和性能试验

D.型号、规格检查和使用正确性检查

51.常用钢材的抗拉、压及抗弯曲允许应力（kg/cm²）（第一组）16Mn　B　。

A.［1700］　　B.［2400］　　C.［1550］　　D.［1200］

52.改善滑车受力的途径　B　。

A.选用合格的滑车，改变钢丝绳的穿绕方法和提高滑车的综合效率

B.用两个门数较少的滑车代替一个门数过多的滑车以及改单侧牵引为两侧牵引

C.清理干净，加够润滑油

D.动滑轮与定滑轮保持一定距离

53.常见的桥式、龙门式起重机安全装置有　A　。

A.限位器、起重限制器、缓冲器、防风制动装置和夹轨

B.起重限制器、起重力矩限制器、吊钩高度限位器、幅度指示器和夹轨器

C.起重限制器、过卷扬限制器、幅度限制器、动臂转动报警装置

D.吊距限制器、速度控制器、电磁抱闸和幅度指示器等。

54.计算不同剪应力分别为　C　。

A.$\sigma = \dfrac{M}{W}$　　B.$\sigma = \dfrac{N}{F}$　　C.$\tau = \dfrac{Q}{F}$　　D.$\sigma = \dfrac{\sigma_s}{\gamma_s}$

55.采用铆接的优点是　B　。

A.连接方便、省工、省料

B.韧性和塑性好、传力可靠、质量易于检查

C.施工简单、受力性能良好，可以拆换、耐疲劳

D.操作方便、强度高

318

56. 网络图中的虚线为虚活动，其作用是 B 。

A. 指明是关键路线和活动的前进方向

B. 指明前后工作的逻辑关系和活动的前进方向

C. 指明工艺顺序

D. 指明工程施工方向

57. 桅杆吊装作业允许的风力为： A 。

A.≤4 级　　　　B.≤5 级　　　　C.≤6 级　　　　D.≤7 级

58. 根据你的经验、桅杆单面受力，桅杆中心线与地面夹角不小于 80°，缆风绳与地面夹角为 30°~45° 状况下，$\phi 273 \times 8$，高度为 18m 的管式桅杆吊重约为 A 。

A.7t　　　　　B.12t　　　　　C.15t　　　　　D.16t

59. 抗弯截面模量常用单位是 C 。

A.cm^4　　　　B.cm^2　　　　C.cm^3　　　　D.cm

60. 结构施工图中 DL6-2Z 表示 B 。

A.6m 跨联系梁，荷载等级 2 级，用于跨中

B.6m 跨吊车梁，荷载等级 2 级，用于伸缩缝跨中

C.6m 跨吊车梁，荷载等级 2 级，用于跨中

D.6m 跨的柱距、荷载 2 级，用于屋架

61. 吊装前基础中间交接验收时，土建应交付安装的资料 A 。

A. 基础实测中心、标高及几何尺寸，基础竣工记录

B. 施工图纸、基础几何尺寸实测记录

C. 自检记录、混凝土标号明细

D. 混凝土强度试验数据及尺寸记录

62. 矩形截面 6×20（宽×高），对水平 Y 轴的惯性矩 J_y 为 B 。

A.360　　　　B.4000　　　　C.3000　　　　D.500

63. 履带式起重机吊物行走时，被吊重物离地面高度应为 C 。

A. 大于 500mm　　　　　　　B.1m 左右

C. 不大于 500mm　　　　　　D.600mm 左右

64. 高空作业指离地面的高度为 A 。

A.3m 以上　　　　　　　　B.5m 以上

C.2m 以上　　　　　　　　D.10m 以上

65. 图纸幅面尺寸有 A_0~$A_5$6 种，其中 A_2 号图的尺寸长×宽为 B mm。

A.594×841　　　B.420×594　　　C.841×189　　　D.210×297

66．缆索式起重机架设后超负荷动载试验负荷为　A　。

A.10%　　　B.25%　　　C.20%　　　D.30%

67．高度与直径比大于 40 的立式设备通常选用的吊装方法为：　C　。

A．单桅杆滑移法　　　　　　　B．单桅杆夺吊滑移法

C．单桅杆偏心提吊滑称法　　　D．双人字桅杆滑移法

68．双机抬吊时，抬吊率的计算是　A　。

A． $\dfrac{抬吊力}{重物计算总重力}$　　　　B． $\dfrac{抬吊力变化重量}{重物计算总重力}$

C． $\dfrac{分抬吊力}{总抬吊力}$　　　　　　D． $\dfrac{抬吊力}{总抬吊力}$

69．汽车式起重机动臂方位与其稳定性有关，稳定性最大的动臂应处于　C　。

A．位于侧方　　B．位于前方　　C．位于后方　　D．任意方向

70．对地面承压要求较低的起重机是　D　。

A．轮胎式起重机　　　　　　B．塔式起重机

C．汽车式起重机　　　　　　D．履带式起重机

71．缆风绳跨越公路时，架空高度不低于　C　。

A.5m　　　B.6m　　　C.7m　　　D.4m

72．高空作业平台的围护栏杆高度不应低于　A　m。

A.1.2　　　B.1.5　　　C.1.6　　　D.1.7

73．全面质量管理的 PDCA 循环法是提高产品质量的一种科学管理方法，其中 C 表示　B　。

A．执行　　　B．检查　　　C．计划　　　D．总结

74．属于建筑施工图的是　B　。

A．结构施工图、建筑总平面图

B．建筑立面图、总平面图、施工总说明

C．初步设计、施工图

D．结构施工图、设备施工图

75．二吊机抬吊一重物，抬吊力的变化与重物重心、吊点相对位置是　B　。

A．无关　　　　　　　　　　B．有关

C．仅与重物重心有关

D．仅与吊点相对位置有关

320

76. 桅杆与起重机吊装都是通过提升钢丝绳与重物上的吊耳或千斤绳进行的，但吊装中不允许提升绳偏离沿垂线的是　A　。

A. 起重机　　B. 桅杆　　C. 起重机及桅杆　　D. 被吊重物

77. 一定臂长的起重机，它的起重量特性曲线是　B　。

A. 一条连续曲线　　　　　　B. 几线构成

C. 一条间断曲线　　　　　　D. 二线段构成

78. 吊机稳定性通常指　C　。

A. 行驶状态稳定性和载重稳定性

B. 自重稳定性　　　　　　　C. A 和 B

D. 操作和旋转稳定性

79. 吊机是否可以在吊重时伸缩臂　B　。

A. 不允许　　　　　　　　　B. 特殊情况下可以

C. 大多数情况下可以　　　　D. 可以

80. 建筑施工图有关规定明确尺寸单位用米表示的图是　C　。

A. 按比例绘制的机械零件图　　B. 管线图

C. 建筑总平面图　　　　　　　D. 装配图

81. 人字桅杆受力不均匀系数等于 2，表示　B　。

A. 桅杆两侧受力相等　　　　　B. 桅杆完全单侧受力

C. 与桅杆的夹角有关　　　　　D. 与桅杆的绑扎点有关

82. 由起重机起重特性曲线可以知，一定臂长的起重机在小幅度时，其起重量决定因素是　A　。

A. 动臂强度　　　　　　　　　B. 整机的稳定性

C. 操作水平　　　　　　　　　D. 指挥得当与否

83. 高空作业平台的围护栏杆高度　B　。

A. 不低于 1m　　　　　　　　B. 不低于 1.2m

C. 不低于 1.5m　　　　　　　D. 不低于 1.7m

84. 40mm×60mm 的矩形截面，对图中 x 轴的抗弯截面模量等于　A　。

A. $W_x = 24cm^3$　　　B. $W_x = 16cm^3$

C. $W_x = 32cm^3$　　　D. $W_x = 64cm^3$

85. 材料在进行拉伸或压缩时要经过四个阶段，第二阶段是 D 。

A. 弹性阶段　　　　　　　　B. 变形阶段

C. 流动阶段　　　　　　　　D. 强化阶段

86. 用多台型号规格相同的千斤顶同时工作时，每台千斤顶的额定起重量不得小于其计算载荷的 B 。

A.1.1 倍　　B.1.2 倍　　C.1.25 倍　　D.1.5 倍

87. 缆风绳跨越公路时，架空高度不低于 C 。

A.5m　　B.6m　　C.7m　　D.4m

88. 钢丝绳强度检验以其许用拉力的两倍进行静负荷检验，保持完好需持续的时间是 B min。

A.10　　B.20　　C.5　　D.15

89. 起重机动臂方位与稳定性有关，稳定性最差时动臂处于 A 。

A. 前方　　B. 侧方　　C. 后方　　D. 任意方向

90. 用排子拖运重物、当重物在 400～500kN 时，一般选用合适的滚杠直径为 B 。

A.$\phi 76 \times 10$　　B.$\phi 108 \times 12$　　C.$\phi 159 \times 12$　　D.$\phi 219 \times 12$

91. 网络图中的虚线为虚活动，其作用是 A 。

A. 指明前后工作的逻辑关系和活动的前进方向

B. 指明是关键线路和活动的前进方向

C. 指明工艺顺序

D. 指明工程施工方向

92. 滑车组两滑车之间的净距不宜小于轮径的倍数为 B 。

A.2 倍　　B.5 倍　　C.13 倍　　D.4 倍

93. 建筑总平面图是表示建筑物、构筑物和其他设施在一定范围的基地上布置情况的 A 图。

A. 水平投影　　B. 仰视　　C. 主视　　D. 侧视

94. 建筑图中的 B ，是施工定位、放线的重要依据。

A. 基准点　　B. 定位轴线　　C. 标高点　　D. 中心线

95. 建筑总平面图中的尺寸单位除标高及总平面图以米外，其余一律以 B 为单位。

A.cm　　B.mm　　C.hm　　D.dm

96. 建筑物和工程构筑物是按比例缩小绘制在图纸上的，对于有些建筑细部以及所有建筑材料和构件的形状等，往往不能如实画出，则画上

___C___ 的图例和代号。

A. 设计规定　　B. 习惯　　　　C. 统一规定　　D. 按实物形状

97. 设备安装平面图是把各种设备表达在建筑物内（外）的平面布置和___D___的施工图。

A. 标高尺寸　　　　　　　　B. 设备尺寸

C. 设备形状　　　　　　　　D. 安装具体位置

98. 起重方案图的绘制是起重施工___A___阶段的一个重要环节。

A. 准备　　　　B. 实施　　　　C. 竣工　　　　D. 交工

99. 起重施工方案图的内容包括起重吊装区域的平面布置图，起重吊装立面图和___B___图。

A. 设备堆放　　　　　　　　B. 重要节点

C. 运输道路　　　　　　　　D. 临时设施

100. 起重吊装受力计算中，采用受力不均衡系数的目的是___C___。

A. 增加安全可靠性

B. 用于抵消不可预见的影响因素

C. 将不均衡受力化成均衡受力

D. 将动载荷化成静载荷

101. 导致钢丝绳破坏的主要原因是___D___。

A. 拉应力　　　　B. 接触应力　　　C. 弯曲应力　　　D. 弯曲疲劳

102. 在力的三要素中，改变力的任一因素，也就改变了力对物体作用的___C___。

A. 大小　　　　B. 方向　　　　C. 效应　　　　D. 状态

103. 自行式起重机吊装时，提升钢丝绳与铅垂线间夹角通常不大于___A___度。

A.3°　　　　　B.5°　　　　　C.8°　　　　　D.10°

104. 滑车的效率是在轮轴呈___B___状态时测定的。

A. 垂直　　　　B. 水平　　　　C. 倾斜　　　　D. 任意角度

105. 施工现场应主要通过___C___方法来解决滑轮组的正常运行问题。

A. 滑车选型　　　　　　　　B. 改善滑车润滑条件

C. 改变钢丝绳穿绕方法　　　D. 改变工作条件

106. 缆风绳的受力分配是由缆风绳的空间角度、方位及___D___确定的。

A. 缆风绳与地面夹角；　　　B. 桅杆高度

C. 起重量　　　　　　　　　D. 缆风绳受力后的弹性伸长量

107. 自行式起重机，起重特性曲线包括起重量——幅度变化曲线和__A__变化曲线等。

A. 幅度——高度　　　　　　B. 起重量——高度

C. 起重量——臂长　　　　　D. 幅度——臂长

108. 自行式起重机的重大事故多数是由于起重机失去稳定性而造成的。失去稳定多由__B__等原因。

A. 支腿受力不均　　　　　　B. 超负荷、过卷扬

C. 变幅不当　　　　　　　　D. 报警装置失灵

109. 吊耳宜在设备__C__，对称设置于塔体。

A. 重心水平处　　　　　　　B. 重心上 0.2m 处

C. 重心上 1~2m 处　　　　　D. 重心下 0.5m 处

110. 缆式起重机缆索的垂度一般为塔架跨距的__D__。

A.1%~2%　　　　　　　　　B.2%~3%

C.3%~4%　　　　　　　　　D.5%~7%

111. 起重施工方案的编制原则是应使工程成本为最低，应使施工周期为最短和__A__。

A. 技术可靠性　　　　　　　B. 质量第一

C. 安全有保障　　　　　　　D. 节省材料、人工

112. 网络图之一的双代号图，由许多箭杆符号组成，每个箭杆符号代表__B__。

A. 时间长短　　B. 一道工序　　C. 方向　　D. 关键线路

113. 网络图中的虚线为虚活动。所谓虚活动是指__D__的一种活动。

A. 可做可不做　　　　　　　B. 占用时间而不消耗资源

C. 作业时间为零　　　　　　D. 不占时间只消耗资源

114. 在一张网络图中，只能有一个开始节点和__D__个结束节点。

A.4　　　　　B.3　　　　　C.2　　　　　D.1

115. 对起重施工方案内的施工方法，关键是施工工艺的确定和__A__。

A. 大型机具的选择　　　　　B. 劳动力的组织

C. 施工材料的消耗量　　　　D. 降低工程成本

116. 在起重施工方案中，安全措施一般包括安全技术措施和__B__措施两个方面的内容。

A. 安全防护　　B. 安全组织　　C. 安全检查　　D. 安全管理

117. 任何起重施工方案编制程序都由三个阶段构成，即准备阶段、编

写阶段和　C　。

A. 实施阶段　　　　　　　　　B. 打印装订阶段

C. 审批阶段　　　　　　　　　D. 检查阶段

118. 起重施工方案批准之后，在工程施工前，必须　D　。

A. 做好宣讲工作　　　　　　　B. 做好准备工作

C. 组织职工讨论　　　　　　　D. 逐级进行交底

119. 标高有绝对标高和相对标高两种，绝对标高是把青岛附近的
　A　的平均海平面定为绝对标高的零点。

A. 黄海　　　　B. 渤海　　　　C. 东海　　　　D. 南海

120. 建筑施工图中标高的数字以　B　为单位。

A. mm　　　　　B. m　　　　　C. dm　　　　　D. cm

121. 滑移法吊装是重型立式设备整体吊装的主要方法之一，与板吊法
相比，突出在对设备基础　C　。

A. 产生水平推力　　　　　　　B. 产生垂直压力

C. 不产生水平推力　　　　　　D. 产生垂直拉力

122. 施工方案交底方法可分为口述方式和书面方式，无论用任何方
式，均应填写　D　记录，双方签名以明确双方的责任。

A. 安全交底　　　　　　　　　B. 质量交底

C. 施工方法交底　　　　　　　D. 施工交底

（三）计算题

1. 如图 16. 有一个用工字钢做成的一端固定，另
一端自由的柱，受轴向压力 $p = 25t$ 的作用，柱的长度
$l = 2m$，材料许用压力为 $[\sigma] = 1600 kg/cm^2$。试选择
此柱的工字钢型号。

解：按稳定性条件选择截面先假设折减系数 $\varphi = 0.5$

$$F \geqslant \frac{p}{\varphi[\sigma]} = \frac{25000}{0.5 \times 1600} = 31.2 cm^2$$

查型钢规格表，选取 F 略大于 $31.2 cm^2$ 的工字钢 I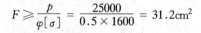
20a

$$F = 35.5 cm^2 \qquad i_{min} = 2.12 cm$$

一端固定，另一端自由的柱 $\mu = 2$，

图 16

柱的柔度　　$\lambda = \dfrac{ul}{i} = \dfrac{2 \times 200}{2.12} = 189$

根据 $\lambda = 189$ 得 $\varphi = 0.21$，由于设定的 $\varphi = 0.5$ 与此相差较大，需另设进行试选，再设 $\varphi = 0.3$

$$F \geqslant \frac{p}{\varphi[\sigma]} = \frac{25000}{0.3 \times 1600} = 52.1 \text{cm}^2$$

查型钢规格表选取 F 略大于 52.1cm^2 的工字钢 I 24b。

$F = 52.6\text{cm}^2$　　　　$i_{\min} = 2.38\text{cm}$

柱的柔度

$$\lambda = \frac{2 \times 200}{2.38} = 168$$

根据 $\lambda = 168$ 查得 $\varphi = 0.27$ 从而求得

$$\varphi[\sigma] = 0.27 \times 1600 = 432\text{kg/cm}^2$$

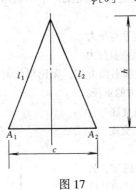

图 17

此时柱的工作应力为

$$\sigma = \frac{p}{F} = \frac{25000}{52.6}$$

$$= 475\text{kg/cm}^2 < \varphi[\sigma]$$

从计算结果可见，选用 I 24b 就能够满足稳定性要求。

2. 如图 17 所示，用人字桅杆双转法扳吊塔体，人字桅杆高 $h = 16\text{m}$，根开 $c = 6\text{m}$，两侧杆（从同一水平线 A_1、A_2 算起）$l_1 = 16.5\text{m}$　$l_2 = 16.1\text{m}$ 作用于人字桅杆总压力 T 与铅垂线间夹角 $\theta = 5°$，试求人字桅杆的受力不均匀系数。

解：按式

$$k = 1 + \left[\frac{2h}{c}\text{tg}\theta + \left(\frac{2h}{c}\right)^2 \cdot \xi\right]$$

$$= 1 + \left[\frac{2 \times 16}{6} \times 0.087 + \left(\frac{2 \times 16}{6}\right)^2 \times \frac{16.5 - 16.1}{165 + 16.1}\right]$$

$$= 1.8$$

答：受力不均匀系数为 1.8，这种状况已严重威胁吊装稳定。

3. 如图 18 所示，为 5m 的悬臂梁，梁端下翼缘悬挂一重物 P，材料为 16Mn，要使此梁不致丧失整体稳定，不计梁的自重，P 的最大容许值是多

326

少？ [16Mn：$[\sigma]=2400\text{N/cm}^2$]

$\sigma_s=35000\text{N/cm}^2$

解： $\qquad M=P\cdot L=500P(\text{N}\cdot\text{cm})$

截面特性：$I_x=2\times20\times41^2+\dfrac{0.6\times80^3}{12}=91210\text{cm}^4$

$\qquad\qquad I_y=1333.3\text{cm}^4$

$$W_x=\frac{I_x}{h/2}=\frac{91210}{41}=2224.6\ (\text{cm}^3)$$

$$\psi_x=K_1+\left(K_2+K_3\cdot\frac{L\cdot S}{bh}\right)\frac{I_y}{I_x}\cdot\frac{h^2}{l^2}\cdot\frac{[\sigma]}{\sigma_s}\qquad K_1=1$$

$$\frac{L\cdot\delta}{bh}=\frac{500\times1}{20\times82}=0.305<0.5\xrightarrow{\text{查表}}K_2=5690\quad K_3=1350$$

$$\therefore\psi_x=(5690+1350\times0.305)\frac{1333.3}{91210}\times\left(\frac{82}{500}\right)^2\times\frac{24000}{35000}$$

$$=1.64>0.8$$

查表 $\psi'_x=0.941+\dfrac{0.953-0.941}{0.2}\times0.04=0.9434$

$$\frac{M}{\varphi'_w\cdot W_x}\leqslant[\sigma]\quad P\leqslant24000\times0.9434\times2224.6/500$$

$$=10\text{t}$$

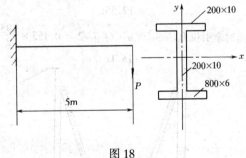

图 18

4．用三吊点夺吊一重物、总重力

$S=3000\text{kN}$ 如图 19，A_1、A_2、A_3 为一等高的平面与夺吊力 S_a、S_b、S_c

作用线交点在水平面上投影点

$c_1=5\text{m}\quad c_2=3.6\text{m}\quad c_3=3.6\text{m}$

$OZ_1=0.8\text{m}\quad OZ_2=1.5\text{m}\quad OZ_3=1.5\text{m}$

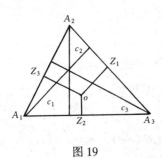

图 19

$\varphi_1 = 45° \quad \varphi_2 = 15° \quad \varphi_3 = 15°$

试求三点夺吊的夺吊力？

解：

$$S_a = \frac{OZ_1}{c_1} \times \frac{S}{\cos\varphi_1} = \frac{0.8}{5} \times \frac{3000}{\cos45°} = $$

678.82kN

$$S_b = \frac{OZ_2}{c_2} \times \frac{S}{\cos\varphi_2} = \frac{1.5}{3.6} \times \frac{3000}{\cos15°} $$

1294.10kN

$$S_c = \frac{OZ_3}{c_3} \times \frac{S}{\cos\varphi_3} = \frac{1.5}{3.6} \times \frac{3000}{\cos15°} = 1294.10kN$$

5．如图 20，用双桅杆吊装一设备底座重 2900kN，桅杆高度 22m，起重滑轮组最大张角为 11°，试选用几门的起重滑轮组，用单跑头和双跑头时跑绳的牵引拉力各为多少？选用起重量多大的导向滑车组，计算每付桅杆所用钢丝绳的长度。

解： $Q_{计} = K_{动} \cdot K_{不} \cdot Q = 1.1 \times 1.2 \times 290 = 382.8t$

$$Q'_{计} = \frac{Q_{计}}{2} / \cos11° = 195t$$

（1）牵引拉力

1）单跑绳时牵引拉力 $\quad S_1 = \alpha \cdot Q'_{计} = 0.09 \times 195$

$$= 17.55t$$

2）双跑绳时牵引拉力 $\quad S_1 = \alpha \cdot Q'_{计} / 2 = 0.155 \times \frac{195}{2}$

$$= 15.1t$$

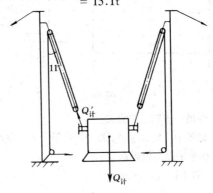

图 20

（2）导向滑车

跑绳的转折角按 90°计算，则角度系数 $\psi = 1.41$（查表）

单跑绳时：$S = S_1 \cdot \psi = 17.55 \times 1.41 \approx 25t$

双跑绳时：$S = S_1 \cdot \psi = 15.1 \times 1.41 \doteq 22t$

（3）每付桅杆用钢丝绳的长度（滑轮直径：500mm）

单跑绳：
$$L = z(h + 3d) + I + 10$$
$$= 17(26 + 3 \times 0.5) + 25 + 10 \doteq 503(m)$$

双跑绳：
$$L = z(h + 3d) + I + 10$$
$$= 18(26 + 3 \times 0.5) + 2(25 + 10)$$
$$= 565m$$

6．如图 21，一付人字桅杆吊装重为 1000kN 的重物，桅杆两支脚相等且两支点 A_1、A_2 等高，$h = 16m$，$c = 5m$，$\psi_1 = \psi_2 = 8.9°$，试求当 A_1 点沉降 10cm，且重物摆动向一侧偏摆的摆角为 2°时，A_1、A_2 支点的承载力？

解：方法一：

先根据对称设置的人字桅杆确定受力不均匀系数

$$K = 1 + \frac{2h}{c}(tg\beta + tg\theta)$$

$$= 1 + \frac{2 \times 16}{5}\left(\frac{0.1}{5} + tg2°\right) = 1.35$$

图 21

则
$$T_1 = \frac{T}{2 \cdot \cos\psi/2} \cdot K$$

$$= \frac{1000}{2 \times \cos 8.9/2} \times 1.35$$

$$= 677.04(kN)$$

$$T_2 = \frac{T}{2 \cdot \cos\psi/2}(2 - K)$$

$$= \frac{1000}{2 \times \cos 4.45°}(2 - 1.35)$$

$$= 325(kN)$$

方法二：

先计算初始时支点承载率

$$m_1 = m_2 = \frac{1}{2} \times \frac{1}{\cos 8.9} = 0.512$$

当吊重物桅杆发生沉降时

329

$$m_1 = \left[\frac{A_1O}{c} + \frac{h}{c}(\text{tg}\beta + \text{tg}\theta)\right]K_2$$

$$= \left[0.5 + \frac{16}{5}\left(\frac{0.1}{5} + \text{tg}2°\right)\right] \times \frac{1}{\cos 8.9}$$

$$= 0.683$$

$$m_2 = \left[\frac{A_2O}{c} - \frac{h}{c}(\text{tg}\beta + \text{tg}\theta)\right]K_1$$

$$= \left[0.5 - \frac{16}{5}(0.02 + \text{tg}2°)\right] \times \frac{1}{\cos 8.9}$$

$$= 0.327$$

A_1、A_2 的承载力：

$$T_1 = m_1 \cdot T = 0.327 \times 1000 = 327\text{kN}$$

$$T_2 = m_2 \cdot T = 0.683 \times 1000 = 683\text{kN}$$

7. 有一塔式起重机，如图 22，机身总重（机架、压重及起升、变幅、回转等机构）$G = 26\text{t}$，最大额定起重量 $Q = 5\text{t}$，试问平衡重 Q_G 取多大才能保证这台起重机不会翻倒？起重机的主要尺寸及各个力的作用见图 27。

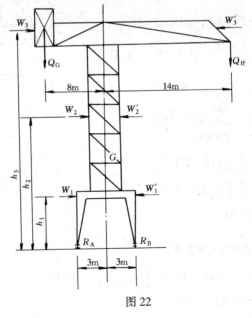

图 22

$Q_{计} = 5.5\text{t}$, $W_1 = 320\text{kg}$, $W_2 = 280\text{kg}$,

$W_3 = 80\text{kg}$, $W'_1 = 960\text{kg}$, $W'_2 = 840\text{kg}$,

$W'_3 = 240\text{kg}$, $h_1 = 10\text{m}$, $h_2 = 20\text{m}$, $h_3 = 32\text{m}$。

解：如图27：

（1）在吊重时的平衡

$$Q_G \cdot 11 = W_3 \cdot h_3 + W_2 \cdot h_3 + W_1 \cdot h_1 + Q_{计} \cdot 11 - G \cdot 3$$
$$= 80 \times 32 + 280 \times 20 + 320 \times 10$$
$$+ 5500 \times 11 - 2600 \times 3$$

$$Q_G = -\frac{6140}{11} = -0.558\text{t}$$

（2）非工作状态时

$$Q_G \cdot 5 = G \cdot 3 - W'_3 \cdot h_3 - W'_2 \cdot h_2 - W'_1 \cdot h_1$$

$$Q_G = 43920/5 = 8.784\text{t}$$

故平衡重应取：$-0.558\text{t} \leqslant Q_G \leqslant 8.784\text{t}$

（负号表示在吊额定重时无须加配重，如仅从配重方面考虑还可减少 0.558t）。

8. 如图23，两侧1号、2号桅杆通过吊耳 A_1、A_2 平吊点滑移抬吊塔体，塔体长30m、两吊耳间距2.5m，塔体计算总重力 S 为2000kN，未脱排时塔体重心至吊点平面距离0.2m，脱排后塔体重心至二吊点连成距离7m，试求：（1）未脱排时因提升不同步两侧吊耳高差为20cm时，两侧抬吊力的差值？（2）脱排后因提升不同步，两侧吊耳高差为20cm且塔体左右（平面）摆动，向单侧偏摆角为1.5°时，两侧抬吊力的差值？

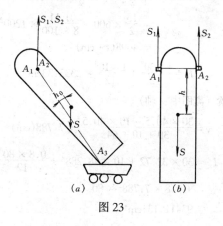

图23

解：未脱排时，两桅杆抬吊力差值

$$\Delta S = \frac{2h_0}{c^2} \times \Delta HS = \frac{2 \times 0.2}{2.5^2} \times 0.2 \times 2000 = 26\text{kN}$$

脱排后，两桅杆抬吊力的差值

$$\Delta S = \frac{2h}{c}(\text{tg}\beta_0 + \text{tg}\theta)$$

$$= \frac{2 \times 7}{2.5}\left(\frac{0.2}{2.5} + \text{tg}1.5°\right) \times 2000$$

$$= 1180\text{kN}$$

9. 如图 24 所示简支梁，材料为 Q235 钢，中点和两端均有侧向支承，设梁自重为 0.11t/m，在集中荷载 $p = 13$t 作用下梁能否保证其整体稳定性。

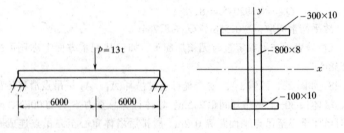

图 24

解：最大弯矩在中部 $M = \dfrac{p}{2}.600 + \dfrac{1}{8}q \times 1200^2$

$$= \frac{13}{2} \times 600 + \frac{0.11}{8 \times 100} \times 1200^2$$

$$= 4098(\text{t} \cdot \text{cm})$$

$$I_y = \frac{1 \times 30^3}{12} + \frac{1 \times 10^3}{12} = 2333.33\text{cm}^4$$

形心的位置（离图中 x 轴）

$$\bar{y} = \frac{30 \times 40.5 - 10 \times 40.5}{30 + 10 + 64} = 7.788(\text{cm})$$

$$I_x = 30 \times 32.72 + 10 \times 48.288^2 + \frac{0.8 \times 80^3}{12}$$

$$+ 0.8 \times 7.788^2 \times 80$$

$$= 93411.131\text{cm}^4$$

$$W_x = I_x/h = 2813.5883(\text{cm}^3)$$

根据 $\dfrac{l \cdot \delta}{b \cdot h} = \dfrac{600 \times 1}{30 \times 82} = 0.2439$, 查表

$$K_2 = 1970 \quad K_3 = 980 \quad K_1 = \frac{2m+1}{h}y = 1.17 \begin{bmatrix} m = 0.96 \\ y = 33.2 \\ h = 82 \end{bmatrix}$$

$$\varphi_w = K_1 \left(K_2 + K_3 \cdot \frac{l\sigma}{bh} \right) \cdot \frac{I_y}{I_x} \cdot \left(\frac{h}{l} \right)^2 \cdot \frac{2400}{\sigma_s}$$

$$= 1.17(1970 + 980 \times 0.2439) \times \frac{2333.33}{93411.131} \times \left(\frac{82}{600} \right)^2$$

$$= 1.217 > 0.85, \text{查表}$$

$$\varphi'_w = 0.90 + \frac{0.007}{0.05} \times 0.017 = 0.9034$$

$$\sigma = \frac{M}{\varphi'_w \cdot W_x} = 4098000 / 0.9034 \times 2813.5883$$

$$\approx 1610(\text{kg/cm}^2) < 1700\text{kg/cm}^2$$

验算结果: 整体稳定。

10. 试求 $6 \times 37 + 1$ 钢丝绳, 当直径 $d = 28\text{mm}$, 钢丝直径 $d_i = 1.3\text{mm}$, 抗拉强度 $\sigma_b = 170\text{kg/mm}^2$ 时的破断拉力为多少? 用此钢丝绳作为缆风绳、起重绳、吊索时其许用拉力为多少?

解: 理论破断拉力: $p_{\text{理}} = \dfrac{\pi d_i^2}{4} \cdot i\sigma_b = \dfrac{3.14 \times 1.3^2}{4} \times 6 \times$

$$37 \times 170 = 50067.77(\text{kg})$$

由于钢丝受载不均匀, 考虑不均匀系数 $\varphi = 0.82$。

实际破断拉力 $p_{\text{实}} = p_{\text{理}} \times \varphi = 50067.77 \times 0.82$

$$= 41055.57(\text{kg})$$

许用拉力:

(1) 作为缆风绳时 $S = \dfrac{p}{K} = \dfrac{41055.57}{3} = 13685.19\text{kg}$

(2) 作为吊索时 $S = \dfrac{p}{K} = \dfrac{41055.57}{6} = 6842.59\text{kg}$

(3) 作为起重绳 $S = \dfrac{p}{K} = \dfrac{41055.57}{5} = 8211.11\text{kg}$

11. 某圆筒形塔类设备，吊耳对称设置于两侧，塔体长 25m，两耳间距 2m，计算总重力 1000kN，塔体重心与吊点平面间距离为 0.3m，塔底放在托排上由卷扬机牵引，两台起重机分设两侧通过吊耳滑移抬吊塔体，试述提升不同步且未脱排，两侧吊耳高差 20cm 时，两侧抬吊力之差值。

解：按两侧抬吊力之差值公式。

$$\Delta S = \frac{2h_0}{c^2} \Delta HS$$

已知：$h_0 = 0.3$m，$c = 2$m，$\Delta H = 0.2$m，$S = 1000$kN 代入上式得：

$$\Delta S = \frac{2 \times 0.3}{2^2} \times 0.2 \times 1000 = 30\text{kN}$$

答：两侧抬吊力之差值 ΔS 为 30kN。

12. 在吊装 200t 的桥式起重机时，使用一导向滑轮，跑绳拉力 S_1 为 70000N，跑绳的转折角为 90°（即夹角为 45°时）试求需要多大规格的导向滑轮？

解：根据题意，先求出角度系数 ψ，已知转折角为 90° $= \varphi$

α 夹角为 45°

则　$\psi = \frac{\sin\varphi}{\sin\alpha} = \frac{\sin 90°}{\sin 45°} = \frac{1}{0.707} = 1.41$

代入公式　$S = S_1 \cdot \psi$

$$= 70000 \times 1.41$$

$$= 98700\text{N} = 98.7\text{kN}$$

答：根据计算结果，需选择承载 100kN 的导向滑轮。

13. 某安装工地起吊一中型设备，需设置一套滑轮组，工作绳为 6 根，滑轮直径为 350mm，行程为 22000mm，定滑轮到卷扬机距 15000mm，求所需钢丝绳长度？

解：钢丝绳长度按公式 $L = n(h + 3d) + I + 10000$

已知：$n = 6$；$h = 22000$；$d = 350$；$I = 15000$；

代入上式　$L = 6(22000 + 3 \times 350) + 15000 + 10000$

$$= 1383000 + 25000$$

$$= 163300\text{mm} = 163.3\text{m}$$

答：钢丝绳需要 163.3m

14. 用 1000kN6 轮吊环型（H100×6D）滑轮组与卷扬机配套使用，起吊 1000kN 的设备。已知工作绳 $n=12$，滑轮数 $m=12$，起重量 $Q=1000kN$，阻力系数 $f=1.04$，导向滑轮 $k=2$，试求卷扬机的牵引力？

解：将已知数代入公式 $S = \dfrac{f-1}{f^n-1} \cdot f^m \cdot Q \cdot f^k$

$$S = \frac{1.04-1}{1.04^{12}-1} \times 1.04^{12} \times 1000 \times 1.04^2$$

$$= \frac{0.064}{0.601} \times 1081.6 = 115kN$$

答：牵引力 $S=115kN$。

15. 有一跨度为 $L=90m$，起重能力 $p=30kN$ 的钢索起重机，已知其行走机构及滑轮组的重量 $Q=5kN$，试求当满负荷作业时，p 和 Q 对钢丝绳产生的拉力是多少？

设承索挠度 $f = \dfrac{1}{15}L$

解：首先求出承索挠度 $f = \dfrac{1}{15}L = \dfrac{1}{15} \times 90 = 6m$。

将已知数代入公式 $T_1 = \dfrac{(p+Q)L}{4f}$

则拉力 $T_1 = \dfrac{(30+5) \times 90}{4 \times 6} = 131.25kN$

答：p 和 Q 对钢索产生的拉力为 131.25kN。

(四) 简答题

1. 横吊梁的作用有哪些？

答：(1) 当设备或构件长大而又不允许受纵向水平分力时，用以承担分力；

(2) 在大型精密设备吊装中，用以将钢丝绳撑开防止设备受磨损；

(3) 用以减少吊装高度；

(4) 多机抬吊时平衡各台吊车受力；

(5) 满足特殊构件及设备吊装要求。

2. 确定锚桩的承载能力主要应考虑哪些因素？

答：(1) 桩本身的强度；

(2) 桩的抗拔能力；

(3) 桩对土壤的压力不应超过土壤允许承压力。

3. 金属材料的一般的机械性能指标指哪些？

答：指弹性极限、屈服点、强度极限、伸长率、收缩率、硬度值、冲击值等。

4．简述钢筋混凝土柱子的常用几种吊装方法。

答：（1）旋转吊装法：柱子下端保持不变，上端以下端为旋转轴，随着起重钩的上升和起重臂的回转渐渐升起，直到上下端成一垂直线。

（2）滑行法：将捆扎点设在柱子基础上方，起重机的起重杆在起吊时不变幅，始终保持吊钩垂直起升，同时底部向基础滑行，直到就位。

（3）斜吊法：捆扎点设在柱重心上部，起吊后柱子有一定斜度，下部可用麻绳拉住防摆动，底部用人力推到基础后就位。

（4）双机抬吊：当一吊机性能不能满足起吊要求可用双机抬吊，吊点可用一点或不在同一点两种。

5．桥式吊车在吊装中容易产生哪些变形？如何克服。

答：吊装过程中，由于捆扎点在桥式吊车大梁中部，所以通常易产生大梁的弯曲和扭转变形，捆扎处的局部变形。

通常可在两片大梁对应吊点间的上下部各设一根钢管，点焊支撑住大梁以克服大梁受到的水平分力。

6．单桅杆滑移法吊装的主要特点是什么？

答：（1）桅杆应倾斜成一定角度，吊耳对准设备基础中心；

（2）桅杆比设备高，桅杆的规格要大一些；

（3）设备就位容易。

7．起重机使用时应严格遵照随机说明书及安全操作规程进行，请说出在起重作业中"五不吊"的内容。

答：手势指挥不清不吊；重量不明不吊；超载荷不吊；视线不明不吊；重心不明或捆绑不牢不吊。

8．在编制吊装方案选用自行式起重机时应注意哪些？

答：（1）设备的外形尺寸应保证设备在吊装到位过程中四周均有足够的空隙。

（2）技术性能表中允许吊装重量是指吊钩重量、吊装设备重量及索具重量。

（3）起重机回转时四周是否会碰到建筑物。

9．双人字桅杆滑移法吊装的主要特点是什么？

答：（1）除两侧设置缆风绳外，其他方向可少放置缆风绳。

（2）应严格控制滑车组垂直提升，并应有防止脱排时摆动的措施。

（3）适用于现场不便设置过多缆风绳情况。

10．塔式起重机的安全装置有哪些？

答：起重量限制器；起重力矩限制器；夹轨钳；吊沟高度限位器；幅度指示器、极限力矩联轴节。

11．影响起重机的稳定性因素通常有哪些？

答：坡度、离心力、惯性力、风力、超载、支腿不平（地面下沉）等。

12．起重工指挥吊机作业确定吊机站位的原则是什么？

答：起重机尽量靠近被吊设备，吊装中，负载最大时幅度应尽量小，动臂应位于有利于起重机稳定的地形和方位。

13．当超长设备采用两台平板车组合拖运时应注意哪三个方面？

答：（1）平板车上应设置转盘（或转排）；

（2）设备在鞍座上或鞍座自身在垂直方向应能有一定的回转量，以便在坡道上行走时，能自行调节；

（3）要绘制装置布置图，使设备的重量合理地分配到两台平板车上，并使平板车载荷分布均衡，同时要用滑车组进行纵横向的封固。

14．简述安装立式设备的几项吊装新工艺。

答：主要有（1）吊推法安装立式设备；

（2）气顶法倒装立式设备；

（3）液压顶升法倒装立式设备。

15．静止设备平面图一般包括哪些内容？

答：主要有：（1）标出设备的外形和尺寸；

（2）标出设备的编号或名称；

（3）标出设备本体纵横中心线及其它们的定位尺寸；

（4）对塔类、贮槽等带有进出口管的设备，要求出这些进出口管的方位，一般用角度表示；

（5）如带用平台、扶梯的设备一般也要标出。

16．什么是起重机的载重稳定性与自重稳定性？

答：起重机的载重稳定性是起重机处于不利工作状态下的稳定性。即起重臂垂直于轨道方向，处于最大幅度，起吊额定起重量，起重机处于不利稳定的倾斜位置（$\alpha = 2°$），同时考虑不利于稳定的风载和惯性力。

自重稳定性是非工作状态考虑自重、倾斜坡度，非工作状态风载影响下起重机的稳定性。

17．改善滑车受力的途径有哪些？

答：改善滑车受力的途径是：

（1）提高滑车的综合效率；

（2）选用结构合理的滑车；

（3）改变钢丝绳的穿绕方法；

（4）用两个门数较少的滑车代替一个门数过多的滑车；

（5）改单侧牵引为两侧牵引。

18．简述四种常见的装卸船方式。

答：常见的装卸船方式有：

（1）船舶搁置在河床上装卸船；

（2）倾斜船体装卸船；

（3）固定重心装卸船；

（4）压重平衡装卸船。

19．常见的自行式起重机安全装置有哪些？

答：自行式起重机安全装置有：

（1）起重力矩限制器；

（2）过卷扬限制器；

（3）幅度限制器；

（4）支腿自动调平限制器；

（5）动臂转动报警装置；

（6）防脱钩安全装置。

20．试述电动卷扬机载荷运转试验的步骤及要求。

答：电动卷扬机载荷运转试验的时间为30min。对慢速卷扬机按下列顺序进行：

（1）载荷量应逐渐增加，最后为额定载荷的110%；

（2）运转应正、反交替进行，提升高度不低于2.5m，在悬空状态进行启动、制动；

（3）运转时试验制动器，必须保持工作可靠，制动时钢丝绳下滑量不超过50mm；

（4）运转中蜗轮箱和轴承温度不超过60℃。对快速卷扬机应按以下顺序进行：

（1）载荷量应逐渐增加，直至满载荷为止，提升和下降按下列操作方法，试验安全制动各2~3次，每次均应工作可靠，使卷筒卷过二层，安刹车柱的指示销；

338

（2）操作工作制动器时，手柄上所使用的力不应超过80N；

（3）在满载荷试验合格后，应再作超载提升2～3次，超载量为10％；

（4）在试验中轴承温度应不超过60℃；

（5）测定载荷电流，满载时的稳定电流和最大电流应符合原机要求。

21．试述安全措施的编制依据，请编制利用滑移法吊装重型塔类设备的安全措施。

答：（1）地锚设置要有专人检查、并做好记录、必要时进行试拉；

（2）卷扬机等机具应处于完好状况，吊装时应配有专业维修人员；

（3）主要受力的缆风绳，滑轮组、吊耳等应设专人观测、监视；

（4）统一指挥所有作业人员不得擅离岗位。

（5）应注意天气情况及电力供应。

22．试述大型等径钢制高耸筒体结构气顶倒装法的原理。

答：利用筒体及上封盖及内底座，使已组装的上部筒体和内底座构成一个套筒状伸缩体，间设置密封装置，在密闭容器内充气，内壁压强。四周相互平衡，作用在封盖的合力构成向上顶升力，当顶升力超过筒身重量及筒内壁与内底座上密封之间的摩擦力之和的筒体向上滑升，当滑升到一定高度后锁住。

22．常用的液压千斤顶有哪些主要零部件组成。

答：油泵芯、缸、胶碗；活塞杆、缸、胶碗；外壳；底座；手柄；工作油；放油阀等。

24．编制起重施工方案的依据有哪些？

答：（1）工程施工图（土建图及总平、立面图等）以及有关设计技术文件、规范、标准。

（2）施工工期的计划安排、合同、施工组织设计以及有关决定及要求。

（3）施工场地有关地质资料、周围环境情况及现有机具情况。

（4）新的施工技术及安装工艺。

25．指挥起重机作业应注意什么？

答：（1）严禁超载；

（2）严禁斜吊；

（3）支腿按要求放置；

（4）防吊装中出现卡阻；

（5）要熟悉所使用起重机的性能。

26．单桅杆夺吊滑移法吊装的主要特点是什么？

答：（1）吊装时滑车组与铅垂方向有相当的夹角；

（2）塔体上要另设夺吊点，待设备越过基础（或障碍物）后，滑车组才能垂直提升；

（3）宜选用活动缆风帽、球铰底座的桅杆，以减小桅杆扭矩；

（4）适用设备基础高或有障碍物情况。

27. 我国起重吊装的几个主要发展方向。

答：（1）扩大预装配程度，减少高空作业；

（2）吊装机具大型化；

（3）提高起重机械化水平；

（4）液压提升机械的研制与应用；

（5）简单、高效、多功能机械的研制与应用；

（6）推广吊装应力测试与电子计算机应用。

28. 两侧抬吊设备，设备摆动会造成抬吊力不平衡，造成摆动的因素主要有哪些？

答：（1）侧向风载荷的影响；

（2）两侧提升的加、减速、制动影响；

（3）设备脱排前两侧受力未调整好或设备后溜尾绳未控制好；

（4）其他动力冲击。

29. 简述间歇法移动桅杆的步骤。

答：（1）放松与水平移动方向相反的缆风，同时收紧前行方向的缆风，使桅杆向移动方向倾斜一个角度（在10°~15°之内）；

（2）驱动拖拉桅杆底部卷扬，使底部移动适当距离，然后通过调整缆风使桅杆呈直立状态；

（3）通过上述（1）、（2）不断进行，直到桅杆到达预定位置。移动过程中应注意路面平整，桅杆倾斜角度不宜过大等。

30. 利用桅杆起重和吊立塔时，必须配备哪些滑车组；分别起什么作用？

答：主要有三种滑车组：

（1）起升滑车组，用以提升塔体；

（2）塔身系尾滑车组，用以系拉塔尾，以保证塔身滑移速度平稳，在腾空时塔尾不碰基础。

（3）倒稳滑车组，系于塔身附近处，以控制塔身在直立过程中，不左右晃动。

二、实际操作部分

1. 用格构式双桅杆扳吊重300t的化工设备（合成塔等）
考核内容及评分标准

序号	测定项目	评 分 标 准	标准分	检测点				得分
1	吊装准备	细化扳吊方案制定吊装工艺程序；计算吊装角时的吊装力，扳吊法吊装力；选配方案规定的机索具；现场施工道路；设置机具场地；设置设备平卧位置及方位；穿挂扳起索具和设备回转控制索具	40					
2	扳吊	指挥岗、操作岗检查人员到位；试吊；检查各有关部位；起吊，各机索具受力控制及调整；设备找正就位一次成功	30					
3	工完场清	整理回收机具场地清理	5					
4	安全工作	无安全事故	10					
5	工效	完成劳动定额90%以下者无分；完成90%～100%酌情扣分；超额完成酌情加1～3分	15					

2. 双桅杆滑移抬吊大型化工设备
考核内容及评分标准

序号	测定项目	评 分 标 准	标准分	检测点				得分
1	吊装准备	细化方案，制定吊装工艺程序；计算设备总重力托排部分受力；滑移系统托排、牵引、制动等处准备工作；选配规定的索机具；设备平卧位置及方位；制定安全措施及交底；劳动组织	35					

序号	测定项目	评 分 标 准	标准分	检测点					得分
2	抬吊	指挥岗、操作岗检查人员到位；试吊；检查各部位；吊装时的机索具受力控制、调整设备就位找正；一次成功	35						
3	工完场清	回收机索具；场地清理；转移设备	5						
4	安全	无安全事故	10						
5	工效	完成劳动定额90%以下者无分；完成90%～100%之间酌情扣分；超额完成任务酌情加1～3分	15						

3. 用旋转法组立高50m，超重量250t以上的单体桅杆考核内容及评分标准

序号	测定项目	评 分 标 准	标准分	检测点					得分
1	受力分析及计算	起吊索具的拉力及被竖桅杆根部推力计算	15						
2	准备工作	辅助桅杆选择；选配机索具及辅助机具材料；正确绑扎吊索及根部推力平衡系统；细化吊装工艺程序；制定安全措施；劳动力组织	30						
3	吊装	指挥、操作检查人员到位；试吊；检查各部位，吊装过程中机索具受力控制及调整，控制主杆在起升时的左右摆动	25						

序号	测定项目	评 分 标 准	标准分	检测点				得分
4	工完场清	回收索机具，场地清理，转移设备	5					
5	安全	无安全事故	10					
6	工效	完成劳动定额 90% 以下者无分；完成 90%～100% 之间酌情扣分；超额完成时酌情加 1～3 分	15					

4. 根据命题编制单位工程设备起重方案

考核内容及评分标准

序号	测定项目	评 分 标 准	标准分	检测点				得分
1	施工方案选择	坚持方案编制原则；处理好起重方案与整个工程的关系；经过比较，选定施工方法；现场平面布置	25					
2	编制内容	有针对性，有所侧重；施工方法具有先进性；推广和采用先进技术；具有可操作性	20					
3	技术措施	包括实施工艺措施；产品保护措施；满足机具要求措施；为起重指挥所需措施；安全施工措施等	30					
4	书写文字工作	条理清晰，简明扼要，做到图表化，书写工整、清楚	10					
5	工效	按规定时完成者满分，超额完成适当加分；达不到时酌情扣 1～5 分	15					

5. 设置跨度 100m，起重量 6t 以下的双支点固定式缆索起重机考核内容及评分标准

序号	测定项目	评 分 标 准	标准分	检测点				得分
1	受力计算	计算出承载索拉力，承载索弯曲应力；立柱的受力和稳定性验算	20					
2	施工准备	明确架设工艺程序；做好场地布置，选好机索具及辅助机具材料、劳动组织	20					
3	架设工作	按程序操作职责分明、工作有序，统一指挥、步调一致；试车一次成功鉴定符合要求	30					
4	工完场清	及时清理现场，回收各种机具材料	5					
5	安全	无安全事故	10					
6	工效	完成劳动定额 90％ 以下者无分；完成 90％～100％ 之间酌情扣分；超额完成适当加分 1～3 分	15					

主要参考文献

1　余智奇等编. 设备安装起重工（初级工）. 北京：中国建筑工业出版社，1993

2　王万华等编. 设备安装起重工（中级工）. 北京：中国建筑工业出版社，1993

3　林汉丁等编. 设备安装起重工（高级工）. 北京：中国建筑工业出版社，1993

4　薛标等编. 安装起重工（中级工）. 北京：中国劳动出版社，1999

5　薛标等编. 安装起重工（高级工）. 北京：中国劳动出版社，1999

6　闵德仁等编. 机电设备安装工程项目经理工作手册. 北京：机械工业出版社，2000

7　张锡章主编. 设备起重与搬运. 北京：中国建筑工业出版社

8　四川省地方标准. 设备起重吊装分册. 四川省标准计量管理局批准，1989

9　统编. 初级起重工工艺学. 北京：机械工业出版社，1988

10　统编. 中级起重工工艺学. 北京：机械工业出版社，1988

11　统编. 高级起重工工艺学. 北京：机械工业出版社，1988